华中科技大学 2025 年卓越工程师培养系列教材建设项目
华中科技大学材料学科研究生高水平系列教材

新能源材料与器件综合实验教程

主　编　李　鑫
副主编　杨君友　廖敦明　罗裕波　黄云辉
参　编　刘　勇

华中科技大学出版社
中国·武汉

内 容 简 介

本书融合了物理学、化学与化工、材料科学、电子工程、环境工程以及能源科学等多学科知识，共分为两大部分：新型材料的制备与性能测试、新型器件的制备与性能测试。本书全面深入地介绍了新能源领域相关材料与器件的制备方法、测试表征方法、功能特性以及工业应用情况，紧密围绕实验内容与基础理论展开，由浅入深、循序渐进地引导读者学习。

本书可作为高等院校相关专业本科生和研究生的专业实验教材，也可作为新能源领域相关科研人员与工程技术人员的参考书。

图书在版编目(CIP)数据

新能源材料与器件综合实验教程 / 李鑫主编. -- 武汉：华中科技大学出版社，2025.8. -- ISBN 978-7-5772-2099-4

Ⅰ. TK01-33

中国国家版本馆 CIP 数据核字第 2025J4E691 号

新能源材料与器件综合实验教程　　　　　　　　　　　　　　　　李　鑫　主编
Xinnengyuan Cailiao yu Qijian Zonghe Shiyan Jiaocheng

策划编辑：张少奇
责任编辑：李梦阳
封面设计：原色设计
责任监印：朱　玢
出版发行：华中科技大学出版社(中国·武汉)　　　电话：(027)81321913
　　　　　武汉市东湖新技术开发区华工科技园　　　邮编：430223
录　　排：武汉市洪山区佳年华文印部
印　　刷：武汉市洪林印务有限公司
开　　本：787mm×1092mm　1/16
印　　张：14.5
字　　数：341 千字
版　　次：2025 年 8 月第 1 版第 1 次印刷
定　　价：49.80 元

前　　言

在当今世界,研究和应用新能源材料与器件已成为解决能源危机、推进可持续发展的核心途径。随着全球对清洁能源需求的日益迫切,新能源材料与器件领域的实验教学变得尤为关键。该教学领域横跨物理学、化学与化工、材料科学、电子工程等多个学科,要求学生深入理解并掌握新能源材料的制备、性能测试及器件集成等关键技术,涵盖从基础化学试剂到器件组装与表征的全过程,凸显了学科知识的集成运用。实验教学的独特之处在于将器件设计与基础知识相结合,并进行实际操作的反演。在新材料强国战略的指导下,新能源材料与器件课程教学改革的目标是确保学生全面掌握新能源材料的专业知识,培育具备实践能力和创新精神的优秀人才。总之,新能源材料与器件的实验教学是培育材料领域高素质人才的关键环节。通过综合运用多学科知识,加强实践能力和创新精神的培养,学生能够更好地适应我国新能源产业的发展需求,为解决全球能源问题做出贡献。

本书内容涉及当前新能源材料与器件领域的诸多研究方向,包括半导体材料、光电催化材料、超级电容器、锂/钠离子电池、钙钛矿太阳能电池等多种新兴材料与器件,全面展现了该领域的多样性与前沿性。每个实验的内容编排以各类材料在能源转换与储存领域的发展现状为引子,以基础的分析表征实验原理和方法为核心内容,补充了对应材料体系中常见的材料测试与表征实例以及化工实际应用。针对新能源器件和化工器件在实际应用中遇到的复杂工况,教学中设计了典型场景下的测试、分析和评价方法。通过深入解析材料的结构和性能以及对材料和器件的性能进行测试与评价,学生能完整且连贯地学习从实验到实际应用的过渡步骤,从而对相关材料的产业化发展前景以及产学研转化有更深层次的认知,进而推动新能源产业的发展。本书可为高校材料专业、化工专业、能源专业的实验课程开展提供参考,其中器件的制备、组装、测试方法和技术也可为本科生毕业设计、研究生研究课题的开展提供有益的借鉴,还可助力科研人员及相关专业的学生拓展相关领域知识,更好地进行知识集成运用。

本书由华中科技大学李鑫主编,编写人员还有华中科技大学杨君友、廖敦明、罗裕波、黄云辉和岚图汽车科技有限公司刘勇。在此,衷心感谢参与编写的硕士生和博士生:霍锴,李梦虹,饶士鹏,孙成伟,罗超凡,张文广,贺豪,王紫璇,赵倩楠,戴尧,刘振轩,付佳瀚,谢启云,张书珲。他们在繁忙的科研与学习之余,投入了大量时间与精力,为本书的资料整理、内容撰写和修改完善做出了重要贡献。他们的团队协作精神是本书得以顺利完成的关键。本书在编写过程中,参考了大量的教材、文献以及其他资料,同时得到了华中科技大学国家卓越工程师学院和材料科学与工程学院的大力支持。在此一并表示诚挚的谢意。

本书的编写旨在汇集与总结当下前沿新能源材料与器件相关实验,期望可以对材料与化工相关专业的教学及其相关领域的科研工作有所帮助。书中难免会出现疏漏和不足之处,恳请各位读者批评指正。

编　者

2025 年 7 月

目　　录

第一部分

新型材料的制备与性能测试

高性能半导体热电材料的制备与性能测试

1. 实验目的

（1）了解 Ag_2Se 作为热电材料的特点、优势。

（2）掌握热电材料的基本制备与性能测试方法。

（3）掌握塞贝克系数测试仪的操作方法。

2. 实验原理

能源的开发推动了人类社会的跨越式发展。近代以来，科技的进步挖掘出人类利用能源的巨大潜力，源源不断的化石能源投入催生了工业革命，奠定了现代文明的基础。当下，全球工业化进程方兴未艾，对能源的依赖和需求也在不断增加。随着能源消费的急剧增长，能源危机和环境污染问题愈发凸显，以高效、清洁、多元化、智能化为主要特征的能源转型正在加快推进。太阳能、风能、核能等广为人知的绿色能源已经得到广泛研究，正掀起新一轮的能源技术革命浪潮。在众多新型能源材料中，热电材料作为热能与电能相互转换的载体，在低品位余热的回收利用领域扮演着不可或缺的角色，受到了前所未有的关注。

热电器件基于半导体内载流子和声子的输运及相互作用，无须机械传动部件便能实现温差发电以及半导体制冷两大用途。相比于传统的发电器，热电器件具有体积小、无噪声、寿命长、安全环保、可靠性高等优势，在工业生产、汽车尾气余热回收等实际场景中取得了长足的进步。由于能够自行供能且无须人工照看，温差发电在深空探测、远洋资源勘探等领域也占据着一席之地。电也可以驱动热电器件实现制冷和散热，如车载电冰箱、小型空调器等设备。与传统压缩机相比，热电制冷在小空间温控上具有无可比拟的优势，越来越多地应用于芯片冷却、探测器温控等场景。随着通信、物联网和柔性电子等行业的发展和普及，灵活、环保、可靠的热电转换技术正逐步成为诸多现代产业的有力支撑。

然而，较低的能量转换效率严重制约了热电技术的大规模商业化应用。传统热机的发电效率约为 35%，而实用热电发电器的能量转换效率停留在 10% 左右，缺乏竞争力。提高温差发电效率的关键在于提升构成器件的热电材料的性能。理论上，当材料的热电性能足够高时，热电转换的效率可以接近卡诺循环的效率。优化已有材料的输运性能，探索和开发新型高性能热电材料体系是热电器件和技术进一步普及的关键。

1）热电材料及热电参数

热电材料作为一种新型能源材料，其基本原理有：塞贝克效应（Seebeck effect）、帕尔贴效应（Peltier effect）和汤姆逊效应（Thomson effect）。其中发现最早的是塞贝克效应：当两种不同材料导体的两端存在温差时,导体内部会形成一个稳定的温差电动势,这通常被称为塞贝克电势。塞贝克电势与温差的比值就称为塞贝克系数,公式为

$$S = \lim_{\Delta T \to 0} \frac{\Delta V}{\Delta T} \tag{1}$$

其中,S 表示塞贝克系数,ΔV 表示塞贝克电势,ΔT 表示温差。

这也是材料塞贝克系数的基本测量原理。考虑到 p、n 型半导体材料的主要载流子分为空穴和电子两种,因此对于 p 型材料,塞贝克系数为正值;对于 n 型材料,塞贝克系数则为负值。同样地,当电流流过由两种不同材料组成的回路时,由于两种材料载流子的化学势不同,为弥补不同材料中的化学势差异,会出现一个结点吸热、另一个结点放热的现象。当环境温度不变时,单位时间内结点处释放(或吸收)的热量与电流成正比,这便是帕尔贴效应。由此可见,帕尔贴效应是塞贝克效应的逆效应。最后,基于热力学理论及上述两种效应之间的关系,可统一描述为:当有电流流过存在温差的均匀导体时,导体在产生不可逆的焦耳热的同时,还会呈现出吸收(或放出)热量的现象,这称之为汤姆逊效应,它是塞贝克效应和帕尔贴效应的结合。图 1 所示为上述三种热电效应的示意图。

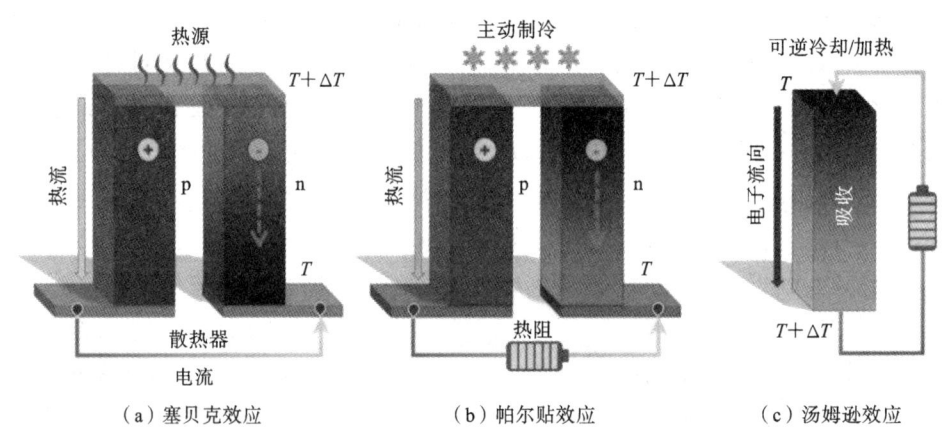

（a）塞贝克效应　　　　　（b）帕尔贴效应　　　　　（c）汤姆逊效应

图 1　三种热电效应示意图

不难发现,热电材料的性能不仅与冷、热两端的温度有关,而且与材料自身的性能密切相关。因此,可以用一个无量纲热电优值(ZT)来量度热电器件的转换效率:

$$ZT = \frac{S^2 \sigma T}{\kappa} \tag{2}$$

其中,σ 是材料的电导率,T 是当前环境温度,κ 是材料的热导率。

材料的总热导率 κ 可由 κ_l、κ_e、κ_b 相加得到,它们分别为材料的晶格热导率、电子热导率以及双极热导率。σ、S、$S^2\sigma$、κ、κ_e、κ_l 和 ZT 之间的关系如图 2 所示。材料的无量纲热电优值 ZT 与材料的塞贝克系数、电导率以及温度成正比,与材料的热导率成反比。将式(2)中与温度独立的部分分子定义为功率因子(PF,公式为 $PF = S^2\sigma$),用于表征材料的电输运性能。20 世纪 90 年代,科学家 Slack 首次提出热电材料应具备"声子玻璃-电子晶体"(PGEC)特性,即性能优异的热电材料体系需要具备较高的电导率和塞贝克系数,同时拥有较低的热导率。但电导率、热导率、塞贝克系数之间相互耦合,难以单独调控,这严重制约了热电性能的优

化,如何解耦这些热电参数成为提升热电性能的关键问题。图 3 所示为典型的 n 型与 p 型热电材料随温度变化的关系图。

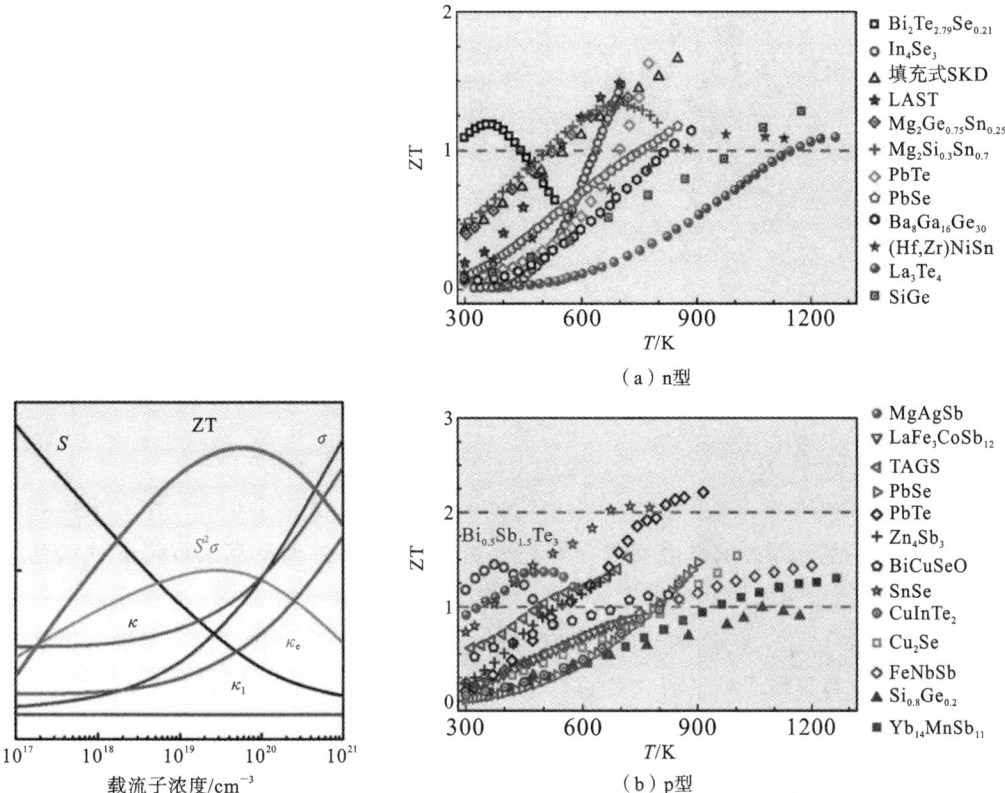

（a）n型

（b）p型

图 2 σ、S、$S^2\sigma$、κ、κ_e、κ_l 和 ZT 之间的关系   图 3 典型的 n 型与 p 型热电材料随温度变化的关系图

2）Ag₂Se 材料简介

Ag₂Se(硒化银)于 19 世纪初被德国晶体学家 Karl Friedrich Naumann 首次发现,具有灰黑色金属光泽。后续研究表明,Ag₂Se 具有两个典型的相:立方相 α-Ag₂Se 和正交相 β-Ag₂Se(见图 4)。在约 407 K 的相变温度下,β-Ag₂Se 转变为 α-Ag₂Se,立方相具有超离子特性。低温下 Ag₂Se 呈现正交结构(β-Ag₂Se,空间群为 P2₁2₁2₁,晶格常数:$a=4.333$ Å,$b=7.062$ Å,$c=7.764$ Å,$Z=4$),Ag 原子在晶格中有两种配位方式。高温下 Ag₂Se 呈现立方结构(α-Ag₂Se,空间群为 Im-3m,晶格常数:$a=4.983$ Å,$Z=2$),Ag 原子填充在 Se 原子构成的立方体结构中。研究表明,β-Ag₂Se 是一种典型的"PLEC"(声子液体-电子晶体)材料,其具有十分窄的带隙,约为 0.07 eV(0 K),因此 β-Ag₂Se 有着优秀的热电性能。

Ag₂Se 由刚性的具有固定形态的亚晶格(由不可迁移的 Se 原子组成)和具有可迁移离子的液态亚晶格组成。Ag⁺ 很容易从晶格位置脱离,形成 Frenkel 缺陷。间隙 Ag⁺ 则能够在亚晶格内部的间隙位置自由迁移,形成离子导电,从而使得整体电导率进一步增加。同时,间隙 Ag 原子会发生电离,产生间隙 Ag⁺ 和额外的电子,从而呈现出 n 型特征。声子被间隙 Ag⁺ 强烈散射,其平均自由程降低,从而展现出本征低晶格热导率特性。

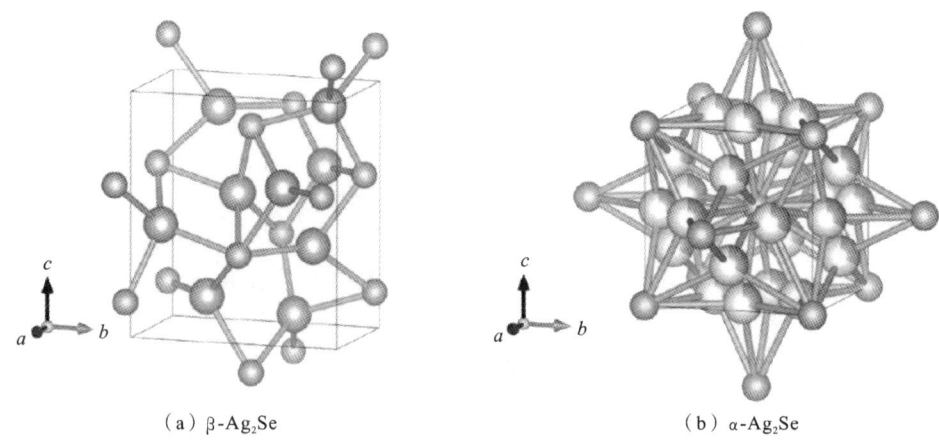

（a）β-Ag$_2$Se

（b）α-Ag$_2$Se

图 4　β-Ag$_2$Se 与 α-Ag$_2$Se 的晶体结构

3）Ag$_2$Se 材料优化

大约 20 年前，Marhoun Ferhata 和 Jiro Nagao 采用熔融法制备了 β-Ag$_2$Se 块体并测试了其在低温至室温范围内的热电性能。研究表明，所有样品的塞贝克系数测试结果都为负值，这些样品表现出明显的 n 型半导体特性。并且，通过计算推测 β-Ag$_2$Se 在室温下有望实现 3500 μW·m^{-1}·K^{-2} 的高功率因子和 0.96 的高 ZT 值。这种在室温下具有高性能的新型类液态热电材料很快受到了研究者的关注，研究者们尝试通过多种方法优化其热电性能，例如，改变 β-Ag$_2$Se 制备方式（如化学液相合成法和机械球磨法）。Lee 等人通过球磨法并结合放电等离子烧结（SPS）技术将 Ag$_2$Se 纳米粉体制备成致密块体，实现了 300 K 下 ZT 值达 0.6。其中，富 Se 样品载流子迁移率显著提高，电导率得到了优化。

研究人员在采用多种方法合成 Ag$_2$Se 块体材料后发现通过调控 Ag$_2$Se 样品的成分比例可以有效地优化其热电性能。Day 等人对富 Ag 的 Ag$_2$Se 样品进行测试后发现，样品内部载流子浓度发生了剧烈变化。通过建模发现，其最佳载流子浓度约为 1.6×10^{18} cm^{-3}，此时样品有望实现 0.7～1.2 的最大 ZT 值。

除了调控银、硒的原始配比外，异质元素掺杂也是优化 Ag$_2$Se 基材料的有效手段。Singh 等人通过向 Ag$_2$Se 中掺入 S 以取代 Se，使材料内部出现强烈的非简谐晶格振动和电子结构改变，总的热导率低于 1 W·m^{-1}·K^{-1}，最终在 300 K 下成分为 Ag$_2$S$_{0.4}$Se$_{0.6}$ 的样品实现了最大 ZT 值，为 1.08。Li 等人通过 Sn 掺杂优化 Ag$_2$Se 的载流子浓度，在 385 K 下实现了约 3000 μW·m^{-1}·K^{-2} 的高功率因子，比同温度下非掺杂样品提高了 50%。此外，多尺度引入高密度孔洞或者纳米复合结构同样有利于优化 Ag$_2$Se 的热电性能。Chen 等人通过湿球磨法结合 SPS 得到了一种具有高密度孔洞结构的 Ag$_2$Se 材料，所得到的材料内部存在大量的高密度空隙，这些空隙增强了内部的声子散射，使其在 300 K 下具备超低的晶格热导率（$\kappa_l = 0.35$ W·m^{-1}·K^{-1}），这种多孔 Ag$_2$Se 材料的 ZT 值可达 1.1。Wang 等人通过原位溶液合成法和快速烧结法相结合的纳米复合策略制备了一种 Ag$_2$Se/碳纳米管（CNT）复合材料，通过调整 CNT 的浓度来优化内部载流子输运能力和力学性能，CNT 和 Ag$_2$Se 之间的复合可以产生晶界和相界,从而产生能量过滤效应,在电导率基本保持不变的同时提高塞贝克系数。

除了块体材料在室温下具备优异的性能之外,其因良好的力学性能以及与基底的良好结合性在薄膜制备领域也备受关注。Chen 等人报道了一种低成本的 Ag_2Se 薄膜的制备方法,该方法可以在室温下通过阳离子交换将 Cu_2Se 薄膜转换为 Ag_2Se 薄膜。具体过程为:通过巯基胺溶解大块 Cu_2Se 制备 Cu_2Se 薄膜,然后将其浸泡在 $AgNO_3$ 溶液中,通过阳离子交换并结合退火处理制成 Ag_2Se 薄膜。

3. 实验试剂及仪器

1) 实验试剂

银粉(99.50%)、硒粉(99.50%)。

2) 实验仪器

手套箱、电子天平、马弗炉、真空封管机、金刚石线切割机、放电等离子烧结炉、塞贝克系数测试仪、激光导热仪、物理特性测试系统。

本实验中,采用图 5 所示的 ZEM-3 塞贝克系数/电阻测量系统测试样品的塞贝克系数以及电阻等参数。

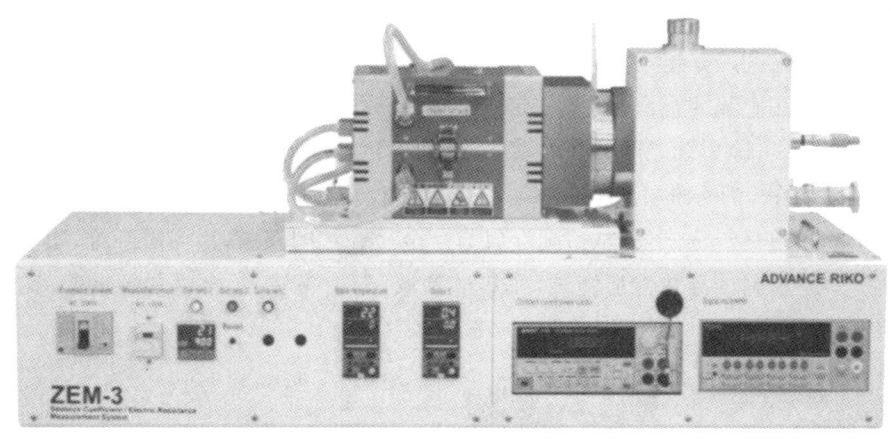

图 5　ZEM-3 塞贝克系数/电阻测量系统

该设备特点如下:

(1) 拥有可精确控制温度的红外金面反射炉和可控制温差的微型加热器;

(2) 由计算机控制测量,能够在指定的温度下执行测量任务,并允许自动测量以消除背底电动势;

(3) 具有欧姆接触自动检测功能。

该设备可用于半导体、陶瓷、金属等多种材料的热电性能分析。

ZEM-3 的工作原理如图 6 所示。样品以圆柱形或方柱的形式垂直放置在加热炉中的上块和下块之间。下块中的加热器给样品施加温度梯度,同时将样品加热并保持在规定的温度。

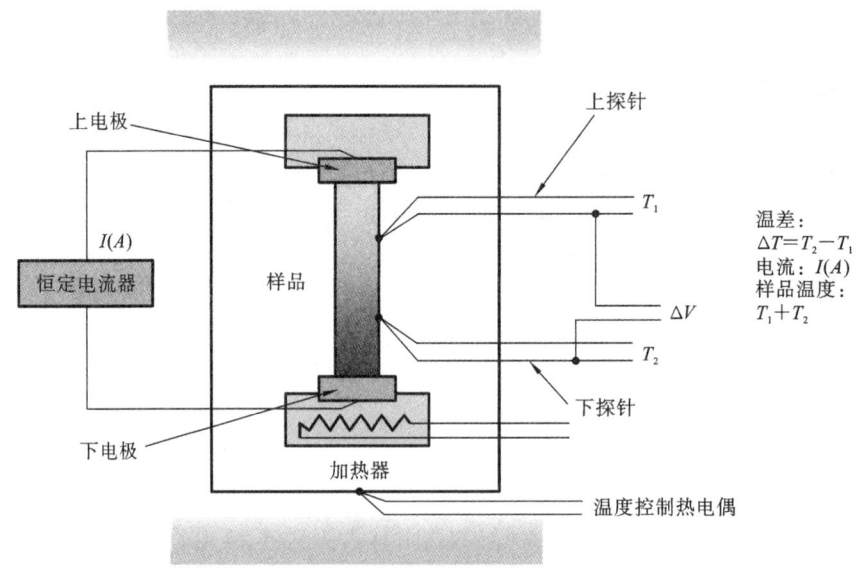

温度控制加热器（红外金面反射炉）

图 6　ZEM-3 的工作原理

　　塞贝克系数是通过测量压在样品侧面的热电偶上部温度 T_1 和下部温度 T_2 及与热电偶一侧的同一股线之间的热电动势来确定的。

　　电阻测量采用直流四端法,具体是在样品两端施加恒定电流 I,测量热电偶同一元件线之间的电压降,并去除引线之间的热电动势,进而确定电阻值。

　　本实验采用图 7 所示的 LFA467HT 激光导热仪测量样品的热扩散系数。激光导热仪是最为通用的导热性能测试仪器,适配金属与合金、钻石、陶瓷、石墨与碳纤维、填充塑料、高分子材料等多种材料的导热性能测试,在热电领域、陶瓷领域、复合材料领域等具有非常重要的使用意义。

图 7　LFA467HT 激光导热仪

　　激光导热仪采用激光闪射法(见图8),通过非接触加热方式加热样品,加热源与样品之间没有热阻,因此测试精度很高,是目前国际上通用的材料热扩散系数和导热系数的测试设备。使用激光脉冲加热样品下表面,并通过红外检测器测量样品上表面温度变化,就能得出热扩散系数。结合样品的密度和比热(可由激光法测定,亦可由差示扫描量热法测定),可得到材料的导热系数。激光闪射法是非接触式与非破坏式的测量技术,具有样品制备简易、所需样品体积小、测量速度快、测量精度高等诸多优点。

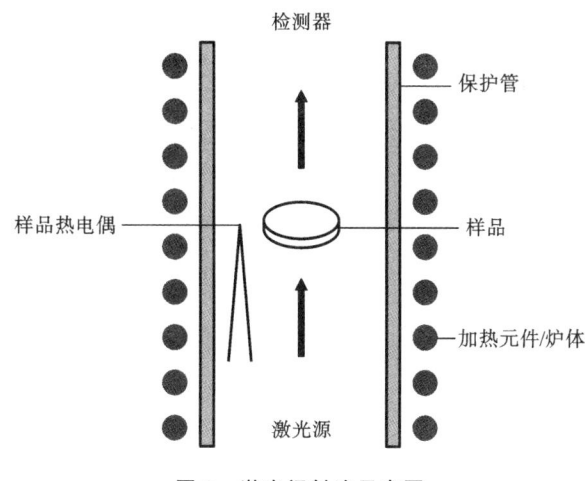

图 8　激光闪射法示意图

4. 实验方法与步骤

1) 材料制备

在 Ag_2Se 样品的制备过程中采用的起始原料是高纯单质 Ag(99.5%,粉末状)和 Se(99.5%,粉末状)。在手套箱中称量,将称量好的起始原料放入石英管中,然后将石英管从手套箱中逐个取出,并立即使用真空封管机将石英管密封。将密封好的石英管放入马弗炉内。马弗炉缓慢升温至 1270 K,保温 12 h;随后缓慢冷却至 675 K,并退火 24 h;再缓慢降至室温。将铸锭取出放入玛瑙研钵中研磨成细粉,再将欲烧结的 Ag_2Se 粉末用研钵研磨后装入内径为 15 mm 的石墨模具中(为防止烧结后块体硒化银粘在石墨模具内壁,需使用碳纸贴附在石墨模具内壁上),用压片机对其施加 10 MPa 的压力预压后,装入放电等离子烧结炉中,在 30 MPa 压力、473 K 温度下对其进行烧结。放电等离子烧结完成后,腔体温度降至室温时即取出模具,再将 Ag_2Se 样品从模具中取出。

2) 性能测试

(1) 电学性能测试。

① 塞贝克系数与电导率。

采用塞贝克系数测试仪,使用四探针法测试塞贝克系数和电导率。

② 载流子迁移率。

采用物理特性测试系统测试样品的霍尔系数。霍尔系数 R_H 与霍尔电势差 U 有如下关系：

$$R_{\mathrm{H}} = \frac{Uh}{IB} \tag{3}$$

$$neR_{\mathrm{H}} = 1 \tag{4}$$

$$R_{\mathrm{H}} = \mu\rho' \tag{5}$$

其中，h 为待测样品的厚度，e 为电子电荷量，B 为磁感应强度，I 为电流，n 为载流子浓度，μ 为载流子迁移率，ρ' 为电阻率。

③ 加权载流子迁移率。

设计半导体器件时需要深入了解材料中的载流子迁移率。通常情况下，使用霍尔效应和电阻率来估算迁移率。利用塞贝克系数和电导率计算加权载流子迁移率（电子态密度加权的电子迁移率）。分析加权载流子迁移率可以阐明材料中的电子结构和散射机制，尤其有助于理解热电机理和优化热电性能。通过如下公式可以得出加权载流子迁移率 μ_{w}：

$$\mu_{\mathrm{w}} = \frac{3h^3\sigma}{8\pi e(2m_{\mathrm{e}}k_{\mathrm{B}}T)^{\frac{3}{2}}} \left\{ \frac{\exp\left[\frac{|S|}{k_{\mathrm{B}}} - 2\right]}{1 + \exp\left[-5\left(\frac{|S|}{k_{\mathrm{B}}} - 1\right)\right]} + \frac{\frac{3}{\pi^2} \cdot \frac{|S|}{k_{\mathrm{B}}}}{1 + \exp\left[5\left(\frac{|S|}{k_{\mathrm{B}}} - 1\right)\right]} \right\} \tag{6}$$

其中，k_{B} 是玻尔兹曼常数，m_{e} 为电子质量。

（2）热学性能测试。

采用激光导热仪测试样品的热扩散系数，采用阿基米德排水法测试密度。材料的总热导率 κ 根据以下公式进行计算：

$$\kappa = DC_{\mathrm{P}}\rho \tag{7}$$

其中，D 为热扩散系数，C_{P} 为材料的比热容，ρ 为材料的密度。

5. 实验数据记录与处理

（1）测量样品横截面尺寸（mm）。

（2）根据上述测量结果计算并绘制 σ、S、κ、PF、ZT 等物理量随温度变化的曲线。

6. 注意事项

（1）在测试 σ、S、κ 等参数时，在同一温度下应多次测量并取平均值。

（2）同一样品不可进行多次 SPS 或者多轮测试。

（3）样品冷却应尽可能缓慢，防止其因体积变化而将石英管撑裂。

7. 思考题

（1）如何区分 n 型和 p 型半导体热电材料？

（2）试分析 σ、S 随温度变化的趋势。

（3）有哪些提高热电材料的 ZT 值的方法？

参考文献

［1］ 张建中. 温差电技术［M］. 天津：天津科学技术出版社，2013.

［2］ SHAKOURI A. Recent developments in semiconductor thermoelectric physics and materials［J］. Annual Review of Materials Research，2011，41(1)：399-431.

［3］ 张骐昊，柏胜强，陈立东. 热电发电器件与应用技术：现状、挑战与展望［J］. 无机材料学报，2019，34(3)：279-293.

［4］ NOLAS G S，SLACK G A，COHN J L，et al. The next generation of thermoelectric materials［C］//Proceedings of Seventeenth International Conference on Thermoelectrics. New York：IEEE，1998：294-297.

［5］ BILLETTER H，RUSCHEWITZ U. Structural phase transitions in Ag_2Se (naumannite)［J］. Zeitschrift für anorganische und allgemeine Chemie，2008，634(2)：241-246.

［6］ FERHAT M，NAGAO J. Thermoelectric and transport properties of β-Ag_2Se compounds［J］. Journal of Applied Physics，2000，88(2)：813-816.

［7］ LEE C，PARK Y H，HASHIMOTO H. Effect of nonstoichiometry on the thermoelectric properties of a Ag_2Se alloy prepared by a mechanical alloying process［J］. Journal of Applied Physics，2007，101(2)：024920.

［8］ DAY T，DRYMIOTIS F，ZHANG T S，et al. Evaluating the potential for high thermoelectric efficiency of silver selenide［J］. Journal of Materials Chemistry C，2013，1(45)：7568-7573.

［9］ SINGH S，HIRATA K，BYEON D，et al. Investigation of thermoelectric properties of $Ag_2S_xSe_{1-x}$ (x=0.0，0.2 and 0.4)［J］. Journal of Electronic Materials，2020，49：2846-2854.

［10］ LI D，ZHANG J H，LI J M，et al. High thermoelectric performance for an Ag_2Se-based material prepared by a wet chemical method［J］. Materials Chemistry Frontiers，2020，4(3)：875-880.

［11］ CHEN J，SUN Q，BAO D Y，et al. Hierarchical structures advance thermoelectric properties of porous n-type β-Ag_2Se［J］. ACS Applied Materials & Interfaces，2020，12(46)：51523-51529.

［12］ WANG H Y，LIU X F，ZHOU Z Z，et al. Constructing n-type Ag_2Se/CNTs composites toward synergistically enhanced thermoelectric and mechanical performance［J］. Acta Materialia，2022，223：117502.

［13］ CHEN N，SCIMECA M R，PAUL S J，et al. High-performance thermoelectric silver selenide thin films cation exchanged from a copper selenide template［J］. Nanoscale Advances，2020，2(1)：368-376.

光催化材料的制备与催化性能测试

1. 实验目的

（1）学习与掌握光催化材料的制备方法。

（2）优化光催化材料的结构和性能。

（3）测试光催化材料的性能，并分析光催化反应的影响因素。

2. 实验原理

光催化是指光催化材料在光源的照射下，改变化学反应的速率或者改变反应成分的化学过程。光催化技术的核心是光催化材料，以半导体光催化材料为主，其通过光辐照将光能转化为化学能，进而进行氧化还原反应。实际上，光催化过程可以被看作一个非常复杂的多相催化反应，涉及光与催化剂的相互作用、催化剂对电子受体和电子给体的吸附、光生电子/空穴的迁移、物质分解或重组等过程，与物理、化学、材料、环境、生物等多个学科相关联。太阳能是一种清洁且取之不尽的能源，光催化技术在多个领域的应用拥有无限可能。半导体光催化技术在有机污染物降解、水分解制氢以及二氧化碳还原等领域具有重要意义。这种新兴且环境友好的技术在废水废气净化、新能源开发等方面展现出了广阔的应用前景，尤其在环境污染治理中显示出良好的发展潜力。其最大的优势在于能够在室温和常压条件下将大气或水中的污染物降解并矿化为对人体无害的物质，如二氧化碳和水。该技术通过光能诱导生成光生电子-空穴对，载流子在催化剂表面的活性位点参与氧化还原反应，从而实现一系列光催化反应，如光解水、有机污染物降解、二氧化碳还原以及光催化固氮制氨等。图 1 所示为半导体光催化过程示意图。

半导体催化剂对光催化反应的效果具有重要的影响。近年来，新型光催化剂的开发与利用成了催化领域的热点。目前，金属氧化物、金属酸盐类物质多被用于催化降解有机污染物，如 TiO_2、ZnO、Bi_2O_3、$Bi_{12}TiO_{20}$、$ZnFe_2O_4$ 等。其中 TiO_2 是一种无毒廉价、化学性质稳定高效的半导体催化剂，逐渐成为有机污染物降解技术领域的研究焦点。然而，由于 TiO_2 的带隙较宽（3.2 eV），对紫外光有良好的吸收能力，但对太阳光的利用率比较低，因此，合成具有可见光响应的 TiO_2 基光催化材料就成了当前需要解决的重要问题。

1）光催化反应基本原理

目前，用于光催化反应的光催化剂主要为半导体材料。在光照条件下，半导体催化剂的能带结构与其光生载流子的激发、产生和传输密切相关。因此，研究半导体光催化材料的能带结构对于深入理解光催化反应机理至关重要。

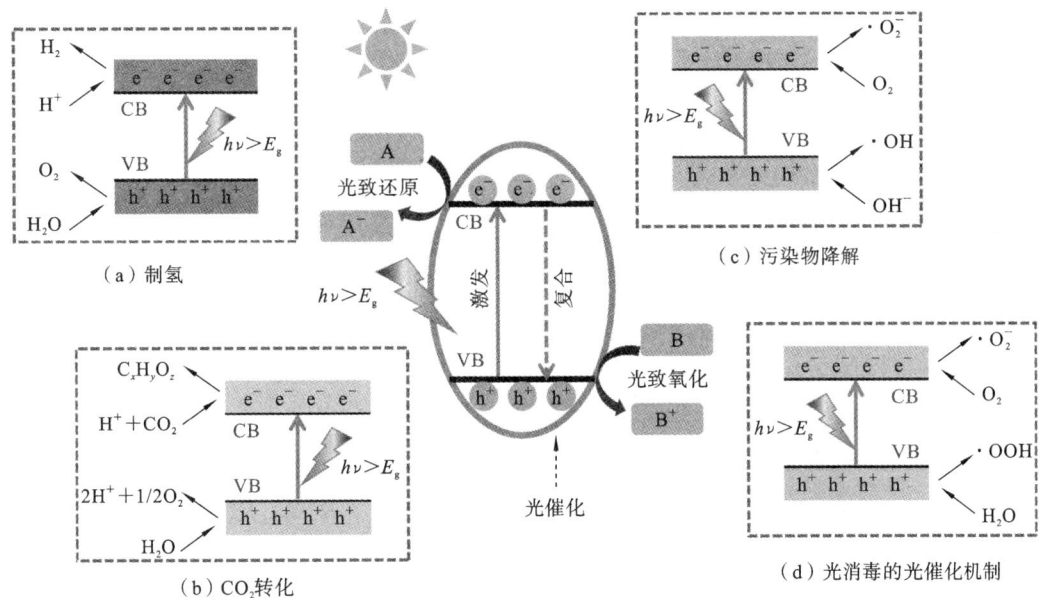

（a）制氢
（b）CO₂转化
（c）污染物降解
（d）光消毒的光催化机制

图 1　半导体光催化过程示意图

半导体光催化材料的能带结构主要由两个部分组成：一是价带（VB），位于能带的底部，特点是能量较低且充满价电子；二是导带（CB），位于能带的顶部，因电子迁移而成为空带，且能量较高。价带与导带之间的能量间隙称为带隙或禁带宽度（E_g）。当光催化剂表面受到光照时，如果光子的能量（$h\nu$）大于催化剂的带隙（E_g），价带中的电子（e^-）会被激发，跃迁至导带，同时在价带中留下一个带正电荷的空穴。这种激发过程产生了光生电子-空穴对。在光催化材料的界面作用及内建电场的影响下，部分光生电荷会在材料内部发生复合，而另一部分电子-空穴对则迁移至催化剂表面。光生电子（e^-）具有还原能力，能够参与催化剂表面的一系列还原反应；光生空穴（h^+）具有氧化能力，能够在催化剂表面引发一系列氧化反应。这些过程共同构成了光催化反应的基本原理。

如图 2 所示，光催化反应的基本过程包括多个步骤。由于光生载流子具有氧化还原能力，导带上的光生电子能够与催化剂表面吸附的水分子（H_2O）和氧气（O_2）发生还原反应，生成超氧自由基（$\cdot O_2^-$）；同时，价带上的光生空穴会与催化剂表面吸附的氢氧根（OH^-）或水分子（H_2O）发生氧化反应，生成羟基自由基（$\cdot OH$）。在光催化过程中，无论是 OH^-、$\cdot O_2^-$，还是光生空穴（h^+），它们都表现出较强的氧化还原能力，因此被统称为催化反应的活性物质。这些活性物质能够与反应物发生氧化还原反应，将有机污染物降解为水和二氧化碳等最终产物。图 3 所示为光催化降解异丙醇机理图。

2）光催化影响因素

光催化剂的结构以及在催化过程中所处的外部化学环境对其光催化性能有着重要影响。内部因素主要包括催化剂的微观尺寸、晶体结构、表面形貌特征以及禁带宽度等；外部因素则包括反应温度、pH 值、光照强度以及是否使用助催化剂等。接下来将从这些关键影响因素入手，进行分析和讨论。

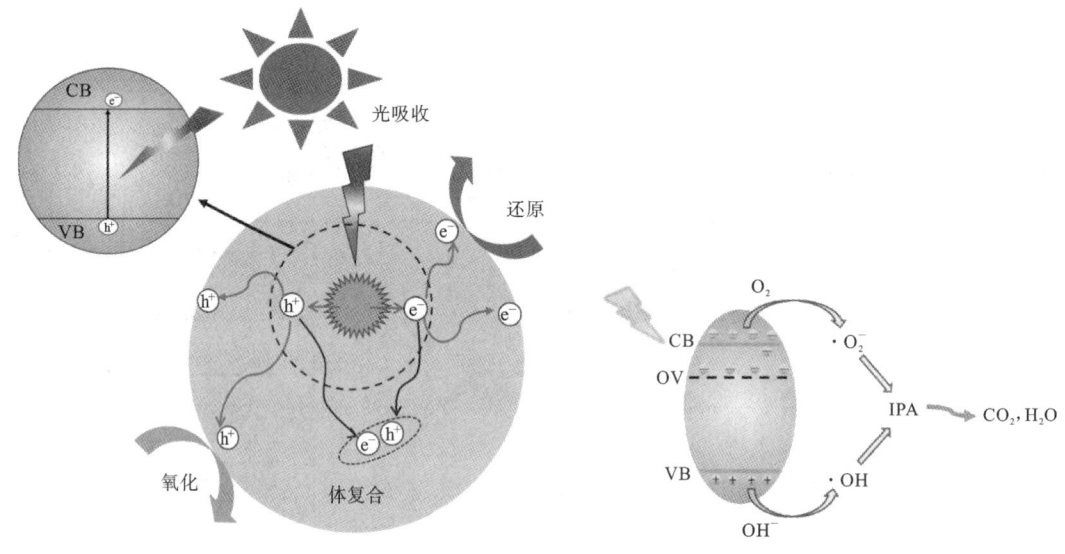

图 2 光催化反应基本过程图   图 3 光催化降解异丙醇机理图

（1）光催化剂的能带结构。

光催化剂的导带具有较高的能量，而价带则具有较低的能量，两者之间的能级差即带隙，直接影响半导体材料的能级结构（见图 4）。带隙较大的光催化剂需要更高的能量才能激发光生电子，因而较难吸收光能；而带隙较小的光催化剂则对可见光的吸收能力较差。因此，选择合适的半导体光催化材料至关重要，它既需要满足具备氧化还原能力这一条件，又要能够有效地响应可见光。

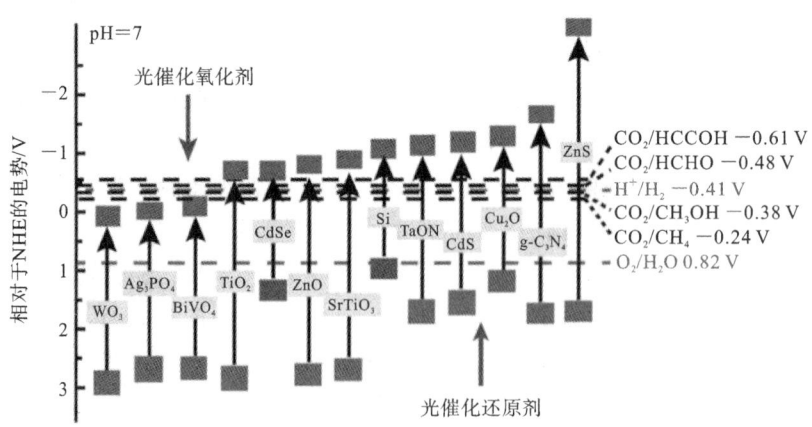

图 4 典型光催化材料的能带结构示意图

（2）光催化材料的光响应范围及产生光生电子和空穴的能力。

当入射光的能量一定时，光催化材料的带隙决定了能被激发的光能量最小值：带隙大则需要的激发能更高，即对紫外波段的短波依赖更强，从而导致对太阳光的利用率较低，如 TiO_2、ZnS、ZnO 等，带隙都大于 3.2 eV，利用普朗克关系式 $\lambda = h_c/E_g = 1240/E_g$ 估算可知，带隙大于

3.1 eV 的半导体只能吸收波长低于 400 nm 的紫外光。因此,开发窄带隙的光催化材料是提高光催化技术对太阳能利用率的重要研究方向之一。研究者制备 Ag_3PO_4、$BiVO_4$、CdS 等新型窄带隙催化剂,为完善光催化体系、满足不同的应用需求创造了更多的可能。

(3)光催化剂的晶体结构。

研究表明,光催化剂的晶体结构是影响光催化性能的重要因素。不同的晶体结构会形成不同类型的半导体材料。以 TiO_2 为例,它的晶体结构可以分为板钛矿(斜方晶系)、锐钛矿(四方晶系)和金红石(四方晶系)三种。晶体结构存在差异,导致能带结构也不同。例如,锐钛矿型 TiO_2 的带隙为 3.2 eV,而金红石型 TiO_2 的带隙为 3.0 eV。不同晶体结构的催化剂会影响光生电荷的分离与迁移效率,进而导致其光催化性能存在差异。

(4)光催化剂的结晶度。

光催化剂的结晶度对催化反应的活性也具有一定影响。通常情况下,光催化剂的结晶度越高,材料中存在的缺陷就越少,光生载流子的分离效率就越高,从而提升催化剂的反应活性。然而,光催化剂自身存在的缺陷在一定程度上也能提高载流子分离效率,这是因为缺陷能级的存在可以促进载流子的分离,从而增强光催化活性。

(5)光催化剂的晶粒尺寸和比表面积。

光催化剂的晶粒尺寸也是影响光催化活性的一个重要因素。具有纳米级晶粒尺寸的光催化剂通常表现出更好的光催化反应的性能。由于晶粒尺寸较小,光催化剂的禁带宽度较大,光的吸收范围较大,从而提高光生电子-空穴对的分离效率,增强光催化活性。此外,研究表明,晶粒尺寸越小的光催化剂具有越大的比表面积。更大的比表面积可以为催化反应提供更多的活性位点,提高催化反应的吸附量,从而进一步提升光催化反应的性能。

综上所述,光催化剂的带隙、晶体结构、结晶度、晶粒尺寸以及比表面积等都是影响光催化反应的性能的重要因素。因此,为了有效提高光催化活性,需要对光催化剂进行改进,如优化带隙、增大比表面积以提高反应物的吸附量等。

3)$ZnTiO_3$ 光催化剂研究现状

钛酸锌($ZnTiO_3$)是一种具有钙钛矿结构的材料,其在光学和电学方面表现出优异性能,因而在诸多领域得到了广泛应用。在环境领域,$ZnTiO_3$ 常被用于降解水体中的有机污染物。近年来,研究发现该材料在催化领域同样展现出良好的潜力,因此引起了科研工作者的广泛关注。然而,在光催化应用中,$ZnTiO_3$ 仍面临一些瓶颈。其中,$ZnTiO_3$ 的禁带宽度较大($E_g = 3.2$ eV),对紫外光具有较强的光响应,但对可见光的利用率较低,导致其利用太阳能受限。此外,光生载流子的复合率较高,也显著制约了其光催化活性。为克服这些不足,并提升 $ZnTiO_3$ 的光催化性能,研究者提出了多种改性方法。改性的主要目标包括:增强催化剂对太阳光的吸收能力,拓宽其在可见光区域的光响应范围;提高催化剂对污染物的吸附能力;有效抑制光生电子-空穴对的复合过程。目前,针对 $ZnTiO_3$ 的改性策略主要集中在贵金属负载、离子掺杂以及与其他半导体催化剂复合等方面。这些优化途径为提升 $ZnTiO_3$ 的光催化性能提供了重要的研究思路和技术支持。

(1)贵金属负载。

贵金属负载是指通过浸渍还原法、表面溅射法将少量贵金属(如 Au、Ag、Pt 等)负载在光催化剂的表面。将贵金属负载到光催化材料上时，由于贵金属的费米能级比较低，因此在金属和光催化剂表面会形成肖特基势垒。在光能的作用下，光生电子在导带处向贵金属方向迁移，有效提升了光生载流子的分离效率，最终达到提升光催化剂性能的目的。

（2）离子掺杂。

离子掺杂也是半导体催化剂的改性方法之一，通常是指利用物理或化学的方法，在催化剂的晶格结构中引入离子，从而改变 $ZnTiO_3$ 的晶格类型，减少光生载流子的复合，改变其能级结构。离子掺杂分为金属离子掺杂、非金属离子掺杂以及多种离子共掺杂等。在光催化剂上掺杂离子可以在其能级结构中引入杂质能级，进一步改变半导体材料的带隙，提高光生载流子分离效率，改变光催化剂的性能。

（3）半导体催化剂复合。

半导体催化剂复合具有以下特点：将两种及以上能带相匹配的光催化材料进行复合，利用两种材料的带隙差异对形成的复合材料带隙进行修饰。在催化反应过程中，光生电子在一种半导体材料的导带位置进行更强的还原反应，在另一种半导体材料的价带位置进行更强的氧化反应。由此能够极大地提升光生载流子的分离效率，减少电子-空穴对的复合，使半导体复合材料具有更高的光催化性能。

（4）光催化剂表面处理。

在制备光催化剂的过程中，可通过引入氧空位或增大半导体材料比表面积等处理方法提高光催化活性。半导体材料表面引入氧空位（可以作为反应活性位点），通过改变样品形貌来增大比表面积，均可以提高催化反应的吸附量，进而提高半导体催化剂的性能。

3. 实验试剂及仪器

1）实验试剂

实验试剂如表1所示。

表 1　实验试剂

试　　　剂	规　　　格	生　产　厂　家
$Zn(NO_3)_2 \cdot 6H_2O$	分析纯	国药集团化学试剂有限公司
$C_{16}H_{36}O_4Ti$	分析纯	国药集团化学试剂有限公司
$C_3H_6N_6$	分析纯	国药集团化学试剂有限公司
C_2H_5OH	分析纯	国药集团化学试剂有限公司
CH_3OH	分析纯	国药集团化学试剂有限公司
CH_3COOH	分析纯	国药集团化学试剂有限公司
$HgCl_2$-KI-KOH	分析纯	国药集团化学试剂有限公司
$NaOH$	分析纯	国药集团化学试剂有限公司
$KNaC_4H_4O_6 \cdot 4H_2O$	分析纯	国药集团化学试剂有限公司
$NH_4 \cdot Cl$	分析纯	国药集团化学试剂有限公司

2）实验仪器

实验仪器如表 2 所示。

表 2　实验仪器

设 备 名 称	型　　号	生 产 厂 家
X 射线衍射仪	DX-2700	丹东浩元
比表面积和孔径分析仪	Quadrasorb evo	Quantachrome
电化学工作站	VersaSTAT 4	Princeton Applied Research
马弗炉	SX2-12TP	上海一恒
管式炉	TL1200	博蕴通
电热恒温鼓风干燥箱	DHG-9246A	上海精宏
恒温加热磁力搅拌器	DF-101S	予华仪器

4. 实验方法与步骤

1）材料制备

（1）纯样品 $ZnTiO_3$ 样品制备。

采用溶胶-凝胶法制备立方相 $ZnTiO_3$。首先,将 0.874 g 的六水合硝酸锌溶解到 10 mL 无水乙醇中,室温下搅拌 30 min 后,在上述溶液中加入 2 mL 乙酸继续搅拌 30 min。随后, 将 1 mL 的钛酸四正丁酯逐滴加入上述混合溶液中,溶液搅拌均匀后在室温下陈化 24 h。接 着,将混合溶液置于 80 ℃ 的烘箱中干燥 12 h 得到前驱体。随后将前驱体放入马弗炉中,以 500 ℃ 的煅烧温度、5 ℃·min^{-1} 的升温速率高温煅烧 2 h。最后,冷却至室温,将得到的样品 粉末进行研磨,从而得到 $ZnTiO_3$ 光催化剂,并标记为 ZTO。

（2）$ZnTiO_3$ 氧空位样品制备。

将按上述步骤烘干得到的前驱体置于管式炉中,通入流速为 50 mL·min^{-1} 的高纯氮 气。在氮气气氛下,分别设置煅烧温度为 400 ℃、500 ℃、600 ℃,保温 2 h,冷却至室温后,将 处理后的样品分别标记为 ZTO-400、ZTO-500 和 ZTO-600。图 5 所示为 $ZnTiO_3$ 氧空位光 催化剂制备流程图。

2）性能测试

（1）光催化降解气态污染物异丙醇。

采用实验室自制的石英玻璃反应装置进行光催化剂对气态有机污染物的降解实验,反 应装置如图 6 所示。实验过程中,首先将定量的待检测样品置于面积约为 4 cm^2 的玻璃凹槽 内,使样品平铺且充满凹槽。其次将玻璃凹槽放置在自制石英玻璃反应容器的中心位置,密 封组装好石英玻璃反应容器。然后抽取 5 μL 的有机污染物异丙醇溶液注射到反应容器中。 在暗反应条件下,让反应容器静置 2 h,以使气态有机污染物充分挥发,并保证其在待测样品 表面达到吸附-脱附平衡。2 h 后将反应容器置于 300 W 氙灯下照射,使用气相色谱仪火焰 离子化检测器（FID）通道进行检测,每隔 20 min 取样 1000 μL,检测丙酮的生成量。

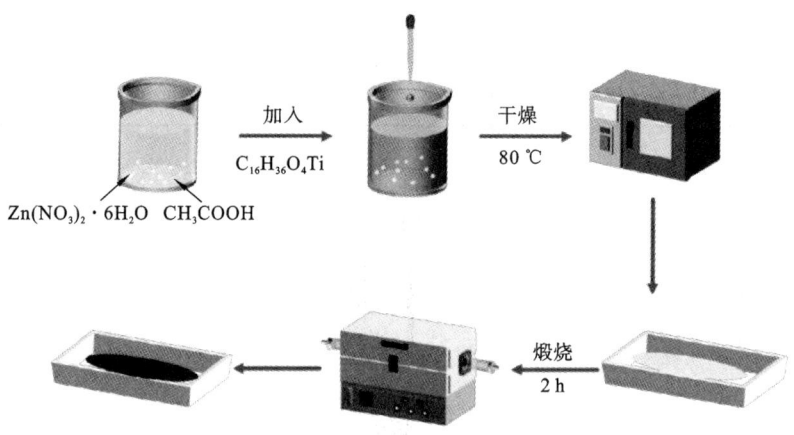

图5　ZnTiO₃氧空位光催化剂制备流程图

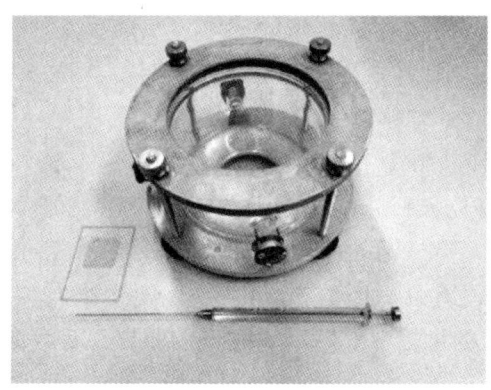

图6　光催化降解反应容器及微量取样针

（2）光催化固氮。

光催化固氮反应装置（见图7）主要由光源、高纯氮气、反应容器、搅拌器构成。选用型号为 XL-300 的氙灯作为照射光源，以模拟太阳光，采用型号为 DF-101S 的磁力搅拌器对样品进行搅拌。光催化固氮反应容器为实验室自制的石英玻璃制品。该反应容器是半封闭的单向进气系统，上方石英玻璃盖具有顶照式光路通路。该反应容器主要由石英玻璃盖、密封胶圈和三个法兰构成，形成了良好的密闭系统。反应容器左、右各有一个通路：左侧通路有可延伸到液体下方的玻璃细管，此为进气口；右侧通路则为出气口，并可通过注射器抽取一定量的样品用于检测。将组装好的反应容器放置在磁力搅拌器上，以一定转速进行搅拌。从进气口通入高纯氮气，在右侧出气口采用带有过滤塞的注射器抽取 5 mL 待测样品。过滤塞的作用是过滤掉液体中的样品颗粒，将过滤后的溶液置于容量为 10 mL 的石英比色皿中，等待检测。

称取 50 mg 光催化剂，将其置于容量为 100 mL 的自制石英玻璃反应容器中。向该反应容器内加入 5 mL 甲醇、45 mL 去离子水，同时放入一枚 1.5 cm 的磁吸转子，搅拌均匀。反应容器组装完毕后，通入高纯氮气以提供氮源，使氮气流速稳定保持在 80 mL·min⁻¹。在

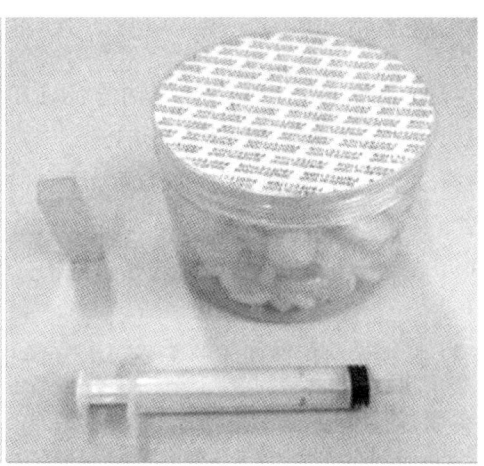

图 7　光催化固氮反应装置

暗反应条件下,对光催化剂进行搅拌并鼓泡 1 h,以达到吸附-脱附平衡。随后打开光源,每隔 1 h 抽取 2 mL 样品,并对样品进行标号记录。将抽取的样品过滤后备用,依次加入 200 μL 的 NaOH 溶液、55 μL 的 $KNaC_4H_4O_6$ 溶液、80 μL 的 Nessler 试剂。将混合均匀后的溶液静置 20 min,进行显色处理。最后,使用紫外-可见分光光度计测试样品在 420 nm 处的吸光度,再将得到的数据依据光催化固氮标准液曲线转化为氨浓度。

5. 实验数据记录与处理

（1）记录样品催化降解异丙醇生成丙酮的降解数据。

（2）记录光催化固氮实验的固氮量。

6. 注意事项

（1）佩戴防护装备:在使用氮气时,应佩戴防护眼镜或面罩,以防止氮气对人体造成伤害。

（2）通风措施:确保工作区域有良好的通风条件,以避免因氮气浓度过高而导致的健康问题。

（3）操作规范:严格遵守操作规程,避免因操作不当而导致氮气泄漏等事故。

（4）应急准备:对操作人员进行培训,了解氮气的理化性质、事故预防和应急措施,并制定应急预案以提高应急救援能力。

（5）气体处理:在进行氮气吹扫和置换时,需制定详细的作业方案,明确作业流程和排放地点,确保气体处理安全。

（6）气体检测:在进入可能存在氮气的受限空间前,必须进行气体检测,确保氧气含量在安全范围内。

（7）设备维护:定期检查和维护设备,确保其处于良好工作状态,防止因设备故障而导致的氮气泄漏。

7. 思考题

(1) 在制备光催化材料时,不同的合成方法(如溶胶-凝胶法、水热法或共沉淀法)对材料的形貌、晶体结构及性能有哪些影响?

(2) 如何优化制备条件(如温度、反应时间、pH 值等)以获得催化性能最佳的光催化材料?

(3) 在光催化实验中,如何选择合适的光源(紫外光、可见光或太阳光)来模拟实际应用环境?

(4) 影响光催化剂性能的主要因素有哪些? 应如何通过实验加以验证?

参考文献

[1] REHMAN W U, KHATTAK M T N, SAEED A, et al. Co_3O_4/NiO nanocomposite as a thermocatalytic and photocatalytic material for the degradation of malachite green dye[J]. Journal of Materials Science:Materials in Electronics, 2023, 34(1):15.

[2] PRASAD C, MADKHALI N, GOVINDA V, et al. Recent progress on the development of $g-C_3N_4$ based composite material and their photocatalytic application of CO_2 reductions[J]. Journal of Environmental Chemical Engineering, 2023, 11(3):109727.

[3] XU H Y, ZHANG Y J, WANG Y, et al. Heterojunction material $BiYO_3$/$g-C_3N_4$ modified with cellulose nanofibers for photocatalytic degradation of tetracycline[J]. Carbohydrate Polymers, 2023, 312:120829.

[4] LI F, LIU G Y, LIU F Q, et al. Synergetic effect of CQD and oxygen vacancy to TiO_2 photocatalyst for boosting visible photocatalytic NO removal[J]. Journal of Hazardous Materials, 2023, 452:131237.

[5] YANG F, HU P, YANG F, et al. Photocatalytic applications and modification methods of two-dimensional nanomaterials:a review[J]. Tungsten, 2024, 6(1):77-113.

[6] ZHANG X, YANG P. Role of graphitic carbon in $g-C_3N_4$ nanoarchitectonics towards efficient photocatalytic reaction kinetics:a review[J]. Carbon, 2024, 216:118584.

[7] SUJINNAPRAM S, WONGRERKDEE S. Synergistic effects of structural, crystalline, and chemical defects on the photocatalytic performance of Y-doped ZnO for carbaryl degradation[J]. Journal of Environmental Sciences, 2023, 124:667-677.

[8] TAHIR M Y, SILLANPAA M, ALMUTAIRI T M, et al. Excellent photocatalytic and antibacterial activities of bio-activated carbon decorated magnesium oxide nanoparticles[J]. Chemosphere, 2023, 312:137327.

[9] SHE H D, HUA R, ZHAO J L, et al. Synergetic regulation of interfacial electronic structure of Cu, N co-doped carbon modified TiO_2 for efficient photocatalytic CO_2 reduction[J]. Chemical Engineering Journal, 2024, 496:153799.

石墨烯的制备与导电性能测试

1. 实验目的

(1) 掌握石墨烯的结构组成,并了解其基本特性。

(2) 理解石墨烯的基本特性,并掌握制备高质量石墨烯的实验方法。

(3) 掌握导电性能测试方法及仪器操作,对石墨烯导电性能进行测试。

2. 实验原理

石墨烯(graphene)即碳原子按照蜂巢状结构排列组成的一种二维材料。早期科学家认为它只是一种理论上的材料,无法在自由状态下存在。直到 2004 年,英国曼彻斯特大学物理学家 Andre Geim 和 Konstantin Novoselov 采用透明胶带剥离法成功从石墨中分离出石墨烯,并表征了石墨烯这种二维材料的优越性能。受他们工作的启发,在随后的十几年里,学术界关于石墨烯的研究成果不断涌现,这两位科学家也因其开创性研究而于 2010 年被授予诺贝尔物理学奖。

碳材料家族也因石墨烯的发现而更加完整。目前,这一家族包括零维的富勒烯、一维的碳纳米管、二维的石墨烯以及三维的石墨和金刚石。石墨烯不仅是单层碳原子材料,还是组成其他碳材料的基本元素(见图 1):将石墨烯包裹成球形,便可得到零维富勒烯;将石墨烯卷

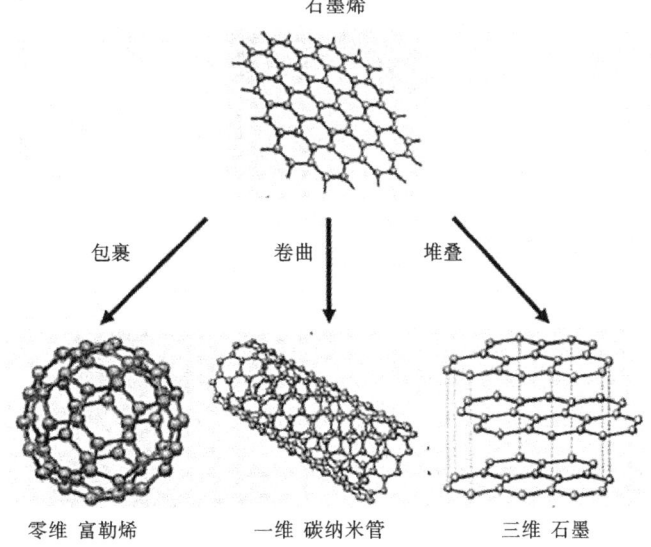

图 1　单层石墨烯与其他碳材料

起来,可以获得一维的碳纳米管;将石墨烯堆叠起来,则可以获得三维的石墨。

石墨烯具有特殊的分子结构,它具有优异的化学和物理性质,例如,超高的比表面积(2630 $m^2 \cdot g^{-1}$)、优异的导电性能(电导率为 10^6 S·m^{-1})、极好的力学性能(杨氏模量为 1 TPa)等,在高科技领域展现出了巨大的潜力。但是,石墨烯片层之间存在范德瓦耳斯力,这种力易促使分子层之间发生团聚,不利于石墨烯的分散,导致电阻率升高和片层厚度增加,使得无法大规模高质量地制备石墨烯。

1) 石墨烯的制备

(1) 机械剥离法。

制备石墨烯最早的方法是机械剥离法(见图 2),即通过在石墨晶体表面进行逐层剥离来获得石墨烯。早期使用机械剥离法得到的石墨薄片层数较多,有几十到几百层。随着对石墨烯制备研究的深入,如今可以制备出单层或者几层的石墨烯薄片。2004 年,曼彻斯特大学的 Andre Geim 教授与 Konstantin Novoselov 教授通过微机械剥离法第一次成功制备出单层石墨烯。他们使用胶带从高定向热解石墨表面揭下一层石墨薄片,然后在胶带表面不断粘贴石墨薄层,直至得到单层石墨烯,最后将单层石墨烯转移到衬底表面,其尺寸达到 100 pm,且具有较好的性能。

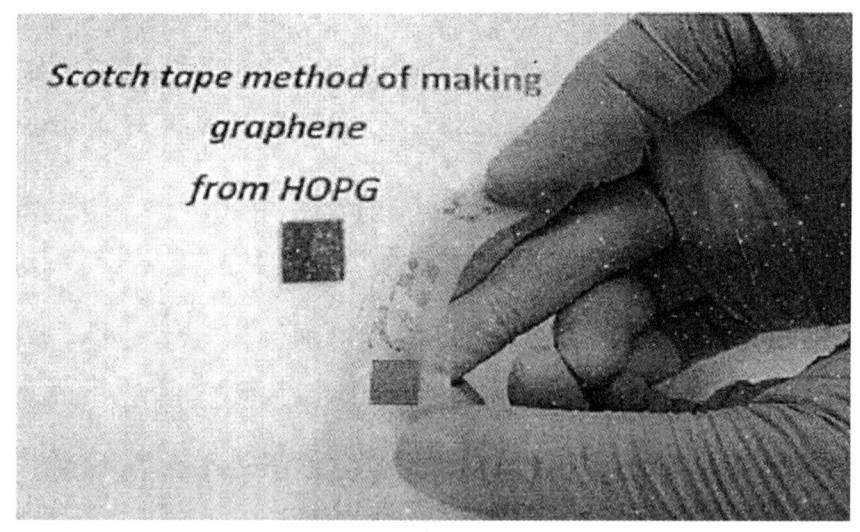

图 2　机械剥离法制备石墨烯

(2) 化学气相沉积法。

化学气相沉积(CVD)法的原理是,在高温、充满可分解气体(如 CH_4、C_2H_2)的环境中,通过高温退火使碳原子沉积在基底表面,从而形成单层石墨烯。此方法可控并且可以制备大面积石墨烯(见图 3)。2006 年,Somani 等人首次使用热化学气相沉积法制备出大约 35 层的石墨烯,为后续研究提供了一个崭新的思路。

(3) 外延生长法。

外延生长法是指在超真空的条件下通过高温加热使碳化硅(SiC)中的硅原子蒸发脱除,碳原子重新排列组合形成石墨烯薄片,如图 4 所示。Heer 等人使用碳化硅作为原料,在

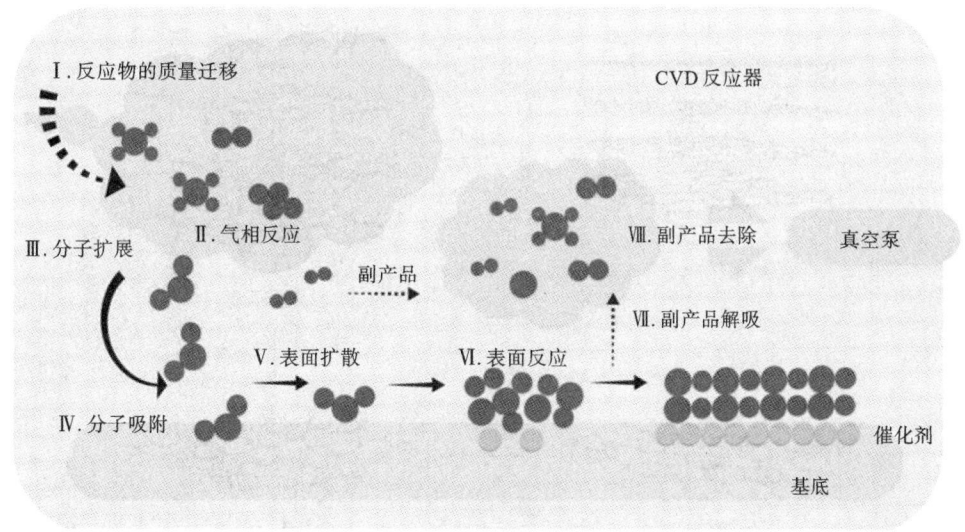

图3　CVD法制备大面积石墨烯

1300 ℃和1.33×10⁻¹⁰ Pa高真空条件下,使硅原子从碳化硅中蒸发出来,得到了连续大面积的石墨烯薄膜。研究发现,石墨烯薄膜的厚度达到了1.2层碳原子的厚度。外延生长法可用于制备高质量的石墨烯,然而,在控制石墨烯的层数和实现大面积重复制备方面还存在一些问题,有待科研工作者进一步深入研究。

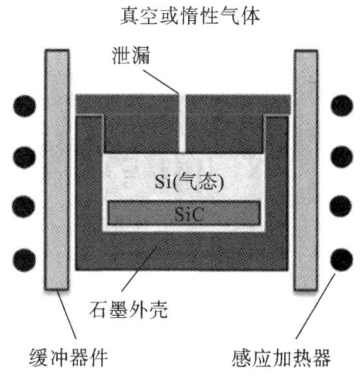

图4　外延生长法制备石墨烯

　(4)化学氧化还原法。

　化学氧化还原法是目前应用最为广泛的制备石墨烯的方法,该方法所使用的原料廉价而且制备过程简便。化学氧化还原法制备石墨烯包括三个过程,即氧化、剥离、还原,如图5所示。

　化学氧化还原法以石墨为原料,首先在溶液中用强酸将其处理成石墨插层化合物,随后加入强氧化剂对其进行氧化,在石墨烯表面引入含氧官能团,从而得到能够在溶液中分散的氧化石墨烯。在石墨烯的制备过程中,由于氧化,石墨的片层逐渐打开,同时也引入了大量官能团,这破坏了石墨烯的整体结构和优异的性能,比如超高的导电性。因此,需要对氧化石墨烯进行还原,得到单层或多层的石墨烯。相较于其他方法,化学氧化还原法制备石墨烯所需的原材料和设备相对便宜,操作简便,对实验设备的要求较低,适用于普通实验室场合。

　2)石墨烯的特性

　(1)电学性能。

　石墨烯是一种二维晶体,由碳原子按照六边形结构排列而成。两个碳原子之间形成σ键(键长约为0.142 nm),相邻的三个σ键之间的夹角为120°。研究表明,石墨烯是一种带隙为零的半金属。如图6所示,研究人员采用紧束缚模型对石墨烯的能带结构进行了计算。计算结

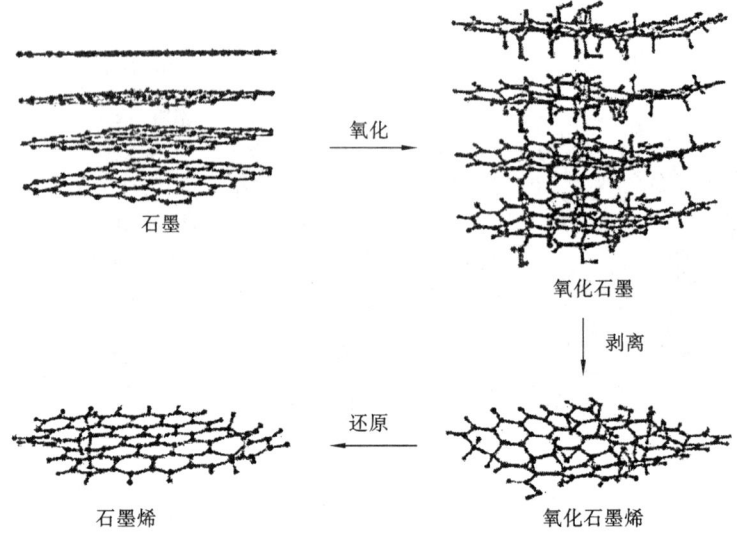

图 5　化学氧化还原法制备石墨烯的过程

果表明,石墨烯的价带和导带呈锥形,锥的顶点在狄拉克点处重合,且完全对称地分布在费米能级两边。正是这种独特的能带结构,赋予了石墨烯众多优异的电学性质。Bolotin 等人将机械剥离的单层石墨烯悬浮在具有 300 nm 二氧化硅层的硅片上进行测试分析,研究表明,当载流子浓度为 2×10^{11} cm^{-3} 时,石墨烯具有非常大的迁移率(2×10^5 cm$^2 \cdot$ V$^{-1} \cdot$ s^{-1})。另外,Lim 等人先采用化学气相沉积法制备出了单层的石墨烯,随后测得了其电导率,电导率高达 $(1.46 \pm 0.82) \times 10^6$ S $\cdot$ m^{-1}。

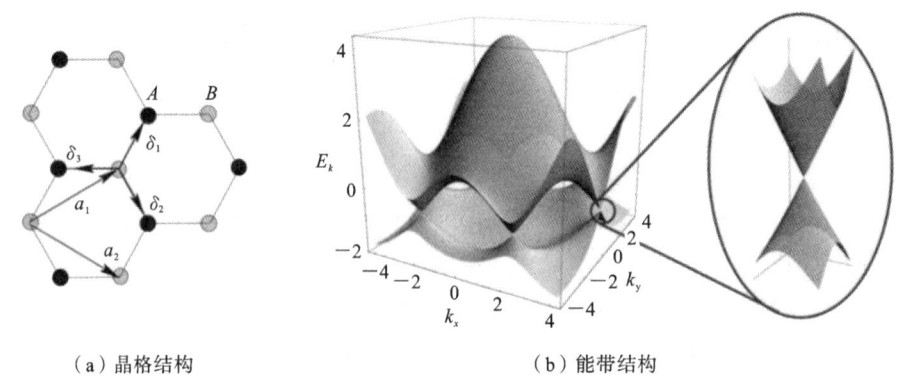

（a）晶格结构　　　　　　　　　　（b）能带结构

图 6　石墨烯的晶格结构和能带结构

（2）力学性能。

石墨烯的独特晶体结构决定了其优异的力学性能。鉴于石墨烯只有单原子层的厚度,传统的宏观测试方法并不适合对其力学性能进行测试,这时原子力显微镜(AFM)中的纳米压痕试验系统就发挥了巨大作用。如图 7 所示,美国哥伦比亚大学的 Lee 等人把通过微机械剥离法得到的单层无缺陷石墨烯转移到带有圆形孔洞且覆盖有二氧化硅层的硅基底表面,接着用 AFM 的金刚石探针给悬空的石墨烯施加垂直的压力。石墨烯薄膜受到压力的作用就会向下移动,同时引起面内的拉伸,然后运用连续介质力学理论来拟合压力与位移的关系曲线,就可以得到单层石墨烯的弹性模量和抗拉强度。该团队测得的结果分别为 1 TPa 和 130 GPa,是普通钢的 100 倍,并且该实验结果与理论预测的数值相近。Zhao 等人采用分子动力学方法对石墨烯进行了模拟分析,计算出石墨烯的泊松比为 0.21。目前,石墨烯得到广泛应用,常被添加到各种聚合物基底中,以制备力学性能优异的复合材料。

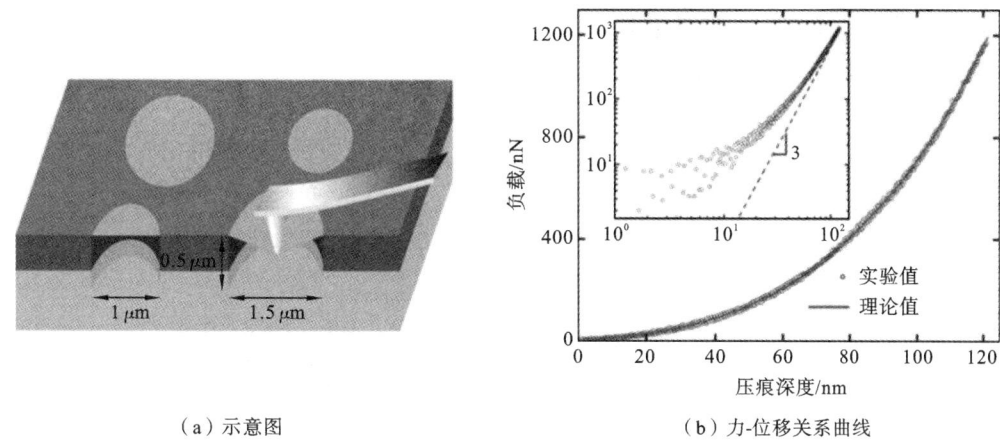

（a）示意图　　　　　　　　　　（b）力-位移关系曲线

图 7　石墨烯的纳米压痕测试

（3）热学性能。

石墨烯主要通过晶格的振动(声子)来传递热量。研究表明,声子的平均自由程与热导率呈正相关。在室温下,石墨烯的声子平均自由程约为 775 nm,因此,石墨烯表现出优秀的导热性能。Calizo 等人的研究表明,石墨烯的拉曼 G 峰的位移与温度呈负相关。基于此,Balandin 等人开发了光热拉曼技术,并将其用于测量石墨烯的热导率。他们将通过微机械剥离法制备的单层石墨烯悬挂在带有二氧化硅层的硅基底上,然后将共聚焦激光照射在石墨烯表面(见图 8(a)),根据 G 峰位移与耗散功率的关系(见图 8(b))得出温度系数,再结合石墨烯的吸收功率就可以计算出石墨烯的导热系数。最终测试结果表明,单层石墨烯在室温下具有超高的热导率($5300 \text{ W} \cdot \text{m}^{-1} \cdot \text{K}^{-1}$),其热导率比铜($398 \text{ W} \cdot \text{m}^{-1} \cdot \text{K}^{-1}$)、银($417 \text{ W} \cdot \text{m}^{-1} \cdot \text{K}^{-1}$)等金属材料,碳化硅($80 \sim 120 \text{ W} \cdot \text{m}^{-1} \cdot \text{K}^{-1}$)、氮化硼($290 \text{ W} \cdot \text{m}^{-1} \cdot \text{K}^{-1}$)等陶瓷材料,以及金刚石($2000 \text{ W} \cdot \text{m}^{-1} \cdot \text{K}^{-1}$)、碳纳米管($3000 \sim 3500 \text{ W} \cdot \text{m}^{-1} \cdot \text{K}^{-1}$)等碳材料更加优异。超高的热导率使得石墨烯广泛应用于热管理领域,包括石墨烯散热膜以及石墨烯/聚合物导热复合材料等常用热管理材料。

3）石墨烯电学性能测试

数字式四探针测试仪是基于四探针测量原理的多用途综合测量设备。该仪器按照单晶硅物理测试方法国家标准并参考美国 ASTM 标准设计而成,是专门用于测试半导体材料电阻率及方块电阻(薄层电阻)的仪器。

图 9 所示为数字式四探针测试仪,它由主机、测试台、四探针探头、计算机等部分组成。其可通过主机直接显示测量数据,亦可通过计算机进行数据的采集和分析,然后结果以表

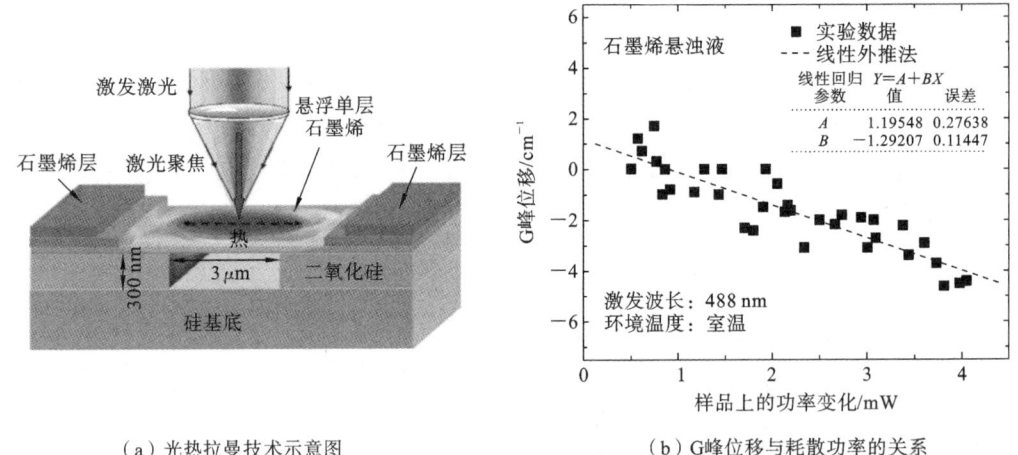

（a）光热拉曼技术示意图　　　　　　（b）G峰位移与耗散功率的关系

图8　石墨烯热导率测试

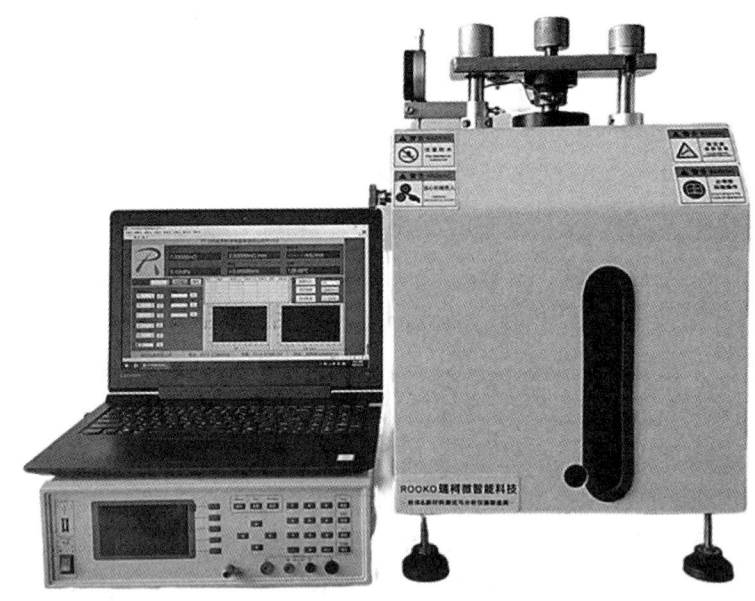

图9　数字式四探针测试仪

格、图形的方式显示。

　　该仪器采用了最新电子技术进行设计、装配,具有功能选择直观、测量取数快、精度高、测量范围宽、稳定性好、结构紧凑、易操作等特点。四探针软件测试系统是运行在计算机上的拥有友好测试界面的用户程序,借助此测试程序,用户可简便地进行各项测试、获取测试数据,并对测试数据进行统计分析。

　　测试程序控制数字式四探针测试仪进行测量并采集测试数据,在计算机中对采集到的数据进行分析,然后以表格、图形的方式直观地记录、显示测试数据。用户可对采集到的数据在电脑中进行保存或者打印,以便日后参考和查看,还可以把采集到的数据输出到 Excel

中,从而对数据进行各种分析。

首先,要保证石墨烯薄膜表面光滑、无污染。可以通过化学或机械方法来清洁和处理样品。将数字式四探针测试仪设置好,确保电源和数据采集系统能正常工作。对仪器进行校准以获取准确的读数。将四个探针均匀地布置在石墨烯样品表面。探针的间距要合理,以确保测试准确。通过外部电源向两个内侧探针施加稳定的电流,同时测量两个外侧探针之间的电压。这种配置可以有效减小接触电阻的影响。记录施加的电流和测得的电压数据。本步骤通常会计算出样品的电阻。利用测量得到的电阻,结合样品的几何尺寸(如厚度和面积)来计算电导率。电导率 σ 可以通过公式 $\sigma = 1/[R \times (L/A)]$ 计算,其中 R 是电阻,L 是探针的间距,A 是石墨烯的有效面积。通过进一步计算,可以评估石墨烯的载流子迁移率和载流子浓度等参数。载流子迁移率 μ 可以通过公式 $\mu = \sigma/(n \times e)$ 计算,其中 n 为载流子浓度,e 为电子电荷量。

为了确保数据的可靠性,可将上述测试重复几次,并取平均值。

3. 实验试剂及仪器

1)实验试剂

鳞片石墨、浓硫酸、硝酸钠、高锰酸钾、去离子水、双氧水、盐酸、葡萄糖等。

2)实验仪器

机械搅拌机、磁力搅拌机、低速台式大容量离心机、电子分析天平、超声波清洗器、真空干燥箱、数字式四探针测试仪等。

4. 实验方法与步骤

1)氧化石墨烯的制备

(1)在冰水浴(0 ℃)中将 1 g 石墨粉和 0.5 g 硝酸钠放置在 250 mL 的三口烧瓶中,取 23 mL(98%)浓硫酸缓慢倒入三口烧瓶中。使用机械搅拌机将三种物质搅拌均匀,同时保证水浴温度不超过 2 ℃,搅拌 0.5 h。

(2)将 3 g 高锰酸钾分三次在 1 h 内投入三口烧瓶中,烧瓶内机械搅拌机搅拌速率保持在 350 r/min,同时保持反应温度低于 15 ℃。

(3)将反应装置移入 35 ℃ 的油浴中,同时进行搅拌。当溶液温度达到 35 ℃ 时,保持该温度继续搅拌 4 h。

(4)取 138 mL 的去离子水缓慢加入上述溶液中,然后加热升温到 95 ℃,在保持温度的情况下继续搅拌 0.5 h。

(5)将 130 mL 去离子水和 20 mL 双氧水加入反应液中,并且搅拌 1 h,得到亮黄色的悬浮液。

(6)使用溶剂过滤器过滤亮黄色悬浮液,然后使用 40 mL 5% 的稀盐酸洗涤滤饼,再使用大量的去离子水洗涤滤饼直至分离液 pH 值达到 7 为止。

(7)将滤饼放置在真空干燥箱中 65 ℃ 干燥 12 h,研磨滤饼得到氧化石墨烯。

2）石墨烯的制备

量取 10 mL 氧化石墨烯与去离子水配制成 1 mg·mL^{-1} 的氧化石墨烯水溶液,添加氨水使得 pH 值在 8 到 9 之间。然后称取 250 mg 的葡萄糖加入反应液中,搅拌均匀。再将均匀溶液在 95 ℃ 油浴中进行磁力搅拌,使其发生还原反应,同时冷凝回流 12 h。然后使用离心机对产物进行离心清洗(使用去离子水清洗 6 遍),直至 pH 值达到 7 为止。最后将洗涤产物放入真空干燥箱中干燥 48 h,得到石墨烯样品。

3）性能测试

使用数字式四探针测试仪对氧化石墨烯薄膜和石墨烯薄膜进行电阻率测试,同时在样品薄膜表面选取三个区域进行测量,以计算平均值。

5. 实验数据记录与处理

(1) 记录氧化石墨烯和石墨烯样品的横截面尺寸(cm^2)。
(2) 记录氧化石墨烯样品薄膜表面三个区域的电阻率,计算平均值,得到电阻率数据。
(3) 记录石墨烯样品薄膜表面三个区域的电阻率,计算平均值,得到电阻率数据。

6. 注意事项

(1) 控制反应温度、时间和 pH 值等,过高的反应温度可能会导致石墨烯的结构破坏,过长的反应时间可能会导致还原过度。
(2) 处理氧化石墨烯时,确保使用去离子水进行多次洗涤,以去除未反应的化学试剂及副产物。
(3) 在还原过程中,使用适当的搅拌和超声处理可以提高还原效率,并且有助于获得均匀分散的石墨烯。
(4) 实验中产生的废液和固体需按照实验室规程进行处理,以确保符合环境安全要求。

7. 思考题

(1) 请解释氧化石墨烯在还原过程中会发生何种化学反应,尤其是氧功能团的去除对石墨烯的导电性和其他物理性质会产生怎样的影响?
(2) 在实验室中采用化学还原法如何评估和控制材料及化学反应对环境的影响?
(3) 石墨烯的导电性受多种因素影响,如缺陷、杂质和结构方向等。请讨论这些因素是如何影响石墨烯的电导率的。
(4) 四种制备石墨烯的方法在成本、产量和石墨烯质量方面有何优缺点?在特定应用场景中哪种方法更为合适?

参考文献

[1] NOVOSELOV K S, GEIM A K, MOROZOV S V, et al. Electric field effect in atomically thin carbon films[J]. Science, 2004, 306(5696): 666-669.
[2] GEIM A K, NOVOSELOV K S. The rise of graphene[J]. Nature Materials, 2007, 6

（3）：183-191.

[3] TAN X, LIU T H, ZHOU W J, et al. Enhanced electromagnetic shielding and thermal conductive properties of polyolefin composites with a $Ti_3C_2T_x$ MXene/graphene framework connected by a hydrogen-bonded interface[J]. ACS Nano, 2022, 16(6): 9254-9266.

[4] LIN L, DENG B, SUN J Y, et al. Bridging the gap between reality and ideal in chemical vapor deposition growth of graphene[J]. Chemical Reviews, 2018, 118(18): 9281-9343.

[5] CASTRO NETO A H, GUINEA F, PERES N M R, et al. The electronic properties of graphene[J]. Reviews of Modern Physics, 2009, 81(1): 109-162.

[6] LEE C, WEI X D, KYSAR J W, et al. Measurement of the elastic properties and intrinsic strength of monolayer graphene[J]. Science, 2008, 321(5887): 385-388.

[7] ZHAO H, MIN K, ALURU N R. Size and chirality dependent elastic properties of graphene nanoribbons under uniaxial tension [J]. Nano Letters, 2009, 9(8): 3012-3015.

[8] SHAHIL K M F, BALANDIN A A. Thermal properties of graphene and multilayer graphene: applications in thermal interface materials[J]. Solid State Communications, 2012, 152(15): 1331-1340.

[9] CALIZO I, BALANDIN A A, BAO W, et al. Temperature dependence of the Raman spectra of graphene and graphene multilayers [J]. Nano Letters, 2007, 7(9): 2645-2649.

[10] TAN X, YING J F, GAO J Y, et al. Rational design of high-performance thermal interface materials based on gold-nanocap-modified vertically aligned graphene architecture[J]. Composites Communications, 2021, 24: 100621.

电解水催化材料的制备与催化活性测试

1. 实验目的

（1）理解电解水制氢的反应机理，掌握析氢反应过程。

（2）了解各电解水性能评价参数的意义、电解水催化材料的种类，并掌握基本的制备方法。

（3）学会操作电化学分析仪器，对电解水催化材料的催化活性进行测试并分析。

2. 实验原理

随着社会的发展，人类对能源的需求量越来越大。美国能源信息署（EIA）最新消息指出，尽管地缘紧张和经济不确定性增加，2025 年全球能源投资预计增长至 3.3 万亿美元，同比增长 2%，其中清洁能源投资首次突破 2 万亿美元。传统的不可再生能源，如煤、石油、天然气，随着人们的持续开发而迅速枯竭，各国对能源的争夺也愈发激烈。综合化石能源目前的储存量和开采量，石油可能在 2050 年枯竭，天然气在未来 50～70 年内也将面临枯竭，煤炭仅可供人类开采 169 年。此外，化石能源在推动人类文明发展的同时，也给环境带来了不可逆转的伤害。燃烧产生大量有毒有害气体，如硫化物、氮氧化物等，导致全球温室效应加剧、引发极端天气、造成生态失衡。在能源枯竭和环境污染的双重压力下，开发可再生清洁新能源具有重要的战略意义。

可再生能源指的是自然界中能够不断生成、可持续利用的能源。目前，人类开发和利用的可再生能源主要包括可直接或间接由太阳产生的能源（如热能、光化学能和光电化学能）、源于其他自然运动的能源（如风能、水力发电等）、来自环境的能源（地热能和潮汐能）。在碳中和目标的引领下，化石能源的消费占比逐年下降，可再生能源的消费占比逐年上升，根据图 1 的预测，预计在 2050 年，可再生能源的消费量将超过化石能源。可再生清洁能源取之不尽、用之不竭，对环境的污染很小甚至几乎无污染，但分布地域广泛、采集难度较大。如何对它们进行采集和利用，使之能全面替代化石能源，还需科研人员不断探索。

1）氢能

在众多可再生清洁能源中，氢气是极具潜力的能源之一。类似于电能，氢能在自然界中无法单独存在，需通过制备产生，属于二次能源。氢能无污染，原料广泛易得，运输成本低，能量密度高，能量转化效率高。氢燃料电池技术也被认为是利用氢能解决未来人类能源危机的终极方案。具体而言，氢能具有如下优势。

（1）能量密度高。

目前，氢气的发热值是除核能之外最高的，能量密度高达 122 kJ·kg^{-1}，是碳氢燃料的

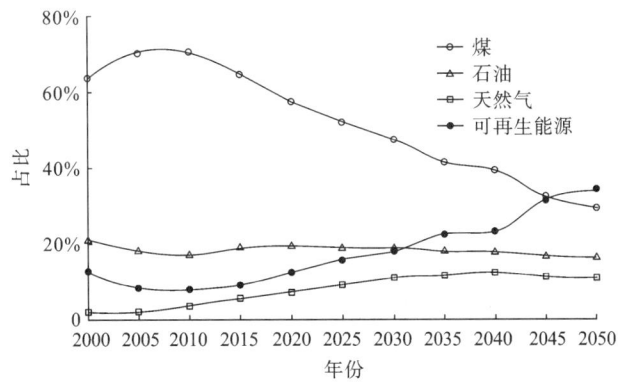

图1　能源消费占比趋势

2.75倍,这使得氢气成为航天器推进系统中的重要燃料之一。

(2)环保无毒性。

氢气燃烧的唯一产物是水,不会产生任何有毒气体。使用氢气作为燃料,不会生成二氧化碳,这对于减少尾气排放、减轻温室效应极为有利。

(3)导热性优异。

氢气的导热系数是大多数气体导热系数的10倍,是能源工业中极好的传热导体。

(4)储备量丰富。

氢是自然界中最普遍的元素,占据了宇宙质量的3/4。除了存在于空气中,其最主要的存在形式是水。而地球上可利用的水资源是相对充足的,这使氢的储备量足以满足人类需求。

(5)形式多样化。

氢气可以气态、液态或者固态金属氢化物等多种形式存在,可利用的形式丰富多样,便于运输和储存,还能适应不同应用条件下的各类要求。例如,在热力发动机中,氢能燃烧产生的热能可转化为机械功。氢气也常被用作燃料电池的燃料,固态氢可作为结构材料。此外,用氢气作燃料替代煤和石油,只需对现有的内燃机稍加改装即可,无须过于复杂的技术装备。

总而言之,氢气有着其他能源不可比拟的优势和无限广阔的前景,在低碳或零碳排放的环保理念中崭露头角。目前,美国、日本、加拿大和欧盟等国家或组织都为氢能的发展制定了规划。中国也在氢能的制取技术和实际应用方面付出了巨大努力,被国际公认为最有可能率先实现氢燃料电池和氢能产业化的国家。

2)氢气的制备方法

虽然氢元素在地球上储量丰富,但分子态的氢气仅占地球总体积的百万分之一。这是因为氢气分子质量较小,容易从地球表面逃逸。因此,将丰富的含氢资源转化为氢能的技术十分关键。常见的氢气制备方法有如下几种。

(1)微生物制氢。

微生物在常温常压下通过酶的作用产生氢气。1942年,科学家首次发现某些藻类的完整细胞在阳光下可以产生氢气。随后又证实了一些菌类可以通过光合作用产生氢气。目前研究发现,有 5 类微生物可以在常温常压下以植物淀粉、纤维素、糖类等有机物和水为底物,通过生物酶催化反应制造氢气,它们分别是:异养型厌氧菌、固氮微生物、光合厌氧菌、蓝细菌和真核绿藻。其中,异养型厌氧菌发酵分解有机物可产生氢气;固氮微生物的固氮过程伴随氢气产生;真核绿藻、光合厌氧菌则通过光合作用利用太阳能生成氢气;蓝细菌兼具光合作用和发酵能力,反应过程中有氢气产生。

(2) 含烃化石燃料制氢。

目前,最常用的制氢方法就是以含烃的化石燃料(煤、石油或天然气)为原材料,通过燃烧的方式来制取氢气。传统制氢工业中,96% 的氢气都是以天然气为原材料制取获得的。但如前文所述,化石燃料储量有限,且燃烧会产生有害污染物。这种制氢方法无法让人类摆脱对化石燃料的依赖,如果将氢气作为可再生清洁能源使用,人类就需要探索新的制氢方法。

(3) 水分解制氢。

地球表面 71% 的面积被水覆盖,可利用的水资源丰富。而水又是氢气最直接的来源。通过化学方法,将水分子分解为氢气分子和氧气分子来制备氢气,具有广泛的应用前景。目前可采用的分解方法有热分解、光催化水分解和电解水三种。

① 热分解水制氢。

热分解水制氢是在高温条件下直接将水分解为氢气和氧气。该方法具有局限性:其一,水在温度高于 2500 K 时才会发生较明显的分解,但高于 2000 K 的加热温度对反应装置材料的选择要求很高;其二,分解所得的是氢气和氧气的混合气体,后续需要进行分离和提纯。这两个问题限制了热分解水制氢方法的推广。

② 光催化水分解制氢。

光催化水分解制氢是在光照射和催化剂的作用下将水分解为氢气和氧气。目前,该方法仍面临技术挑战,如催化剂的光谱可利用范围窄、能量转化效率低、易发生逆反应。目前,大多从改进催化剂的催化活性入手来提高生产效率。

③ 电解水制氢。

电解水制氢是将直流电通入充满电解液的电解槽中,使水在电极上发生化学反应,从而分解为氢气和氧气。该技术得到了较为广泛的应用,生产出了目前全球应用的 4% 的氢气。若要进一步进行工业化推广,还需要提高能量转化效率、减少电能消耗。科研人员主要通过改进催化剂的活性来提高生产效率。

3) 电解水制氢的反应机理

最早在 1789 年,Jan Rudolph Deiman 和 Adriaan Paets van Troostwijk 观察到电解水现象,即金电极通电后瓶中的水发生分解并产生了气泡。1800 年,Alessandro Volta 发明了能够持续提供电流的伏打电堆。紧接着,William Nicholson 和 Anthony Carlise 将伏打电堆用于电解水,并首次证明了产生的气体为氢气和氧气,开启了电解水制氢的里程碑。在此之后,随着科技进步、工业兴起,电解水制氢法逐渐被应用于工业化的大规模生产中。该过程主要涉及两个反应:析氢反应(HER)和析氧反应(OER)。

（1）析氢反应。

析氢反应易于在酸性条件下进行，发生在电解水的阴极端，包括两个连续的步骤。

第一步为放电步骤，一个吸附在电极表面的质子会捕获一个电子组成吸附态的氢原子。该过程称为 Volmer 反应：

$$H^+(aq)+e^- \longrightarrow H_{ads} \tag{1}$$

第二步涉及两种产生氢气的方式。若吸附态氢原子（H_{ads}）的覆盖率较低，吸附态氢原子与溶液中氢离子结合，消耗一个电子形成一个氢分子，称为电化学脱附反应，又称 Heyrovsky 反应：

$$H_{ads}+H^+(aq)+e^- \longrightarrow H_2(g) \tag{2}$$

若吸附态氢原子的覆盖率较高，两个吸附态的氢原子会结合生成一个氢分子，称为化学脱附反应，又称 Tafel 反应：

$$H_{ads}+H_{ads} \longrightarrow H_2(g) \tag{3}$$

酸性条件下的总反应式为

$$2H^+(aq)+2e^- \longrightarrow H_2(g) \tag{4}$$

在中性或碱性溶液中，自由的氢离子较少，反应物以水分子或 OH^- 形式存在，因此第一步的 Volmer 反应中水分子在催化剂表面发生解离吸附生成吸附氢。第二步依然分为 Heyrovsky 反应和 Tafel 反应。总体过程如下。

Volmer 反应为

$$H_2O+e^- \longrightarrow H_{ads}+OH^- \tag{5}$$

Heyrovsky 反应为

$$H_{ads}+H_2O+e^- \longrightarrow H_2+OH^- \tag{6}$$

Tafel 反应为

$$H_{ads}+H_{ads} \longrightarrow H_2 \tag{7}$$

中性或碱性条件下的总反应式为

$$2H_2O+2e^- \longrightarrow H_2+2OH^- \tag{8}$$

需要注意的是，在中性和碱性溶液中制氢时，需要使水解离，动力学过程相对缓慢，因此电解水制氢多在酸性条件下进行。

析氢反应机理如图 2 所示。

（2）析氧反应。

电解水时阳极会发生析氧反应，这是一个涉及四电子转移、生成一系列中间体的反应过程。与仅涉及两个电子转移的析氢反应相比，析氧反应更为复杂。图 3 展示了两种不同途径的析氧过程（其中"M"代表吸附活性位点）：一种是两个 M-O 中间体直接生成氧气，另一种是先产生 M-OOH 中间体，再生成氧气。目前，针对第二种途径的研究更为普遍。

析氧反应机理如表 1 所示，析氧反应中依次形成 M-OH、M-O 和 M-OOH 中间体，每一步反应都需要克服一定的能垒，其中能垒最高步骤的反应难易程度决定着整个过程的反应效率。

4）电解水性能评价参数

在设计合成的催化材料用于电解水性能评价时，常用以下参数评价催化剂的活性。

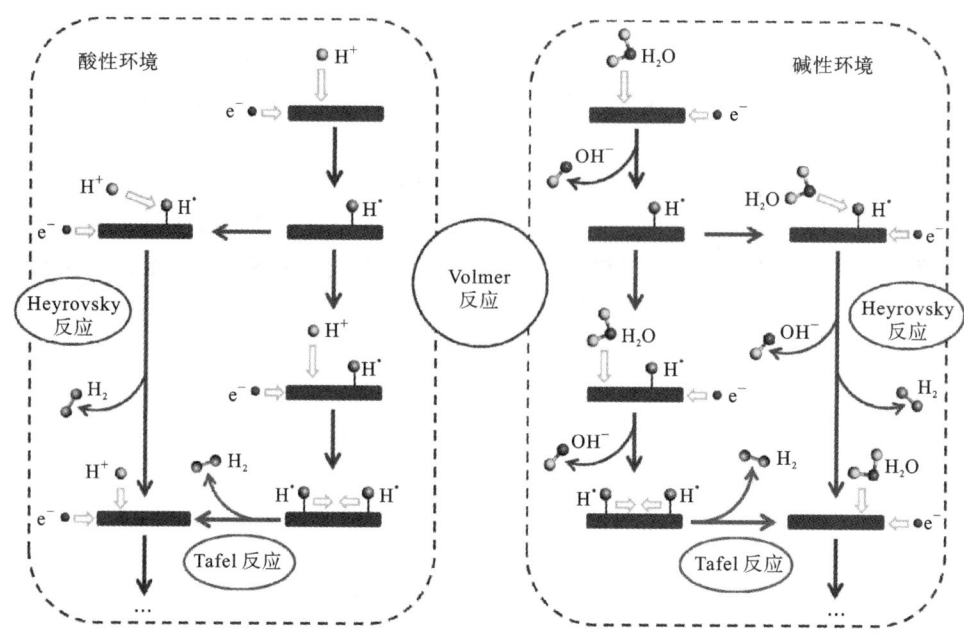

图 2　析氢反应机理

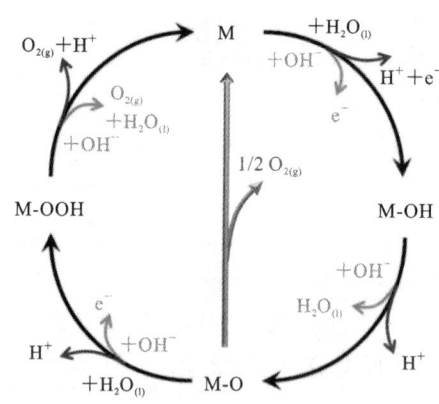

图 3　两种不同途径的析氧过程

表 1　析氧反应机理

反 应 条 件	析氧反应	反 应 过 程
酸性电解质	$2H_2O(l) \longrightarrow O_2(g) + 4H^+ + 4e^-$	$M + H_2O \longrightarrow M\text{-}OH + H^+ + e^-$
		$M\text{-}OH \longrightarrow M\text{-}O + H^+ + e^-$
		$M\text{-}O + H_2O(l) \longrightarrow M\text{-}OOH + H^+ + e^-$
		$M\text{-}OOH \longrightarrow M + O_2(g) + H^+ + e^-$
碱性电解质	$4OH^- \longrightarrow O_2 + 2H_2O(l) + 4e^-$	$M + OH^- \longrightarrow M\text{-}OH + e^-$
		$M\text{-}OH + OH^- \longrightarrow M\text{-}O + H_2O(l) + e^-$
		$M\text{-}O + OH^- \longrightarrow M\text{-}OOH + e^-$
		$M\text{-}OOH + OH^- \longrightarrow M + O_2(g) + H_2O(l) + e^-$

(1) 过电位。

在 25℃、一个标准大气压的条件下,电解水的理论热力学电势为 1.23 V。然而,在现实体系中,任何电化学反应都会受到热力学和动力学的限制。要使体系发生电化学反应,就需要外加电压克服这些限制,这就导致电解水所需的实际电压远高于 1.23 V。高出理论热力学电势的那部分电压被称为过电位。过电位的来源有三种。第一种是活性过电位。它是由材料本身活性引起的过电位,属于材料的一种本征特性,可以通过提高催化剂活性来减小。第二种是浓度过电位。溶液和电极表面之间离子传输速度受限,导致电极表面和电解液之间出现浓度梯度,引起浓度过电位。可以通过搅拌电解液减小浓度差的方式来减小。第三种是阻抗过电位。测试系统的表面和界面存在电阻,会引起额外的电压降,导致测得的过电位远大于真实值,可以根据欧姆极化引起的电压降进行矫正。无论是析氢反应还是析氧反应,过电位都是评价催化剂活性的重要参数。文献中一般用电流密度为 10 mA·cm⁻² 时的过电位来评价催化剂性能。如果某些催化剂的氧化峰较强,峰电流密度高于 10 mA·cm⁻²,则可以使用电流密度为 50 mA·cm⁻² 和 100 mA·cm⁻² 时的过电位来评价。

(2) Tafel 斜率和交换电流密度。

Tafel 曲线由极化曲线转换而来,用 Tafel 公式表示为 $\eta = a + b \cdot \lg j$,其中 η 为过电位,a 是 Tafel 直线 $\eta = 0$(即平衡电位)时的 $\lg j$ 轴截距,即交换电流密度,b 为 Tafel 斜率,j 为电流密度。Tafel 公式描述了过电位与电流密度之间的关系,即 Tafel 斜率越小,电流密度增加一个数量级所需的过电位越小,这意味着催化剂表面具有更快的电子传输速率。

(3) 稳定性。

稳定性也是评价催化剂性能的重要参数,常用的方法是循环伏安法。具体操作是将电位窗口设置到 HER 和 OER 的电压之间,然后进行几百圈的重复循环扫描。在同等电流密度下,过电位增加越小(即 HER 电位负移越小,OER 电位正移越小),说明催化剂的循环稳定性越好。一般情况下,测试电流密度为 10 mA·cm⁻²、连续电解 12 h,对于氧化峰较大的材料,则可以测试电流密度为 50 mA·cm⁻² 或者 100 mA·cm⁻² 处的稳定性。

(4) 法拉第效率。

法拉第效率(FE)定义为在电催化过程中外部电路提供的电子通过界面传递到电活性物质的效率。所以法拉第效率越高,催化过程的电子利用率就越高。法拉第效率有两种测定方法。一种方法是收集电极产生的气体并进行定量分析,可使用排水收集法、气相色谱法或光谱法。在电解水反应中实际产生的气体量是由催化剂的本征性能和底物决定的,因此实际气体量和理论气体量的比值为法拉第效率的值。另一种方法是使用旋转环盘电极(RRDE)测定 OER。将具有催化活性的材料滴加在 RRDE 的盘电极上,将盘电极的扫描窗口设置在 OER 的范围内,同时将 Pt 的环电极设置在氧还原反应(ORR)的电位窗口。法拉第效率计算公式如下:

$$FE = \frac{I_R n_D}{I_D n_R N_{CL}} \tag{9}$$

其中,I_R 和 I_D 分别是环电流和盘电流,n_R 和 n_D 分别是环电极和盘电极的电子转移数,N_{CL} 为旋转环盘电极的收集效率。

（5）交换频率。

交换频率（TOF）定义为单位时间内单位活性位点所转化的气体的物质的量，用于反映催化反应的快慢程度。其由如下公式计算：

$$TOF = \frac{IN_A}{AFn\Gamma} \tag{10}$$

其中，F 为法拉第常数（96485 C·mol^{-1}），I 为电流，N_A 为阿伏伽德罗常数，A 为电极的几何面积，n 为电子转移数，Γ 为催化剂表面或总体原子的浓度或数目。值得注意的是，TOF 依赖于对催化剂表面活性位点的统计，因此在表征催化剂活性时，它常常难以作为一个有效数据。

5）常见的电解水催化剂

电解水制氢需要催化剂来实现高效的电解反应。目前，贵金属铂（Pt）被认为是最佳的析氢电催化剂，贵金属氧化钌（RuO_2）和氧化铱（IrO_2）则被认为是最有效的析氧电催化剂。然而，贵金属的原材料成本高、储量稀少，大大限制了其在可再生能源领域的应用。除此之外，用于构建非贵金属电解水催化剂的元素（见图 4）包括：过渡金属，如铁（Fe）、钴（Co）、镍（Ni）、铜（Cu）、钼（Mo）、钨（W），以及非金属元素，如硼（B）、碳（C）、氮（N）、磷（P）、硫（S）、硒（Se）。迄今为止，几乎所有高效的非贵金属电催化剂都是基于上述 12 种非贵金属元素合成的。图 5 所示为碱性电解质中析氢和析氧催化剂质量活性和过电位 η_{10} 的对比图。

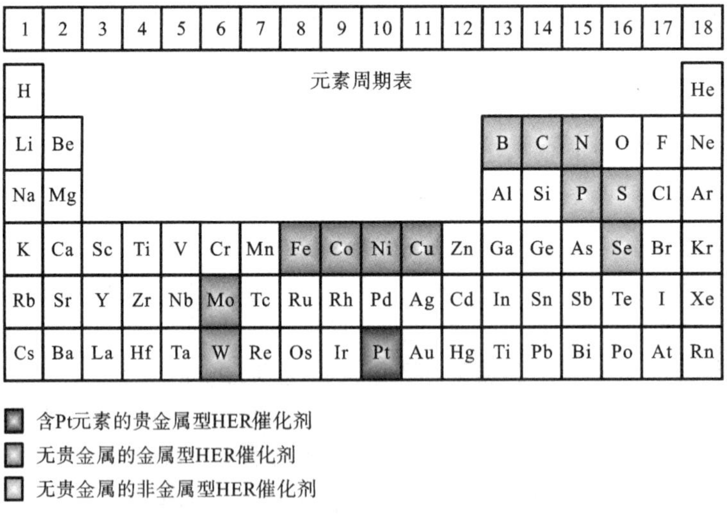

图 4　用于构建电解水催化剂的元素的总体视图

其中，过渡金属镍（Ni）、铁（Fe）、钴（Co）的磷化物、硫化物以及其他类型的化合物（氮化物、碳化物、氢氧化物等）材料，具备价格低廉、储量丰富、电子结构独特、导电性高、耐蚀性强等优势，逐渐引起科研人员的重视，被认为是具有良好催化制氢前景的材料。

（1）过渡金属硫化物。

过渡金属硫化物因其独特的电子结构和可调节的组分，在电解水研究中备受关注。在早期，Hinnemann 等人在固氮酶活性位点的启发下，发现 MoS_2 的边缘结构与固氮酶活性位

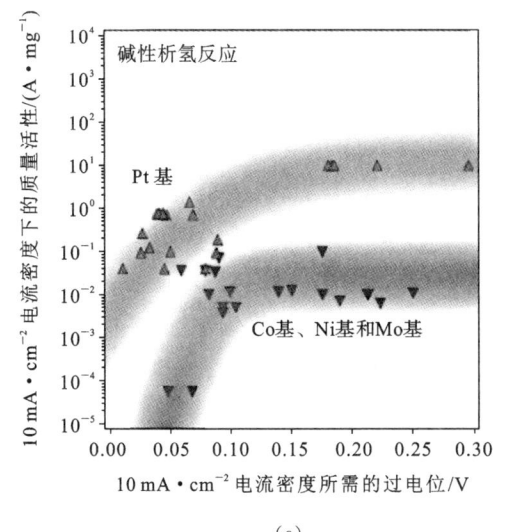 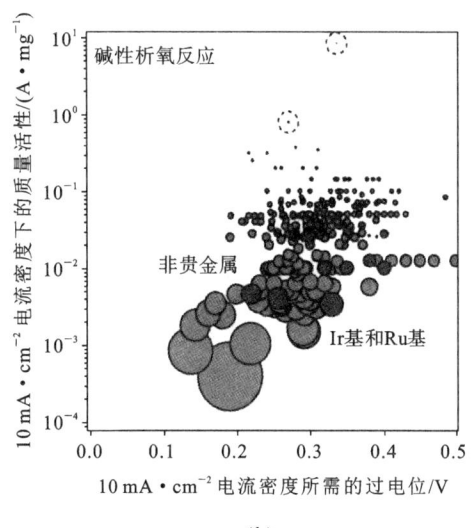

(a)　　　　　　　　　　　　　　(b)

图 5　碱性电解质中析氢和析氧催化剂质量活性和过电位 η_{10} 的对比图

点相似。利用密度泛函理论计算发现，MoS_2 的边缘位点的氢吸附能与 Pt 十分接近，因而能够实现高效的电解水制氢（见图 6）。Jaramillo 等人通过研究不同尺寸的 MoS_2 纳米粒子发现，MoS_2 纳米粒子的活性只与其边缘暴露程度有关，与颗粒表面积没有明显的线性关系，这进一步证实了 MoS_2 边缘是催化活性位点。在此后的研究中，常通过各种策略使其暴露大量边缘活性位点来提高析氢效率。除此之外，镍基、钴基或双金属的硫化物及其复合物也是一类重要的 OER 催化材料。例如，Co 基硫化物依据晶体结构中硫含量的不同，可以分为 CoS、CoS_2、Co_3S_4 和 Co_9S_8，通过水热的方法和精确的调控，可制成不同形貌和纳米尺寸的硫化物以用于电解水催化。

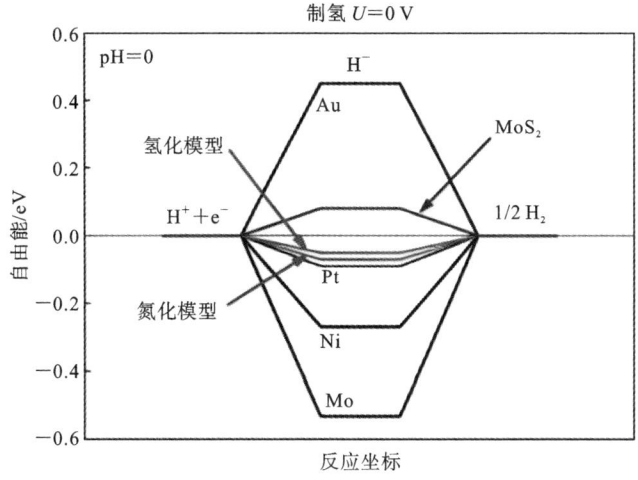

图 6　在 pH＝0 的条件下，计算不同催化剂在 $U=0$ V 时的 HER 自由能，并与标准氢电极进行对比

　（2）过渡金属磷化物。

　过渡金属磷化物是另一类具有高催化活性的材料，常被用作析氢、析氧以及全解水的组分材料。尤其在析氢反应中,它在很宽的 pH 范围内都具有较高的 HER 活性,是研究者研究的热点。其中最具代表性的是 CoP 和 Ni_2P。早在 2005 年,Rodriguez 课题组基于密度泛函理论计算发现,Ni_2P 的(001)面与[NiFe]氢化酶具有相似的结构,其中 Ni 位点和 P 位点分别是氢化物受体中心和质子受体中心。基于这些发现,他们预测 Ni_2P 是一种有前景的析氢催化剂。此后,科研人员证实了磷化物的确具有出色的 HER 与 OER 活性。在过渡金属中,Ni 磷化物以多种不同形式存在,例如富金属 Ni 磷化物(Ni_2P、$Ni_{12}P_5$、Ni_3P、Ni_7P_3、Ni_5P_4)和富磷 Ni 磷化物(NiP_2、NiP_3)。富磷 Ni 磷化物及其复合材料已被证明是 HER 和光催化水分解的优良催化剂。Laurence 等人评估了不同 Ni 磷化物的化学键合和稳定性。通过计算每种化合物(Ni_3P、Ni_5P_2、$Ni_{12}P_5$、Ni_2P、NiP_2 和 NiP_3)中每个原子的形成能发现,随着 P 含量增大,Ni_3P、Ni_5P_2、$Ni_{12}P_5$ 和 Ni_2P 的稳定性几乎保持不变。但随着 P 含量的进一步增大,Ni 磷化物的稳定性开始下降。与 Ni_2P 相比,NiP_2 的稳定性下降约 22%。这是因为 P-P 键取代了稳定的 Ni-Ni 金属键和离子键,从而降低了整体负形成焓。因此,Ni_2P 兼具稳定性与高活性。

3. 实验试剂及仪器

1) 实验试剂

泡沫镍(0.23 g·cm^{-3})、盐酸(36.0%~38.0%)、丙酮(≥99.5%)、无水乙醇(≥95.0%)、去离子水、硫脲(CH_4N_2S,≥99%)等。

2) 实验仪器

超声清洗器、真空干燥箱、管式炉、CHI760E 电化学分析仪、氧化铝瓷舟。

4. 实验方法与步骤

(1) 制备硫化镍。

将泡沫镍依次置于丙酮和 3 mol·L^{-1} 盐酸中超声清洗 10 min,以去除表面的氧化层杂质,接着用乙醇和去离子水各洗涤三次,于 80 ℃下真空干燥 6 h。

将预处理后的泡沫镍(1×1 cm^2)放入瓷舟中,并将其置于管式炉中心位置,再将盛有 8 g 硫脲的瓷舟放在管式炉的上游部位(随着温度的升高,硫脲分解挥发可为反应提供碳、硫和氮)。设置管式炉的温度程序,使其以 10 ℃·min^{-1} 的速率升温至 600 ℃,并在该温度下恒温 1 h,之后随炉冷却至室温,在整个过程中以 100 mL·min^{-1} 的速率通入氩气。

管式炉降至室温后,取出材料,用去离子水和无水乙醇反复洗涤,随后在真空干燥箱中于 60 ℃保持 2 h。由此得到泡沫状硫化镍。

(2) 电化学测试。

使用上海辰华的 CHI760E 电化学分析仪对材料的电催化活性进行测试。在标准三电极体系中,使用泡沫状镍电极材料作为工作电极,以 Hg/HgO 为参比电极,石墨棒为对电极,测试在室温下、N$_2$ 饱和的 KOH 电解液(1 mol·L^{-1},pH=13.8)中进行。所有电势均根据能斯特方程换算为相对于可逆氢电极(RHE)的电势:$E_{RHE}=E_{Hg/HgO}+0.095+0.059pH$。

采用线性电势扫描法(linear sweep voltammetry,LSV)测试催化性能,电压范围为 0~

1 V,扫描速率为 5 mV·s^{-1}。记录极化曲线和 Tafel 曲线。

采用循环伏安法(cyclic voltammetry,CV)进行稳定性测试。设置电压范围(0.2～0.3 V)和扫描速率(50 mV·s^{-1}),并进行多圈次(5000 圈)的 CV 扫描。

5. 实验记录与数据处理

(1)记录采用线性电势扫描法得到的极化曲线,以分析 HER 活性。

(2)通过拟合 Tafel 曲线的线性区域可获得催化剂的 Tafel 斜率,进而分析 HER 活性。

(3)比较 CV 扫描前后极化曲线的偏离程度,以此判断催化剂的稳定性。

6. 注意事项

(1)使用盐酸、丙酮等化学试剂时,应在通风橱中进行,并佩戴防护手套、护目镜等,防止试剂接触皮肤。若不慎接触,应立即用大量清水冲洗,必要时需就医。

(2)使用电化学分析仪器前,需熟悉操作手册并正确连接电极。测试完毕后,应及时关闭仪器,清理电极和电解池。

7. 思考题

(1)总结电解水反应的基本原理。

(2)分析催化材料在电解水反应中的作用机理。

(3)与传统贵金属催化材料相比,过渡金属化合物用作催化剂有哪些优势?

(4)本实验使用硫化镍作为催化剂,在性能上尚有不足之处,应如何改进?

参考文献

[1] LEVIE R D. The electrolysis of water[J]. Journal of Electroanalytical Chemistry, 1999,476(1):92-93.

[2] KREUTER W, HOFMANN H. Electrolysis:the important energy transformer in a world of sustainable energy[J]. International Journal of Hydrogen Energy, 1998,23 (8):661-666.

[3] SUEN N T, HUNG S F, QUAN Q, et al. Electrocatalysis for the oxygen evolution reaction:recent development and future perspectives[J]. Chemical Society Reviews, 2017,46(2):337-365.

[4] LYU F, WANG Q F, CHOI S M, et al. Noble-metal-free electrocatalysts for oxygen evolution[J]. Small, 2019,15(1):1804201.

[5] HINNEMANN B, MOSES P G, BONDE J, et al. Biomimetic hydrogen evolution: MoS_2 nanoparticles as catalyst for hydrogen evolution[J]. Journal of the American Chemical Society, 2005,127(15):5308-5309.

[6] JARAMILLO T F, JØRGENSEN K P, BONDE J, et al. Identification of active edge sites for electrochemical H_2 evolution from MoS_2 nanocatalysts[J]. Science, 2007,317

(5834)：100-102.

[7] LIU P，RODRIGUEZ J A. Catalysts for hydrogen evolution from the ［NiFe］ hydroge-
nase to the Ni_2P (001) surface：the importance of ensemble effect［J］. Journal of the
American Chemical Society，2005，127(42)：14871-14878.

[8] LIN Y，PAN Y，ZHANG J. In situ construction of nickel phosphosulfide (￼$Ni_5P_4|S$)
active species on 3D Ni foam through chemical vapor deposition for electrochemical hy-
drogen evolution［J］. ChemElectroChem，2017，4(5)：1108-1116.

[9] LAURSEN A B，WEXLER R B，WHITAKERR M J，et al. Climbing the volcano of
electrocatalytic activity while avoiding catalyst corrosion：Ni_3P, a hydrogen evolution
electrocatalyst stable in both acid and alkali［J］. ACS Catalysis，2018，8(5)：4408-4419.

水凝胶材料的制备与力学性能测试

1. 实验目的

(1) 掌握水凝胶材料的结构组成及制备工艺。

(2) 理解水凝胶的基本特性和关键参数,掌握力学性能的测试方法及仪器操作。

(3) 测试水凝胶材料的弹性模量和黏附强度等关键参数,并分析其力学性能。

2. 实验原理

水凝胶是一种由亲水性高分子链通过化学或物理交联形成三维网络结构的软物质材料。它能被水溶胀却不溶于水,同时可维持原有的网络结构,具有湿软的特性,其理化性质与生物组织类似。选择合适的单体和聚合方式,可赋予其优异的生物相容性。水凝胶还能复合纳米材料,并且其力学性质可调,是一类具有潜力的生物材料。由于制备水凝胶的单体或高分子来源丰富,形成的水凝胶种类繁多,因此水凝胶存在多种分类方式。根据材料来源,水凝胶可分为天然水凝胶和合成水凝胶。前者是由天然高分子及其衍生物或混合物构成的一类三维保水材料,后者是由合成高分子通过物理或化学作用交联而成的网络结构材料。天然高分子包括多糖类、蛋白类和多肽类等,合成高分子包括聚丙烯酸、聚乙烯醇、聚氧乙烯和聚丙烯酰胺及其衍生物等。此外,天然水凝胶通常具有功能性、来源丰富以及绿色可降解等优势,但由于大量天然水凝胶存在力学性能较差的缺点,其应用受阻。

1) 水凝胶的形成

水凝胶是由分散在水性介质中的聚合物链通过多种机制交联形成的,这些机制包括物理纠缠、离子相互作用和化学交联等,如图 1 所示。

物理交联:物理交联水凝胶并非依赖化学反应,而是通过聚合物链的物理相互作用,如链的缠结,形成网状结构。这种水凝胶一般比较容易形成,且不需要额外的化学改性,但由于物理相互作用较弱,水凝胶的稳定性较差,在外界条件变化时容易发生逆转。例如,天然聚合物如明胶和合成聚合物如聚丙烯酸(PAA)在加热或冷却过程中就能自发形成水凝胶。

非共价分子自组装:利用分子之间的非共价相互作用(如氢键、疏水相互作用或范德瓦耳斯力),使大分子自发组装成网状结构。这种方法的一个典型例子是胶原蛋白,在特定条件下,它会形成具有三螺旋结构的分子链,从而生成水凝胶。此外,基于这种非共价作用的水凝胶,研究人员能仿生设计出具备特定功能的材料。

基于螯合或静电作用的物理凝胶化:有些水凝胶的形成依赖于金属离子与聚合物的相互作用。比如,藻酸盐(一种天然聚合物)在二价阳离子(如钙离子)存在时,会迅速形成一种

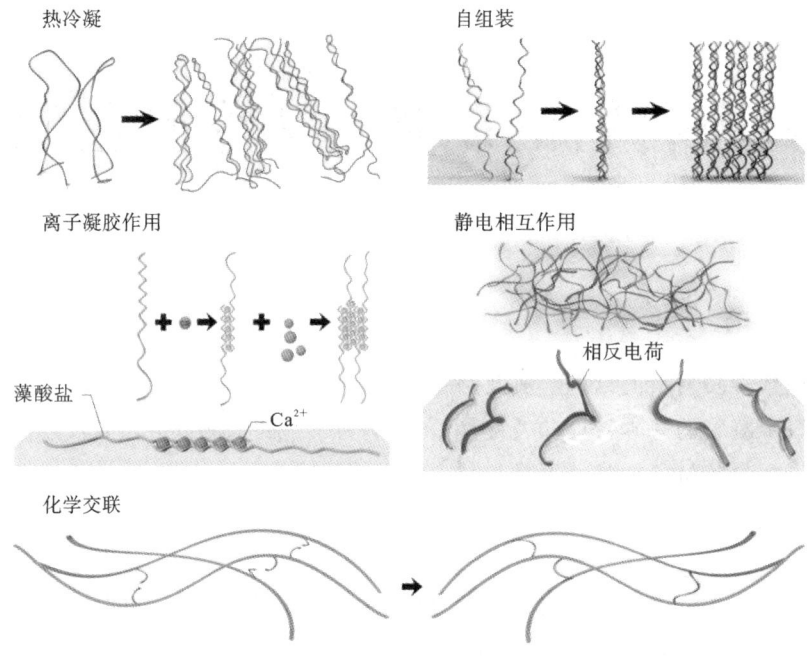

图 1　水凝胶的交联机制

交联的网状结构,类似"蛋盒"。这类水凝胶的形成比较简单,常用于食品、药物载体等领域。此外,带有不同电荷的天然和合成聚合物之间也可以通过静电作用形成凝胶。

化学交联:通过共价键将聚合物链连接起来,从而形成更为稳定的三维网络结构。相较于物理交联,化学交联能提供更高的稳定性,水凝胶的性能也能得到更精确的控制。常见的化学交联方法有缩合反应、自由基聚合、点击化学等。化学交联水凝胶通常具有更好的力学性能和生物相容性,因此在生物医学领域,特别是在细胞载体、药物释放以及组织工程方面有着广泛的应用。

2)水凝胶的力学性能

力学性能是描述材料在外力作用下行为和表现的重要性质,它决定了材料在不同工作环境中的适用性和可靠性。对于水凝胶这类材料来说,力学性能尤为重要,因为它们通常在液体环境中使用,且面临复杂的生物力学挑战。以下是水凝胶的几种主要力学性能。

(1)拉伸性能。

拉伸性能指的是水凝胶在受到拉力时的变形能力,包括抗拉强度(最大拉力)和伸长率(变形程度)。由于水凝胶通常由高分子网络结构组成,因此其拉伸性能在很大程度上取决于交联密度和聚合物链的柔韧性。低交联密度的水凝胶通常更柔软且伸长率高,但其抗拉强度较低;而高交联密度的水凝胶则可能呈现出较高的抗拉强度,但伸长率相对较低。

(2)压缩性能。

压缩性能是水凝胶抵抗压缩力的能力,通常用于模拟在生物体内承受压力的情形(如关节软骨或软组织承受压力的情形)。水凝胶的压缩性能取决于其孔隙率和水合作用。较为密实的水凝胶在受到压缩时不易发生形变,而高孔隙率的水凝胶则能够在压缩时吸收更多的压力和应力。

（3）剪切性能。

剪切性能所描述的是水凝胶在受到剪切力（平行力）作用时的抗变形能力。这一性能对于水凝胶在流体环境中的表现尤为重要，例如在药物释放系统或组织工程中，水凝胶的剪切性能决定了其结构完整性。较高的剪切模量意味着水凝胶在外力作用下能够维持较为稳定的形态。

（4）抗疲劳性能。

水凝胶的抗疲劳性能是指其在反复外力作用下维持形状和功能的能力。例如，可植入体内的水凝胶材料（如人工关节、软骨修复材料等）可能会经受反复的力学负荷，因此具有良好的抗疲劳性能至关重要。抗疲劳性能通常通过反复的压缩或拉伸试验来评估。研究表明，加入双网络结构、纳米填料或增强交联的水凝胶能显著提升其抗疲劳性能。

（5）弹性和柔韧性。

弹性是指水凝胶在受力后能够恢复原状的能力，柔韧性则是指水凝胶在变形过程中的适应能力。水凝胶常常需要具有一定的弹性和柔韧性，尤其是在生物医用领域，例如伤口敷料和软体机器人方面。通过合理的结构设计和材料选择，水凝胶的弹性和柔韧性可以得到优化，从而提升其舒适性和使用寿命。

（6）动态力学性能。

一些水凝胶被设计为响应外界环境变化（如温度、pH、电场等）的智能材料，它们的力学性能可以随着外部刺激的改变而发生变化。例如，温度响应型水凝胶在温度变化时会经历显著的膨胀或收缩，这种特性可以用来调节其力学性能，以满足不同的使用需求。

3）水凝胶力学性能的调控

水凝胶因结构和性质接近生物组织，已在药物输送、组织工程、黏合剂、软体机器人等多个领域得到了广泛应用。然而，随着医学和工程技术的快速发展，对水凝胶的力学性能要求也越来越高。传统的单一网络结构的水凝胶往往存在力学性能不足的问题，无法满足一些特殊应用的需求，如在承受较高外力或应力时容易发生形变或断裂。因此，研究人员开始探索不同方法来提升水凝胶的力学性能，以适应更为严苛的使用环境。

双重网络水凝胶通过将两种不同的聚合物网络结合在一起，形成具有较强力学性能和优异弹性的结构。一种常见的做法是将高交联密度、刚性的聚合物网络与低交联密度、弹性的聚合物网络相结合。如此，低交联密度的柔性聚合物网络可以在外力作用下吸收和分散能量，而高交联密度的刚性聚合物网络则提供了额外的强度和稳定性。双重网络结构显著提高了水凝胶的抗压和抗拉强度，同时保持了其柔韧性，能够适应更为复杂的力学环境。图2所示为水凝胶网络结构示意图。

添加纳米材料可以有效提升水凝胶的力学性能，常见的纳米材料有纳米粒子（如碳纳米管、石墨烯、纳米纤维等）。这些纳米材料具有优异的力学性能和独特的结构特点，能够在水凝胶中形成增强网络，进而提供额外的刚性和强度。特别是石墨烯和碳纳米管等材料，其因高比表面积和优异的导电性，在增强水凝胶力学性能的同时还赋予其电学功能，使其在智能材料和软体机器人等领域具有广泛的应用前景。

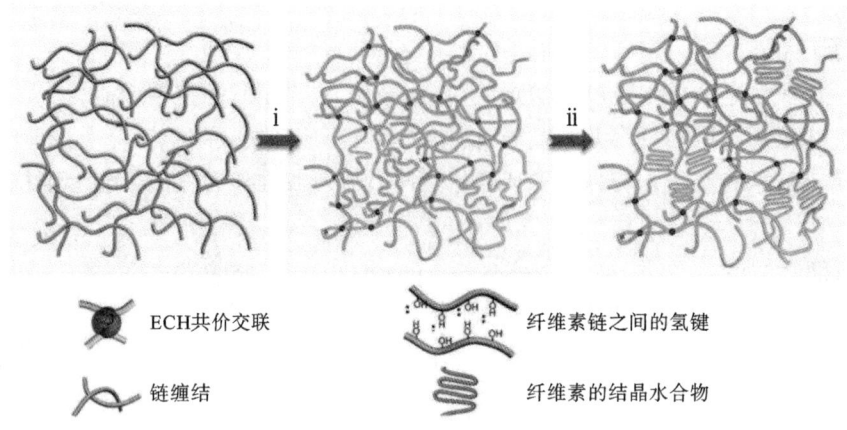

✖ ECH共价交联	纤维素链之间的氢键
✖ 链缠结	纤维素的结晶水合物

图 2   水凝胶网络结构示意图

超分子自组装是一种通过非共价相互作用(如氢键、π-π 堆积、静电作用等)来构建分子结构的方法。这种自组装的水凝胶不仅具有高强度,还具备可调性和自愈合能力。例如,通过引入具有互补性结构的分子(如可形成氢键的分子),可以让水凝胶在遭受外部损伤后自行修复,从而提升其使用寿命和稳定性。尤其是羟丙基-α-环糊精可以与多种官能团发生更强的主客体相互作用,因此,环糊精(CD)经常用于制备主客体超分子组装水凝胶。Kohzo Ito 等人将聚乙二醇(PEG)链穿过 CD 环组成可滑动的滑环(SR)凝胶(见图 3)。其中,CD 可通过二乙烯基砜进行共价交联。在单轴拉伸下,SR 凝胶中的交联可以在 PEG 链上滑动以释放网络中的应力,从而提高了水凝胶的机械强度。此外,超分子自组装还能够实现多功能化,使得水凝胶不仅在力学性能上有所增强,还能在生物学、药物传递等方面展现更多的功能。

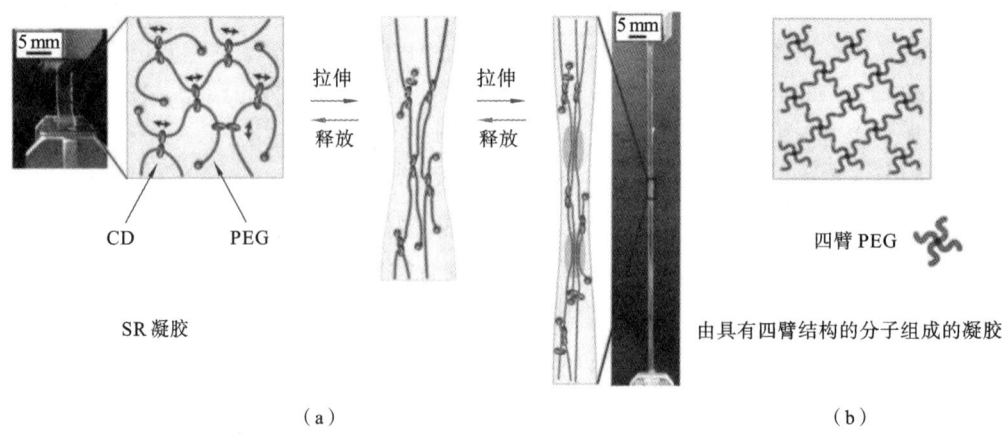

CD PEG	四臂 PEG
SR 凝胶	由具有四臂结构的分子组成的凝胶
(a)	(b)

图 3   由 CD 组成的具有可移动交联的 SR 凝胶

盐离子渗透是通过在水凝胶中加入适量的盐或其他离子来增强其力学性能。盐离子的引入可以增大水凝胶的离子强度,从而改善其网络结构的稳定性和机械强度。这些离子能够与水凝胶中的聚合物链相互作用,通过增强聚合物链间的交联或通过调节水凝胶的水合状态来提升其力学性能。例如,钙离子和镁离子常常被用于提高藻酸盐基水凝胶的力学性能。

在某些特定应用中,要求水凝胶的力学性能在不同方向上有所不同。例如,在软体机器人中,水凝胶需要在某些方向上具有高柔韧性,而在其他方向上则需要高强度。为了满足这一需求,研究者采用了各向异性的水凝胶结构设计。例如,通过控制水凝胶内部的纤维或颗粒的取向,可以让材料在某些方向上展现出增强的力学性能。这种各向异性水凝胶的设计方式不仅提高了水凝胶的力学性能,还能使其具备更好的适应性和多功能性。

4)水凝胶力学性能评价方法

水凝胶的力学性能主要包括拉伸性能和压缩性能,这些性能通常通过材料试验机进行测试。在拉伸性能测试中,常用的样品有哑铃形试样和长条形试样。由于水凝胶较软,使用长条形试样时,夹具的夹持容易导致应力集中,从而导致试样在夹口处断裂,因此,哑铃形试样更为常用。

在拉伸过程中,测试时的应力是瞬时施加的力与初始截面积的比值;应变是瞬时的长度变化与初始长度的比值。抗拉强度是水凝胶抵抗破坏的能力,而断裂伸长率则反映了水凝胶的变形能力。材料的软硬度通过弹性模量来衡量,弹性模量是材料在弹性变形区的应力-应变曲线的斜率。对于水凝胶,通常在 $5\%\sim15\%$ 的应变范围内计算其弹性模量,以消除仪器误差。除了水凝胶的软硬度和抗拉强度外,韧性也是一个重要的性能指标。韧性指的是材料在受到外力作用发生形变时抵抗断裂的能力,它可以通过拉伸实验中应力-应变曲线下的面积来衡量。断裂韧性则描述了水凝胶在有裂纹的情况下抵抗最终断裂的能力。在假设所有材料都有缺陷的前提下进行断裂韧性测试。如图 4 所示,先人为地制造一个有缺口的样品,然后在试验机上以一定的速度进行拉伸。当试样存在缺口时,裂纹扩展会影响力学行为,从而通过力-位移曲线的面积计算断裂韧性。具体来说,通过在没有缺口的试样上进行相同的拉伸实验,获得对应的力-位移曲线,并对从起点到裂纹扩展开始的位移区间进行积分。将积分结果与原始试样的截面积相比,从而得到水凝胶的断裂韧性。

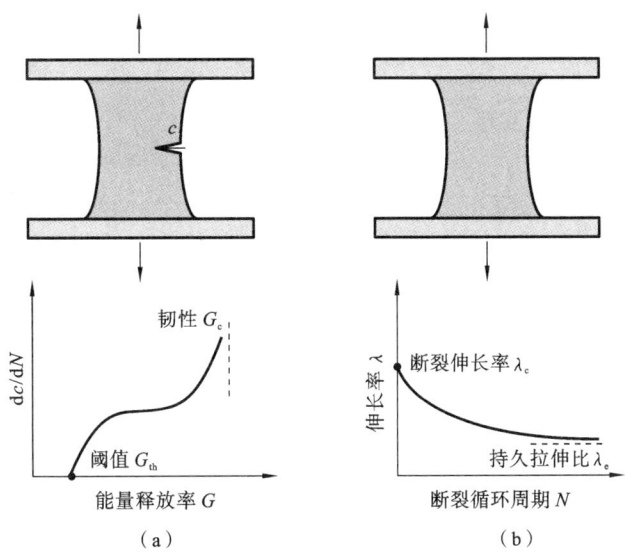

图 4　水凝胶的纯剪切实验:断裂韧性表征策略示意图

另外,黏附强度是评估水凝胶力学性能的重要指标之一,其大小由应力 σ 和应变 ε 共同确定。应力 σ 的计算公式为

$$\sigma = \frac{F}{A_0} \tag{1}$$

其中,F 是垂直施加在试样横截面上的瞬时载荷,A_0 是施加任何载荷之前的原始横截面积。

工程应变 ε 的计算公式为

$$\varepsilon = \frac{L_i - L_0}{L_0} = \frac{\Delta L}{L_0} \tag{2}$$

其中,L_0 是施加任何载荷之前的原始长度,ΔL 是相对于原始长度某一时刻的变形延伸或长度变化。

在拉伸试验中试样的变化如图 5 所示。

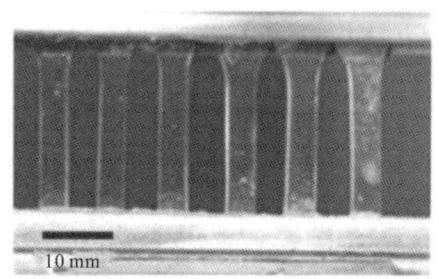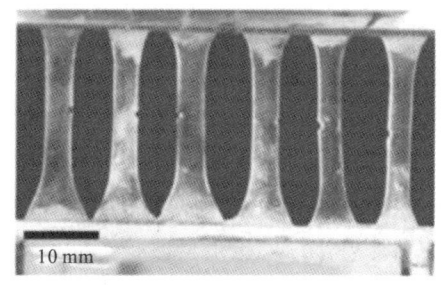

图 5   在拉伸试验中试样的变化

图 6   电子动静态疲劳试验机

本实验采用图 6 所示英斯特朗公司的 E1000 型电子动静态疲劳试验机测量水凝胶的应力-应变曲线。确保疲劳试验机各个部分(如加载系统、控制系统、数据采集系统等)正常工作。特别是确保加载装置、位移传感器和力传感器的精度。选择合适的试样,确保其尺寸、形状和表面状态符合试验要求。通常,试样的表面应保持光滑,且应按标准规格加工(如标准圆柱形或矩形试样)。根据试样的尺寸和试验机的夹具要求,正确安装试样,并确保试样的安装位置稳定,不存在松动或偏移。通过试验机的控制面板或者计算机控制系统,设置实验的相关参数(如加载方式、加载频率、循环次数等)。确保所有设置正确后,启动试验机。试验机会根据预设的载荷模式(例如正弦波、方波等)施加交变载荷。

3. 实验试剂及仪器

1)实验试剂

玻璃基板、夹子、聚乙烯醇(PVA)、丙烯酰胺、过硫酰胺、N,N′-亚甲基双丙烯酰胺、无水

氯化锂、乙醇、去离子水、硅基模具。

2）实验仪器

水浴搅拌锅、超纯水机、紫外臭氧处理机、恒温恒湿箱、磁力搅拌机、超声波清洗器、真空搅拌机、冷冻干燥机、电子称量秤、游标卡尺、直径为 30 mm 的圆形裁刀。

4. 实验方法与步骤

1）材料制备

（1）PVA 溶液的制备。

从超纯水机中取出 40 mL 去离子水放入烧杯中，用电子称量秤称取 4.8 g PVA 放入烧杯中，将装有 PVA 的烧杯套上保鲜膜后放入水浴搅拌锅中，在 95 ℃下搅拌 60 min 后获得 PVA 溶液。

（2）配制水凝胶胶体溶液。

将丙烯酰胺 4 g，过硫酰胺、N，N'-亚甲基双丙烯酰胺各 200 mg 溶解在前面制得的 PVA 溶液中，并置于磁力搅拌机上搅拌 15 min 直至溶液呈透明状，从而获得水凝胶胶体溶液。

（3）制备水凝胶成品。

将水凝胶胶体溶液置于真空搅拌机中，抽取其中的气泡 2 或 3 遍直至溶液中无气泡抽出，然后将处理好的溶液倒入带有硅基模具的玻璃基板上并用夹子夹好。将整个玻璃基板放入紫外臭氧处理机中用紫外线固化 15 min，从而制得水凝胶成品。

（4）水凝胶后处理。

将做好的水凝胶用保鲜膜包好后放入冷冻干燥机中冷冻 0.5 h，随后解冻 0.5 h，循环 3 次，使其中的内部网络结构发生交联。最后将水凝胶置于配制的质量分数为 30%的氯化锂溶液中，浸渍 24 h 后放置于恒温恒湿箱保存。

2）性能测试

（1）弹性模量测试。

用直径为 30 mm 的圆形裁刀将做好的水凝胶样品切分，置于不同温度和湿度（例如 70 ℃和 60% RH）条件下保温 12 h，然后用游标卡尺测量其直径大小，并根据公式算出伸长率。

（2）黏附强度测试。

将制备好的水凝胶提前 12 h 置于夹具上，其与夹具之间接触要均匀和紧密。对实验设备进行检查和校准，安装粘贴水凝胶样品的夹具，确保样品能够平稳夹持，避免滑动或不均匀拉伸。设置好拉伸速率和加载力后开始拉伸实验。

5. 实验数据记录与处理

（1）记录水凝胶样品的初始尺寸以及实验后的尺寸。

（2）测量力学特性，将记录的力和位移数据转化为应力和应变数据，并绘制应力-应变曲线。

6. 注意事项

（1）在测试前确保水凝胶样品的水分含量保持不变，避免干燥或水分过多。

（2）确保水凝胶样品表面无气泡、污渍或其他可能影响测试结果的缺陷。表面光滑有助于确保夹具与样品之间接触均匀。

（3）水凝胶对环境条件非常敏感，因此需要将其放入恒温恒湿箱中保存。

7. 思考题

（1）对于具有高伸长率和低屈服强度的水凝胶材料，它们在实际应用中可能遇到哪些问题？如何改善其力学性能？

（2）在拉伸实验中，如何确保实验条件（如温度、湿度）对测试结果的影响最小？是否需要特别设计实验环境？

（3）假设某水凝胶的应力-应变曲线没有明显的屈服点，而是逐渐发生塑性变形。这种材料的力学性能如何理解？它可能适用于哪些应用？

（4）除了传统的拉伸测试外，你还能用哪些测试方法来评估水凝胶的力学性能？这些方法如何实现互补？

参考文献

[1] 刘程,乔丽媛,柳承德,等.智能水凝胶及其在生物方向的应用[J].中国材料进展,2019, 38(10):981-989.

[2] 冼钟铖,李培源.水凝胶的制备及其在医药领域的应用[J].山东化工,2019,48(21):57-59.

[3] 刘环宇,叶静仪,梁佩莹.水凝胶的制备[J].化工时刊,2014,28(1):11-14.

[4] WU T L, CUI C Y, FAN C C, et al. Tea eggs-inspired high-strength natural polymer hydrogels[J]. Bioactive Materials, 2021, 6(9): 2820-2828.

[5] ZHANG Y S, KHADEMHOSSEINI A. Advances in engineering hydrogels[J]. Science, 2017, 356(6337): eaaf3627.

[6] OKUBO M, IOHARA D, ANRAKU M, et al. A thermoresponsive hydrophobically modified hydroxypropylmethylcellulose/cyclodextrin injectable hydrogel for the sustained release of drugs [J]. International Journal of Pharmaceutics, 2020, 575: 118845.

[7] LIU C, MORIMOTO N, JIANG L, et al. Tough hydrogels with rapid self-reinforcement[J]. Science, 2021, 372(6546): 1078-1081.

[8] ZHOU Y F, HU J, ZHAO P P, et al. Flaw-sensitivity of a tough hydrogel under monotonic and cyclic loads[J]. Journal of the Mechanics and Physics of Solids, 2021, 153: 104483.

碳纳米材料结构的调控
与比表面积测试

1. 实验目的

(1) 掌握碳纳米材料的结构组成及制备工艺。

(2) 理解碳纳米材料的基本特性和关键参数,掌握比表面积测试方法及仪器操作。

(3) 对碳纳米材料进行测试,得到比表面积等关键参数,并分析其性能。

2. 实验原理

碳纳米管(CNT)于 1991 年由日本电镜学家 lijima 在用电弧法生产的碳纤维中首次被发现,其由于独特的结构及优良的力学、电学和化学等性能,展现出广阔的应用前景,吸引了材料、物理、电子、化学等领域众多科学家的极大关注,成为国际新材料领域的研究前沿和热点。目前,关于碳纳米管的特性和制备方法的研究已取得很大的进展,重点正在转向其规模化生产和应用领域的研究。

碳纳米管可看成由石墨片层绕中心轴按一定的螺旋度卷曲而成的管状物,管子两端一般由含五边形的半球面网格封口。碳纳米管中每个碳原子和相邻的 3 个碳原子相连,形成六角形网格结构,因此碳纳米管中的碳原子以 sp^2 杂化为主,但碳纳米管中六角形网格结构会产生一定的弯曲,形成空间拓扑结构,其中可形成一定的 sp^3 杂化键,所以它以 sp^2 杂化为主,也含有一定的 sp^3 杂化。直径较小的碳纳米管曲率较大,sp^3 杂化的占比也大,反之,sp^3 杂化的占比较小,碳纳米管的形变也会改变 sp^2 和 sp^3 杂化的占比。碳纳米管一般由单层或多层组成,相应地称为单壁碳纳米管(SWCNT)和多壁碳纳米管(MWCNT)。单壁碳纳米管的直径在零点几纳米到几纳米之间,长度可达几十微米;多壁碳纳米管的直径在几纳米到几十纳米之间,长度可达几毫米,层与层之间保持固定的距离,与石墨的层间距相当,约为 0.34 nm。多壁碳纳米管结构复杂,不易确定;单壁碳纳米管结构相对简单,在理论上已有较深入的研究。碳纳米管的晶体结构为密排六方(HCP,$a = 0.24568$ nm,$c = 0.6852$ nm,$c/a = 2.789$)。与石墨相比,碳纳米管的 a 值稍小而 c 值稍大,表明碳纳米管同一层内原子间有更强的键合力和极高的同轴向性,是一个在管轴方向具有周期性的一维晶体,可看成理想的一维材料。

碳纳米管具有超高的比表面积、高强度、耐高温、高电导率等优点。碳纳米管能够形成导电网络、密度小、环境耐受度高,是一种很有潜力的吸波材料。而碳纳米管由于介电常数过高,难以满足阻抗匹配的要求,因此本征吸波性能较低,在军事和工业实际应用中受限。用化学气相沉积法制备的碳纳米管缺陷和表面官能团较少。通过酸化处理等方式,可增加碳纳米管表面功能基团的数量,使其成为研究官能团对碳材料介电性质影响的良好材料。碳纳米管具有很高的比表面积,能够作为其他吸波材料的载体,制成复合吸波材料,进一步改善其吸波性能。很多文献都报道过碳纳米管和其他复合吸波材料的电磁参数和吸波性能。例如,碳纳米管和聚苯胺、聚吡咯等导电聚合物,碳纳米管和 Fe、Co、Ni 等金属粒子,碳纳米管和 ZnO、SiC 等非磁性化合物。磁性化合物 Fe_3O_4 在交变磁场下具有很强的电子自旋磁矩共振,且其成本较低、毒性很小,因此被广泛用作微波吸收剂;然而其密度较大,所制备的吸波材料厚度和质量较大,无法满足吸波剂"薄轻宽强"的需求,因此阻碍了其应用和发展。将 Fe_3O_4 负载到碳纳米管表面,一方面能够通过介电损耗弥补 Fe_3O_4 磁性损耗的不足,另一方面 Fe_3O_4 本身有较低的介电常数,能够降低碳纳米管的介电常数和改善碳纳米管的阻抗匹配。

1)碳纳米管的结构

碳纳米管是由单层或多层石墨片卷曲而成的无缝纳米管状壳层结构(见图 1)。根据构成管壁碳原子的层数不同,其可分为单壁碳纳米管和多壁碳纳米管,根据其螺旋角的不同,其又可分为螺旋和非螺旋两种类型。碳纳米管的物理、化学性质与结构有关。

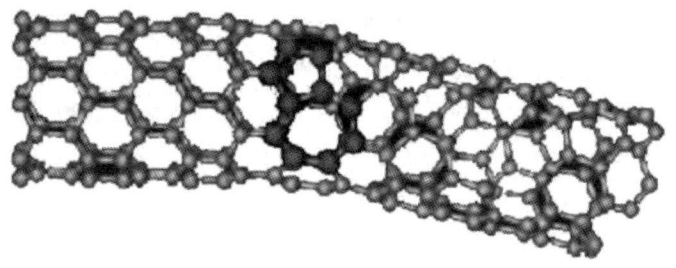

图 1 碳纳米管结构示意图

碳纳米管由碳-碳共价键结合而成,具有管径小、长径比大的特点,这使碳纳米管具有优良的电学和力学性能,其杨氏模量和剪切模量与金刚石相同,理论抗拉强度可达 10^6 MPa,是钢的 100 倍,并且具有很高的韧性,而密度仅为钢的 1/7,耐强酸、强碱,在空气和不高于 700 ℃的温度条件下基本不会氧化,有望成为复合材料增强体。

2)碳纳米管的应用

由于碳纳米管材料具有特殊的结构与形态,优良的力学、电学、传热性能,以及雷达波吸收性能等,它在高强度复合材料、高效导热复合材料、催化材料、电子干扰屏蔽材料、隐形材料,以及储氢材料、电子器件、电池、超级电容器、电子枪与传感器和显微镜探头等领域有许多应用,具有非常广阔的市场前景。

(1)电容器。

碳纳米管具有中空结构、比表面积大、导电性优良、化学稳定性好等优点,因此其作为电极材料可以显著提升超级电容器的功率特性。Niu 等人在 1997 年首次提出将碳纳米管用作电容器,自此碳纳米管开始成为超级电容器电极材料领域的研究热点。Chen 等人利用氧化铝模板化学气相沉积法制备 MWCNT 阵列。为了使用碳纳米管的外表面而不是内表面,研究者用 1 mol·L^{-1} 的硫酸去除大部分碳纳米管电极上的氧化铝模板。实验结果显示,该电容器电极比电容为 365 F·g^{-1},具有低等效电阻和良好的循环稳定性。碳纳米管作为超级电容器的电极材料,原料价格低廉,有利于实现工业化。

（2）电化学传感器。

碳纳米管具有良好的导电性、化学稳定性以及极高的机械强度,比表面积大,易于在修饰电极中引入多种官能团,是一种可用于制备修饰电极和电化学传感器的优良材料。碳纳米管独特的性能可对某些物质的电化学行为产生增敏和催化作用,如降低氧化过电位、增加峰电流、改善分析性能、提高对样品分析的选择性和灵敏度等。Kang 等人报道了一种新型生物传感器,该传感器使用铜纳米粒子修饰的玻碳电极,在碱性介质中实现了对葡萄糖的高灵敏度测定。

（3）复合材料。

碳纳米管的端面反应活性强,容易被打开,会被金属浸润而形成金属基复合材料。这种材料具有比强度高、比模量高、耐高温、热膨胀系数小和抵抗热变性能强等一系列优良特点。Kuzumaki 等人制备的碳纳米管/铝基复合材料的强度比纯铝更高,且热稳定性更好。Curran 等人把少量的多壁碳纳米管加入共轭发光聚合物(聚苯乙炔衍生物)中发现,这种新材料的电导率比原来的聚合物提高了 8 个数量级。

碳纳米管表现出较强的微波吸收性能,同时具有质量小、导电性可调、高温抗氧化性能强和稳定性好等特点,是一种理想的微波吸收剂,可应用于隐形材料、电磁屏蔽材料或暗室吸波材料。Zhang 等人利用水热合成法原位合成了 $CoFe_2O_4$ 和 CNT 壳状复合材料,CNT 均匀地生长在 $CoFe_2O_4$ 空心球体表面,厚度为 2 mm 的壳状复合材料在 11.7 GHz 时的反射损失达到了 -32.8 dB。

（4）储氢材料。

氢气是高效、无污染且可回收利用的清洁能源之一,但其广泛应用面临着储备难题,科学家们一直在寻找能够在常温下大量储存氢气的方法。随着碳纳米管的发现,其空心结构以及相较于石墨略大的层间距,为储氢提供了一条新途径。碳纳米管具有独特的晶格排列和大的比表面积,相比于一般的储氢材料,它的储氢性能十分优异。Dillon 等人于 1997 年率先开展碳纳米管储氢研究。他们的样本包含金属催化剂、无定形碳、SWCNT,并使用程序升温脱附法检测材料的储氢性能,通过实验估算出 SWCNT 的储氢量为 5%～10%(质量分数)。Stobinski 等人通过实验测定超高真空体系中碳纳米管在不同温度条件下对氢分子的吸附容量,以研究碳纳米管的储氢机理。实验表明,氢分子在碳纳米管上的吸附主要发生在碳纳米管的内表面,影响吸附的因素包括碳纳米管结构、温度等,这些条件的改变会明显影响碳纳米管的储氢性能。

3）碳纳米管的修饰

为提高碳纳米管的实际应用能力,科学家们努力解决碳纳米管在应用过程中存在的各种问题,例如,实验室制备的碳纳米管结构都是结晶比较规整的两端封口管状物,如何打开管腔并装入实验所需物质,是首要任务。

（1）碳纳米管的内部填充。

碳纳米管具有中空圆筒状结构,直径为 0.7～30 nm,长度为 0.1～50 μm,圆筒壁的层间距为 0.34 nm。这种独特的中空管结构可为微纳米级反应提供理想的容器,为纳米级物质的存储和运输提供有效的空间和路径,具有广阔的应用前景。Liu 等人研究了石墨烯、碳纳米管和炭黑的混合材料对 LiFePO 的影响。他们得出结论,这些材料在构建"平面到线到点"的导电网络中能够发挥协同作用,进而提高阴极的倍率性能。图 2 所示为填充有金属铅的碳纳米管。

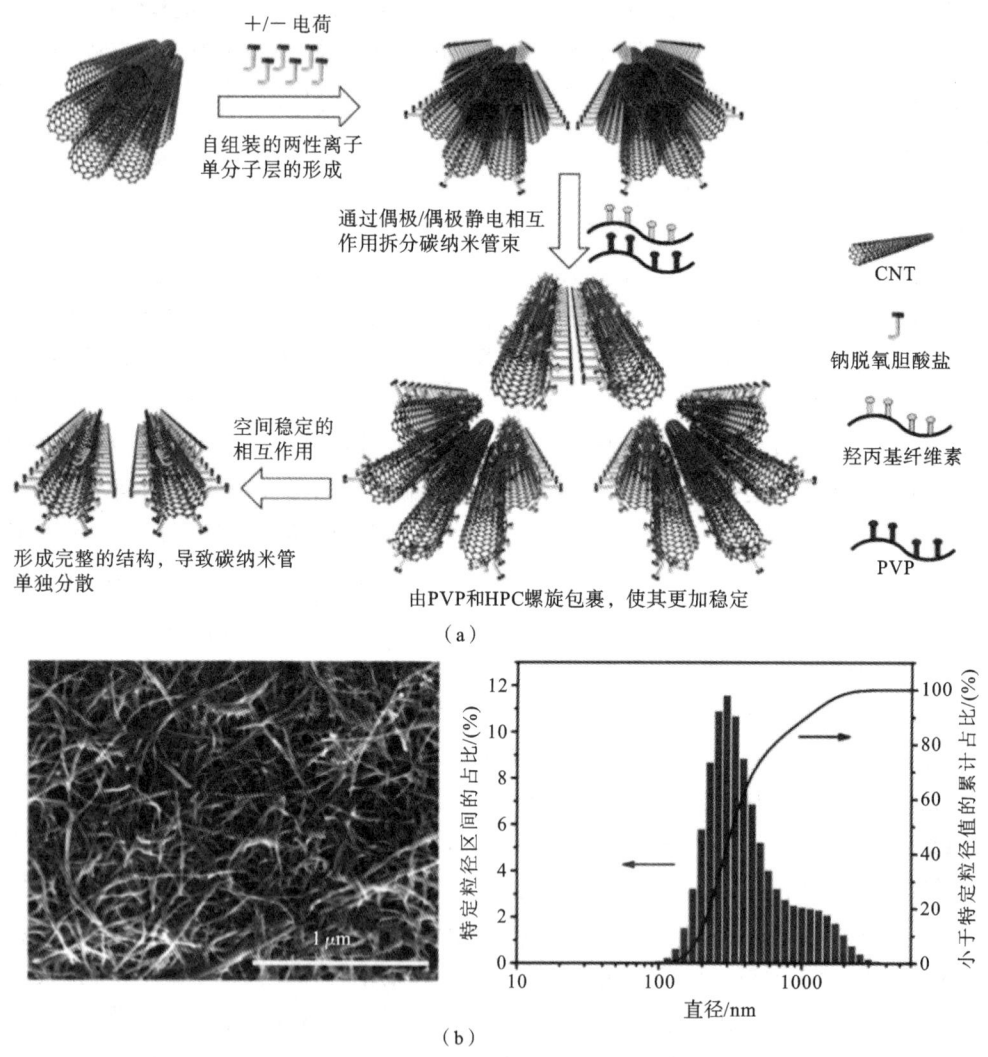

图 2　填充有金属铅的碳纳米管

(2)碳纳米管的功能化和溶剂化。

使用气相氧化剂刻蚀碳纳米管的管端,这是研究碳纳米管修饰的开端,但这种方法效率低,每次样品中只有 1% 左右的碳纳米管管端被打开。于是真正意义上的碳纳米管第一组湿法化学实验——碳纳米管的硝酸纯化和修饰诞生了。

在碳纳米管修饰的孕育阶段,美国的 Smalley 研究小组做出了开创性的贡献。Smalley 等人将缠绕在一起的 SWCNT 置于浓硫酸和浓硝酸的混合溶液中用超声波处理一段时间,这些长达几微米的碳纳米管可被切割成开口的、100~300 nm 长的两端带羧基的碳纳米管。他们认为,切开的管端存在羧基之类能够继续功能化的官能团,这些短管能在含有表面活性剂的水溶液中形成稳定的胶体悬浮液。在该悬浮液中可执行多种操作,比如,对不同长度碳纳米管进行排序、衍生化处理以及将其结合于金表面。这项重要发现标志着碳纳米管化学的真正诞生。碳纳米管的羧化过程实际上是通过氧化性酸对碳纳米管的缺陷(包括管端和管壁上的五元环和七元环缺陷)进行刻蚀,使其产生更多的缺陷。加热和超声波作用能加速这一刻蚀过程。碳纳米管的管端和管壁一般都存在五元环和七元环缺陷(见图3),这些缺陷容易因氧化剂氧化而被打开。研究发现,管端的活性高于管壁,更容易被氧化,浓硝酸能够选择性地氧化具有结构缺陷的管端,而不破坏管壁,同时还能在管壁和管端上形成很多羧基、羟基和羰基等含氧基团,有利于碳纳米管进行各种功能化修饰。氟等强氧化剂不仅能氧化管端,还能氧化具有 sp^2 杂化结构的芳香碳管壁。

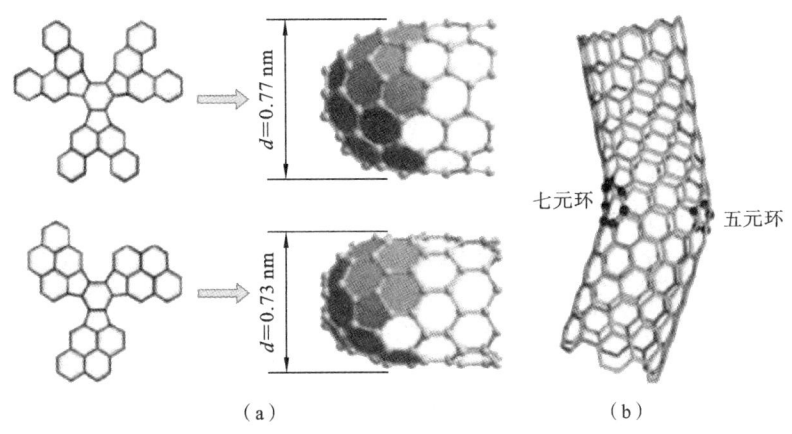

图3　碳纳米管的表面缺陷(五元环和七元环缺陷)

（3）碳纳米管的生物负载。

氨基酸和蛋白质等生物分子不仅能与碳纳米管的管壁发生反应,还能进入碳纳米管管腔中,因此在生物学应用方面,碳纳米管可用作药物等的缓释剂。实验发现,表面经功能化的碳纳米管能够穿过细胞壁进入细胞,并且进入后仍然能保持活性。原始的单壁或多壁碳纳米管可以通过以下两种方式(见图4)进行处理:① 用酸处理以钝化它们并在端部生成羧基;② 与氨基酸衍生物和醛反应以在外部表面添加溶解性基团。

（4）碳纳米管的外部负载。

Nasibulin 发现了一种新的碳的同素异形体,其形态如图5所示,是在碳纳米管的管壁上生长出类似富勒烯的球状体。这种新材料同时具备碳纳米管和富勒烯的特点,比如这种复合材料具有与碳纳米管一样良好的导电性和导热性;而且由于表面富勒烯球的存在,它可以发生与富勒烯一样的化学反应,这有利于其进行表面功能化。此外,表面的富勒烯球还可作为分子反应锚,防止碳纳米管在复合材料中发生滑移,从而有效提高复合材料的力学性能。

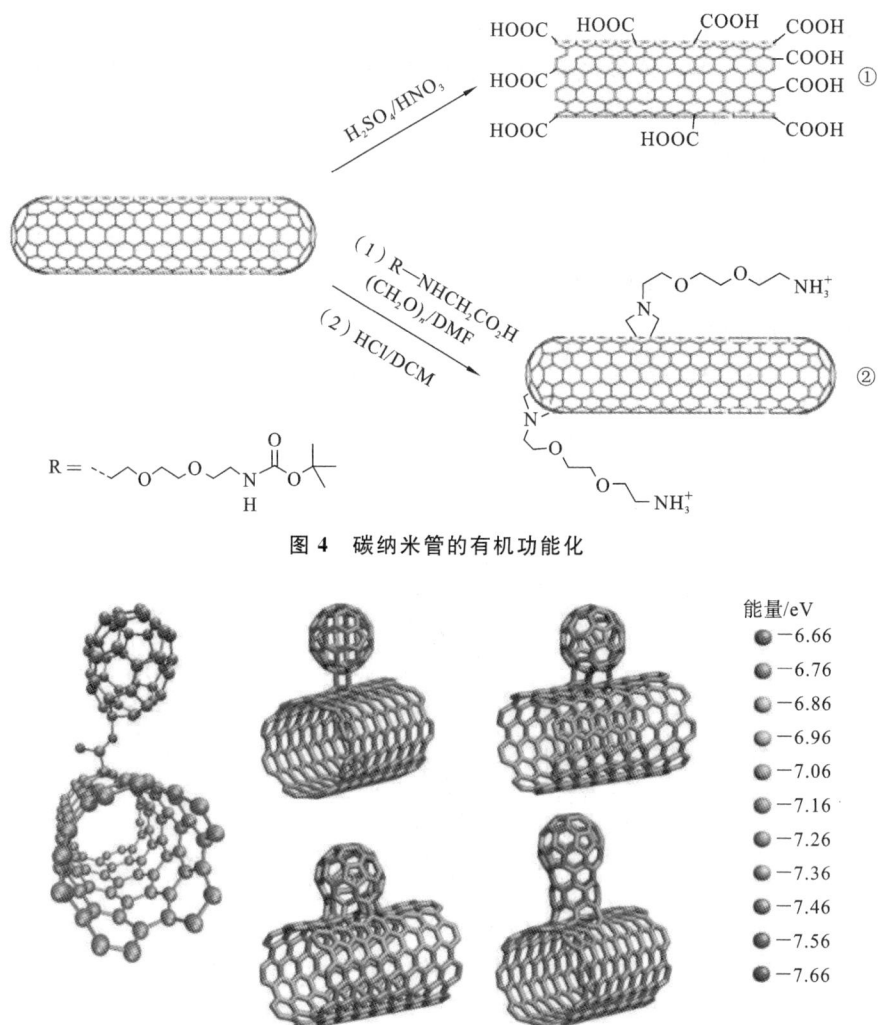

图 4　碳纳米管的有机功能化

图 5　SWCNT 表面长出富勒烯球的计算机模拟图

能量/eV

4）碳纳米材料性能的评价方法

碳纳米材料的性能参数是评估其工作效能和综合性能的重要指标，其中，在此实验中比表面积和反射损耗是衡量其性能的关键参数。比表面积是描述纳米材料的一个基本参数，它与材料的孔隙结构、表面活性和化学性质密切相关。测试比表面积，可以深入了解材料的微观结构，这直接关联到材料的吸附能力。在气体存储、污染物去除和水处理等领域，高比表面积的纳米材料能提供更多的吸附位点，从而增强其吸附性能。一般通过 BET 方法（Brunauer-Emmett-Teller 法）来得到纳米材料的比表面积值。

3. 实验试剂及仪器

1）实验试剂

多壁碳纳米管、浓硝酸、二缩三乙二醇（TEG）、乙酰丙酮铁（Fe(acac)$_3$）、氮气、浓盐酸、无水乙醇等。

2) 实验仪器

磁力搅拌器、鼓风干燥箱、超声波清洗器、高压釜、离心机等。

4. 实验方法与步骤

1) 材料制备

通过超声处理 30 min，将购买的 0.5 g 多壁碳纳米管（标记为 CNTS）分散在 30 mL 未经稀释的质量分数为 68% 的浓硝酸中。然后将混合物转移至烧瓶中，并在水浴中加热至 80 ℃。保持加热 7 h 后，用去离子水洗涤酸处理的 CNTS 直至 pH 达到 6 并干燥备用。经酸处理的 CNTS 标记为 ACNTS。在搅拌下将酸处理后的 0.05 g ACNTS 悬浮在 25 mL TEG 中。然后将 0.1 g Fe(acac)$_3$ 分散在杂交体中，接着超声处理 30 min。将混合物转移到 50 mL 高压釜中，在 200 ℃ 下加热 4 h。用乙醇将产物洗涤 3 次，然后用去离子水洗涤直至 pH 达到 6。将 Fe$_3$O$_4$ 修饰的碳纳米管标记为 FCNTS。为了对比，制备了纯 Fe$_3$O$_4$ 纳米颗粒，其制备过程如下：将 Fe(NO$_3$)$_3$ 和 FeCl$_2$ 分别溶解在水中，混合后，滴加氨水，在 N$_2$ 保护下加热至 85 ℃ 并保温 30 min。将所得黑色沉淀以 5000 r·min^{-1} 的转速离心，水洗 4 次后备用。

2) 比表面积测试

采用 Micromeritics 公司生产的 ASAP 2020 型比表面积及孔隙度分析仪（见图 6）研究材料的比表面积和孔径分布，以液氮为吸附介质，样品真空脱气至少 6 h，脱气温度为 150 ℃。采用 BET 方法，根据 0.06～0.6 相对压力范围内的吸附数据计算样品的 BET 比表面积 S_{BET}；采用 Barrett-Joyner-Halenda(BJH) 模型，根据等温线的吸附分支，计算样品的孔容 V_t 和孔径 D，其中孔容用相对压力为 0.973 处的吸附量计算，微孔表面积 S_{mic} 用 V-t plot 方法计算。

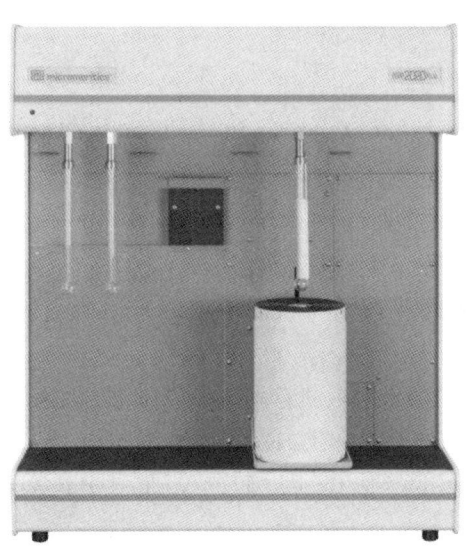

图 6　ASAP 2020 型比表面积及孔隙度分析仪

5. 实验数据记录与处理

（1）收集所有相关的实验数据，涵盖样品的物理化学性质、结构特性数据，以及比表面积测试数据和吸波测试数据。

（2）使用专业软件（如 Origin、GraphPad Prism 等）对吸附-脱附等温线进行分析，计算比表面积、孔容和孔径分布，对于结构调控的数据，分析不同参数对材料结构和吸波性能的影响。

（3）制作图表来直观展示实验结果，如吸附-脱附等温线图、孔径分布图和比表面积对比图。

6. 注意事项

（1）在使用比表面积及孔隙度分析仪测试前，可能需要对样品进行脱气处理，以去除样品孔隙中的吸附水或其他气体。

（2）定期对矢量网络分析仪进行校准，以确保测量数据的准确性。校准过程包括对 S 参数（反射系数和传输系数）的校准，在使用前要让矢量网络分析仪预热一段时间，以稳定其内部电子元件的性能。

（3）保持实验室环境稳定，避免温度和湿度大幅变化对测试结果产生影响。

7. 思考题

（1）不同的合成方法（如化学气相沉积、电弧放电、激光烧蚀等）如何影响碳纳米材料结构的形态和性质？

（2）缺陷在碳纳米材料中扮演什么角色？

（3）如何运用实验和理论计算相结合的方法来预测和优化碳纳米材料的性能？

参考文献

[1] IIJIMA S. Helical microtubules of graphitic carbon[J]. Nature, 1991, 354(6348): 56-58.

[2] CRESPI V H. Relations between global and local topology in multiple nanotube junctions[J]. Physical Review B, 1998, 58(19): 12671.

[3] 姚娇艳. 碳纳米管的表面改性及在吸波领域的应用研究[D]. 西安：西安电子科技大学，2008.

[4] 彭志华. 碳纳米管材料的微波吸收机理研究[D]. 长沙：湖南大学，2010.

[5] NIU C M, SICHEL E K, HOCH R, et al. High power electrochemical capacitors based on carbon nanotube electrodes[J]. Applied Physics Letters, 1997, 70(11): 1480-1482.

[6] CHEN Q L, XUE K H, SHEN W, et al. Fabrication and electrochemical properties of carbon nanotube array electrode for supercapacitors[J]. Electrochimica Acta, 2004, 49

（24）：4157-4161.

[7] WANG Z H, LIU J, LIANG Q L, et al. Carbon nanotube-modified electrodes for the simultaneous determination of dopamine and ascorbic acid[J]. Analyst, 2002, 127(5)：653-658.

[8] LIM S H, WEI J, LIN J Y, et al. A glucose biosensor based on electrodeposition of palladium nanoparticles and glucose oxidase onto Nafion-solubilized carbon nanotube electrode[J]. Biosensors and Bioelectronics, 2005, 20(11)：2341-2346.

[9] KANG X H, MAI Z B, ZOU X Y, et al. A novel glucose biosensor based on immobilization of glucose oxidase in chitosan on a glassy carbon electrode modified with gold-platinum alloy nanoparticles/multiwall carbon nanotubes[J]. Analytical Biochemistry, 2007, 369(1)：71-79.

[10] KUZUMAKI T, MIYAZAWA K, ICHINOSE H, et al. Processing of carbon nanotube reinforced aluminum composite[J]. Journal of Materials Research, 1998, 13：2445-2449.

[11] CURRAN S A, AJAYAN P M, BLAU W J, et al. A composite from poly (m-phenylenevinylene-co-2, 5-dioctoxy-p-phenylenevinylene) and carbon nanotubes: a novel material for molecular optoelectronics [J]. Advanced Materials, 1998, 10 (14)：1091-1093.

[12] ZHANG S L, QI Z W, ZHAO Y, et al. Core/shell structured composites of hollow spherical $CoFe_2O_4$ and CNTs as absorbing materials[J]. Journal of Alloys and Compounds, 2017, 694：309-312.

[13] DILLON A C, JONES K M, BEKKEDAHL T A, et al. Storage of hydrogen in single-walled carbon nanotubes[J]. Nature, 1997, 386(6623)：377-379.

[14] STOBINSKI L, TIEN D C, LIAO C Y, et al. Ultra-high vacuum system for adsorption-desorption studies of hydrogen storage on/in carbon nanotubes[J]. Surface and Coatings Technology, 2006, 200(10)：3203-3205.

[15] LIU Y K, ZHANG H, HUANG Z, et al. Understanding the influence of nanocarbon conducting modes on the rate performance of $LiFePO_4$ cathodes in lithium-ion batteries[J]. Journal of Alloys and Compounds, 2022, 905：164205.

[16] TSANG S C, CHEN Y K, HARRIS P J F, et al. A simple chemical method of opening and filling carbon nanotubes[J]. Nature, 1994, 372(6502)：159-162.

[17] HIRSCH A. Functionalization of single-walled carbon nanotubes[J]. Angewandte Chemie International Edition, 2002, 41(11)：1853-1859.

[18] BIANCO A, KOSTARELOS K, PRATO M. Applications of carbon nanotubes in drug delivery[J]. Current Opinion in Chemical Biology, 2005, 9(6)：674-679.

[19] NASIBULIN A G, PIKHITSA P V, JIANG H, et al. A novel hybrid carbon material[J]. Nature Nanotechnology, 2007, 2(3)：156-161.

电催化 CO_2 还原反应催化剂的制备与电化学性能测试

1. 实验目的

（1）掌握电催化 CO_2 还原反应催化剂的制备方法。

（2）了解电催化 CO_2 还原反应的基本原理以及催化剂在该反应中的重要作用。

（3）测试催化剂的性能并分析影响因素。

2. 实验原理

经济的快速发展常常伴随着能源的消耗，以化石燃料为主的不可再生能源在为人类创造价值的同时，也引发了环境污染与能源短缺等问题。近年来，为了有效避免 CO_2 过量排放带来的负面影响，电催化 CO_2 还原反应（CO_2RR）逐渐成为具有发展前景的转化技术之一。电催化 CO_2RR 不仅能回收利用大气中的 CO_2，还可以将其有效转化为高附加值化学燃料与精细化工产品，既减少了大气中过量排放的 CO_2，又缓解了能源紧张的压力，并且能够有效稳定碳循环中的动态平衡（见图1）。然而，CO_2 分子因其自身结构特点而具有良好的热力学稳定性与化学惰性，这导致在电催化 CO_2RR 中存在过电位高、产物选择性差和催化活性低等问题。因此，在电催化 CO_2 还原反应中，设计具有高效催化性能的催化剂势在必行。

为了有效遏制碳排放并确保碳循环的可持续性，碳捕获技术的发展变得尤为重要。将捕获的 CO_2 通过直接或间接方式转化为有益产品，如增值化学品或燃料，使其成为碳循环中的一部分，以实现 CO_2 的减排和资源化利用，这是解决 CO_2 问题的根本途径之一。

一般来说，CO_2 转化策略主要有化学转化法、热化学转化法、生物化学转化法、矿化转化法、光化学转化法及电化学转化法等，产物包括尿素、醇类、羧酸、内酯、杂环化合物和高分子材料。在众多 CO_2 转化策略中，光化学转化法可谓"一石二鸟"，既能节约能源，又能保护环境。电化学转化法也是一种重要的转化方法，其因自身环境兼容性高，能够与太阳能、风能等其他可再生能源良好结合，具有良好的应用前景。然而，这些转化策略所涉及的催化剂因效率低、选择性差、热力学稳定性不佳等因素而很难在实际中充分发挥作用。与热化学转化、光化学转化、生物化学转化等方法相比，电催化 CO_2 还原被认为是一种很有前途的 CO_2 转化策略，它可以与可再生能源（如太阳能、风能、水能等）相结合，制造增值化学品或燃料（见图2）。

随着科技的进步，在不久的将来，可再生能源会比化石燃料发电更便宜或与之相当。然

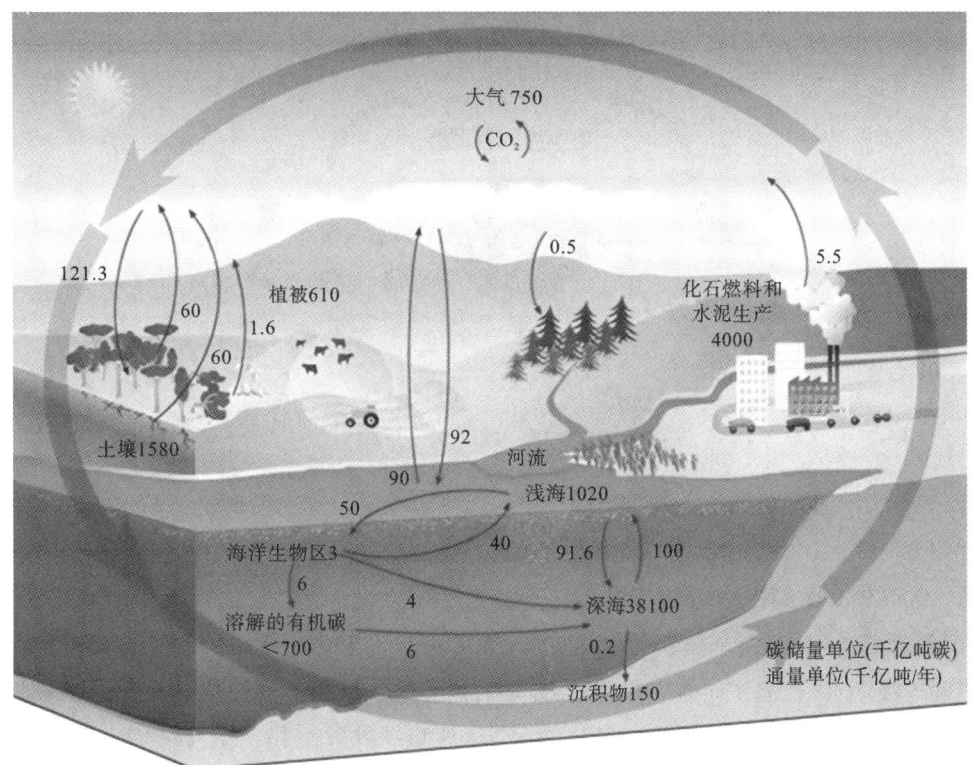

图 1　碳循环示意图

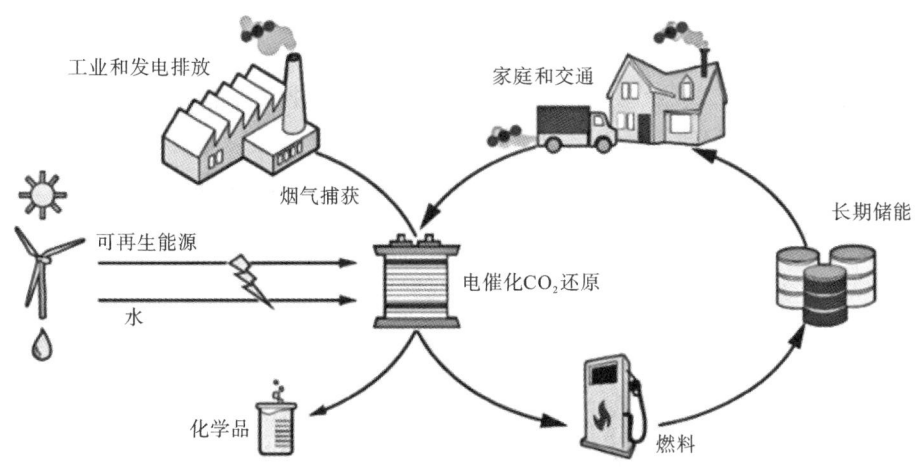

图 2　利用可再生能源进行电催化 CO_2 还原

而,由于可再生能源自身的特殊性,仍需要大规模的电池与水电储能设施。目前,考虑现有储能方法的局限性,电催化是一个相对不错的选择。将可再生能源与在水溶液环境中对 CO_2、CO 和 N_2 等小分子进行电催化转化相结合,是朝着化工产品可持续生产方向迈出的崭新一步。电解器或电解池可利用可再生能源及 CO_2、CO 和 N_2 等小分子进行电解反应。CO_2 利用和转化的不同方法如图 3 所示。

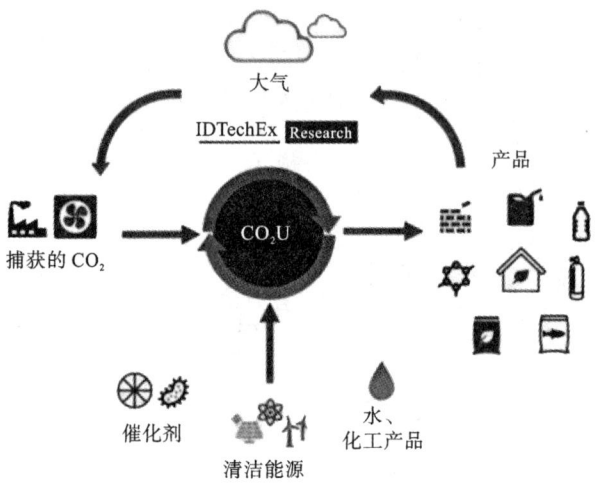

图 3　CO_2 利用和转化的不同方法

1）电催化 CO_2RR 原理

电催化 CO_2RR 是一个典型的三相反应，主要由 CO_2 扩散、CO_2 吸附、CO_2 活化、CO_2 裂解、中间体吸附、吸附态中间体二次聚合或氢化和产物解析等步骤组成，很容易受到外界反应环境和催化剂表面状态的影响。电化学 CO_2RR 也涉及分子热力学与动力学过程，同时，还涉及多个反应中间体以及质子耦合、电子转移步骤，因此，电催化 CO_2RR 中所得到的产物分布广泛且种类多样。图 4 所示为典型的电催化 CO_2RR 系统工作原理示意图，该系统通常由四个主要部分组成：① 具有高导电性并允许反应底物和产物快速传质的无机盐电解质；② 有效减少液态产物氧化的质子交换膜；③ 阴极；④ 由具有高催化活性和耐久性的催化剂及其他材料制备的阳极。一般来说，电催化 CO_2RR 有四个主要步骤：首先，通过物理化学相互作用，将 CO_2 分子吸附到具有催化剂涂层的阳极表面；其次，将 CO_2 分子进行化学活化并转化为 CO_2^-；然后，C-O 键裂解形成相关中间体；最后，通过中间体排列重组得到不同产物，并从催化剂表面解吸。

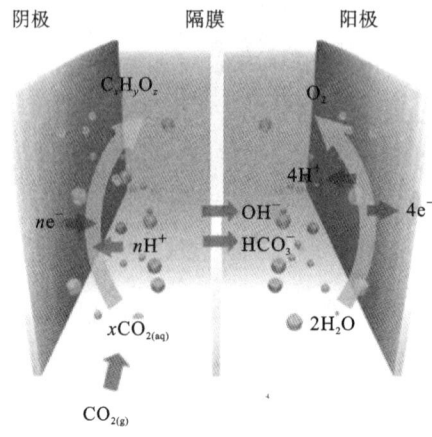

图 4　典型的电催化 CO_2RR 系统工作原理示意图

CO_2RR 中生成的还原产物因转移电子数的不同而存在差异,根据碳原子数的不同,可分为三类,即 C_1 类化学品,如 CO、CH_4、$HCOOH$、CH_3OH;C_2 类化学品,如 $CH_2=CH_2$、CH_3CH_2OH、CH_3COOH;C_3 类化学品,如 $CH_3CH_2CH_2OH$ 和 CH_3COCH_3。电催化 CO_2RR 中还原产物的生成路径如图 5 所示。

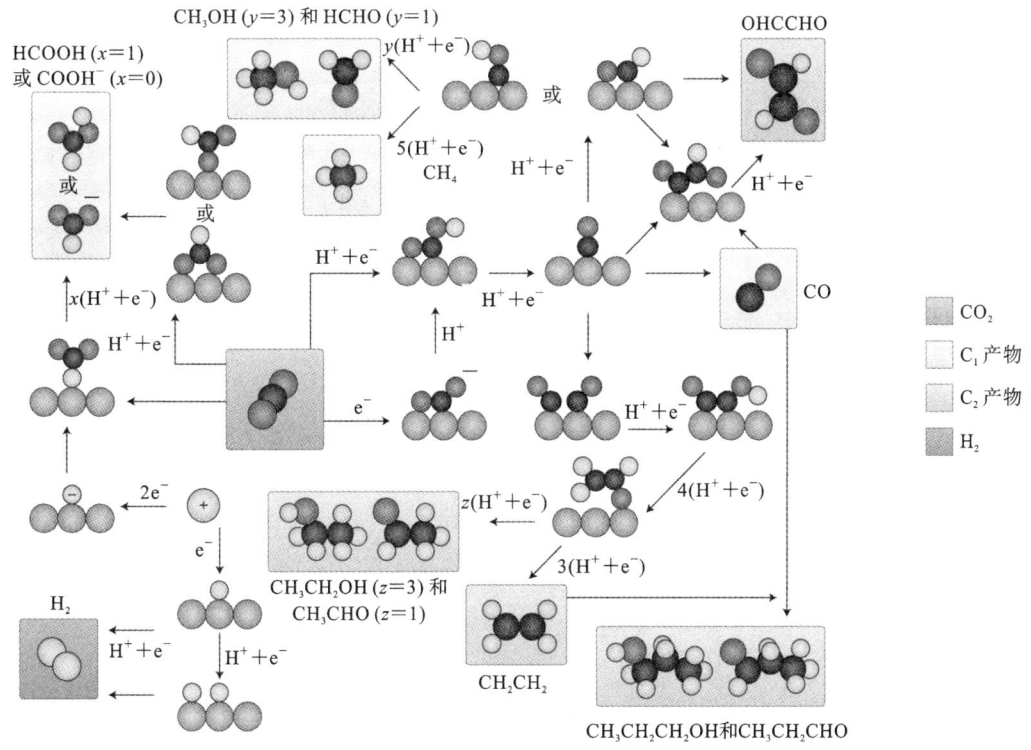

图 5 电催化 CO_2RR 中还原产物的生成路径

2)CO_2RR 催化剂类型

(1)非金属基催化剂。

在所报道的文献中,非金属基催化剂主要以碳基催化剂为主。碳基催化剂可以被分为零维(0D)、一维(1D)、二维(2D)、三维(3D)材料,其中具有代表性的有碳量子点、富勒烯、碳纳米管、石墨烯以及多孔碳、金刚石等,如图 6 所示。纯碳材料一般没有 CO_2RR 活性,杂原子(例如 N、B、S 等)掺杂的碳催化剂能有效降低 CO_2 的活化能垒,从而提高 CO_2RR 活性。除了杂原子掺杂外,碳材料的晶体结构也是决定 CO_2RR 选择性和活性的重要因素,这是因为不同的晶体结构会导致与 CO_2 相关的中间体具有不同的结合能,从而影响产物的种类。

(2)铜(Cu)基电催化剂。

铜一直是将 CO_2 电还原为高价值碳氢化合物(如燃料和酒精)的主要金属电催化剂,特别是对于多碳化学品。铜基催化剂主要包括金属铜、铜合金、铜化合物和负载型催化剂(碳、金属氧化物或聚合物负载的铜)等。物理化学性质(即颗粒大小、形貌、晶面等)、表面状态(Cu^0、Cu^+、Cu^{2+})、表面缺陷(包括晶格扭曲、晶界、氧空位和铜空位等),甚至是诱导上述因素的制备方法,都被认为是铜基催化剂催化活性的影响因素。此外,由于铜基催化

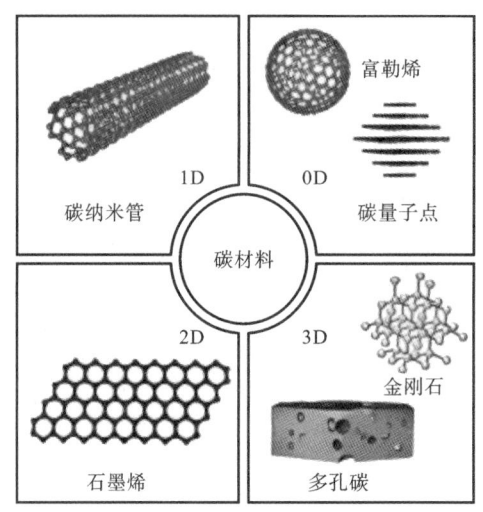

图 6 各种碳材料结构

剂中各种结构因素之间的潜在协同作用，解析其对 CO_2RR 产物选择性控制的根本机制颇具挑战性。

铜基催化剂因其与 CO 之间适度的结合能力，在生成高价值 C_2 产物方面具有优势，这些 C_2 产物在化学和能源工业中应用广泛。例如，乙烯可作为合成多种化学材料的关键原料，乙醇(C_2H_5OH)则可作为燃料添加剂、溶剂和消毒剂等，而乙酸尽管通用性略显逊色，但同样是化工行业不可或缺的化学品。

3）评价电催化 CO_2RR 催化剂性能的参数

为了方便评估电催化 CO_2RR 催化剂的性能，研究者提出了一些参数，这些参数通常包括起始电位、过电位 η、法拉第效率（FE）、电流密度 j、能量效率（EE）和碳利用率等。上述参数不仅取决于催化剂的本征性质，还取决于电解液环境、电解装置等因素。

（1）起始电位和过电位。

起始电位一般是指有产物生成时的电位。由于 CO_2RR 产物众多，为了清晰地描述起始电位，可以将首次检测到目标产物时的电位定义为其起始电位。目标产物的起始电位越负，说明催化剂表面的 CO_2 越难被活化或反应的能垒越高；反之则说明催化反应易于进行。起始电位可用于初步评估催化剂的催化活性。过电位 η 是指实际施加的工作电极电位与热力学平衡电位之间的差值，反映了催化反应的驱动力。一般认为，过电位越小，催化反应越容易进行，说明催化剂的活性越高。为了节省电能，应尽可能降低反应的过电位。

（2）法拉第效率。

法拉第效率（FE）是指在电催化 CO_2RR 中，生成目标产物所消耗的电荷量与整个反应中总电荷量的比值。FE 的计算公式如下：

$$FE = \frac{znF}{Q} \times 100\% \tag{1}$$

其中，z 表示生成目标产物所转移的电子数，n 表示产物的物质的量，F 为法拉第常数（96485

$C \cdot mol^{-1}$),Q 为总电荷量。FE 通常是评估 CO_2RR 催化剂催化活性的主要参数,FE 越高,说明目标产物的选择性越高。理想的催化剂应在较宽的电位窗口内使目标产物的 FE 接近 100%,而商业化应用所需的 FE 应大于 80%。

（3）电流密度。

总的电流密度 j_{total} 通常是以 CO_2RR 中通过电极的电流除以工作电极的几何表面积来计算的,商业化应用所需的电流密度应大于 300 $mA \cdot cm^{-2}$。分电流密度 j_x 是目标产物生成时的实际有效电流密度,可通过总电流密度乘以目标产物的 FE 来计算。分电流密度的大小受 CO_2RR 体系中多种因素的影响,如催化剂的导电性、电解池的阻抗、电解液的电导率以及电极表面 CO_2 的浓度等。因此,在控制实验条件一定的情况下,通过比较分电流密度的大小来判断催化剂催化 CO_2 转化的速率快慢才有意义。

（4）能量效率。

系统的能量效率(EE)也称为电压效率,与电池电压和法拉第效率密切相关,可通过下式进行计算:

$$EE = \frac{E_{theory}}{E_{applied}} \times FE \tag{2}$$

其中,E_{theory} 是 CO_2RR 中生成各产物的理论电位,$E_{applied}$ 是实际施加的电位(包括反应所需的理论电位、过电位,以及用于驱动副反应的额外电位;电解池的内阻会导致电压降,从而影响实际施加的电位)。提高能量效率有助于降低 CO_2RR 的总电能输入。到目前为止,仅有少量研究计算了 CO_2RR 体系的能量效率,其与商业化应用所需的 70% 相比,还存在较大的差距。

（5）碳利用率。

碳利用率或单次转化效率可用来计算进入电解槽的碳转化为产品的数量与未转化或作为电荷载体损失的数量,可通过下式进行计算:

$$碳利用率 = \frac{\sum C_X n_X}{n_{CO_2}} \times 100\% \tag{3}$$

其中,C_X 是产物 X 中碳的数量,n_X 是产物 X 的物质的量,n_{CO_2} 是 CO_2 的物质的量。

3. 实验试剂及仪器

1）实验试剂

实验试剂如表 1 所示。

表 1　实验试剂

试　剂	规　格	生 产 厂 家
$CuCl_2 \cdot 2H_2O$	分析纯	国药集团化学试剂有限公司
NaOH	分析纯	国药集团化学试剂有限公司
聚乙烯吡咯烷酮	分析纯	国药集团化学试剂有限公司
去离子水	分析纯	国药集团化学试剂有限公司

试　　剂	规　　格	生　产　厂　家
H_2O_2（30%）	分析纯	国药集团化学试剂有限公司
H_2SO_4	分析纯	国药集团化学试剂有限公司
$KMnO_4$	分析纯	国药集团化学试剂有限公司
CuO	分析纯	国药集团化学试剂有限公司
$KHCO_3$	分析纯	国药集团化学试剂有限公司

2）实验仪器

实验仪器如表 2 所示。

表 2　实验仪器

设　备　名　称	型　　号	生　产　厂　家
热重分析仪	NETZSCH STA 2500	德国 NETZSCH
扫描电子显微镜	Verios460	美国 FEI
电化学工作站	VMP3	法国 Bio-Logic
多功能转靶 X 射线粉晶衍射仪	SmartLab 9 kW	日本 Rigaku
色谱气体分析仪	Micro GC Fusion	瑞士 INFICON

4. 实验方法与步骤

1）材料制备

（1）过氧化铜（CuO_2）及其衍生物的合成。

在含有 0.5 g 聚乙烯吡咯烷酮的 5 mL 0.01 mmol·L^{-1} 的 $CuCl_2$ 水溶液中，加入 5 mL 0.03 mmol·L^{-1} 的 NaOH 溶液，反应得到 $Cu(OH)_2$。随后在强磁力搅拌和 0 ℃ 条件下，逐滴加入 1 mL 30% H_2O_2，反应得到黄褐色的 CuO_2，并在该条件下继续反应 0.5 h。结合"过氧化钙"的实验，采用高温热处理的方式实现对 CuO_2 的转化。以 CuO_2 为前驱体，将其置于管式炉中，在 O_2 气氛下于 300 ℃ 处理 2 h，得到黑色的 CuO。

（2）催化剂定性分析。

在酸性条件（0.01 mol·L^{-1} H_2SO_4）下，CuO_2 和 H_2O_2 可与 $KMnO_4$ 发生氧化还原反应（$5O_2^{2-} + 2MnO_4^- + 16H^+ \rightleftharpoons 2Mn^{2+} + 5O_2\uparrow + 8H_2O$）。因此，可以通过 0.01 mol·$L^{-1}$ 酸性 $KMnO_4$ 溶液的褪色情况，来定性分析实验所制备的 CuO_2 中 O_2^{2-} 的存在。按表 3 进行分析实验，通过计算可得，1 mg CuO_2 中 O_2^{2-} 的物质的量与 10 μL 30% H_2O_2 溶液中 O_2^{2-} 的物质的量相等。

2）性能测试

本实验采用三电极体系进行性能测试，阴极使用负载有催化剂的玻碳电极作为工作电极，阳极使用镀 IrO_2 的 Ti 板作为对电极，饱和的 Hg/Hg_2SO_4 电极作为参比电极。在以

表 3　CuO_2 和 H_2O_2 与酸性 $KMnO_4$ 溶液反应的用量

编　　号	$m(CuO_2)/mg$	$V(H_2O_2)/\mu L$	$V(H_2SO_4)/mL$	$V(KMnO_4)/\mu L$
1	—	—	2	10
2	1	—	2	10
3	2	—	2	10
4	4	—	2	10
5	—	10	2	10
6	—	20	2	10
7	—	40	2	10

$0.1\ mol \cdot L^{-1}$ $KHCO_3$ 为电解液、以碱性膜为聚合物电解质膜的电解池中进行电催化 CO_2RR 测试。在测试前,通 CO_2 气体 10 min 至溶解饱和,使用电化学工作站施加电压进行恒电位测试并实时检测电流,每个电位下的反应时间为 6.5 min,总时间为 58.5 min,并采用在线色谱气体分析仪检测每个恒电位下的气相产物,每一组实验进行三次平行测试。

采用热重分析仪测试升温过程中样品质量变化与温度的关系,以此判断材料内部化学组成的变化。

采用扫描电子显微镜进行表征,电子经过高压电场加速后打到样品表面,以此来观察催化剂的微观形貌。

采用多功能转靶 X 射线粉晶衍射仪进行表征,用以分析催化剂的晶态结构。其光源为 Cu 靶,波长为 1.5406 Å (1 Å=0.1 nm),扫描范围为 $20°\sim50°$。

5. 实验数据记录与处理

(1) 绘制热重分析曲线。

(2) 采用扫描电子显微镜和多功能转靶 X 射线粉晶衍射仪对合成样品的结构和形貌进行分析。

(3) 分别测试 CuO_2、CuO 和商用 CuO 三种催化剂的电化学性能。

6. 注意事项

(1) 在使用试剂时,必须严格遵守安全操作规程,佩戴适当的防护装备,如手套、护目镜、防护服等。

(2) 使用电化学工作站施加电压进行恒电位测试时,应反复多次测量,以确保数据的准确性。

(3) 在进行产物表征和分析时,要确保数据准确和可靠。这需要对仪器进行定期校准和维护,严格按照操作规程进行测试,并对测试数据进行合理的处理和分析。

7. 思考题

(1) 鉴于 CO_2 分子具有化学稳定性,催化剂需要具备哪些特性才能有效活化 CO_2? 从化学键的角度进行分析,催化剂表面应怎样与 CO_2 分子相互作用以促进其还原反应?

（2）如何借助扫描电子显微镜、透射电子显微镜和 X 射线光电子能谱法等常见表征手段来全面评估电催化 CO_2 RR 催化剂的性能?

（3）从产业层面来看,要实现电催化 CO_2 RR 催化剂的大规模生产和应用,需要满足哪些条件?

参考文献

[1] SHAO X J, BIAN Z K, LI B Q, et al. Enhanced mass transport on single-atom Ni-N-C catalysts with hierarchical pore structures for efficient CO_2 electroreduction[J]. Separation and Purification Technology, 2025, 359: 130576.

[2] LIU N, JU W, FRANCKE R. Molecular copper catalysts for electro-reductive homo-coupling of CO_2 towards C_2 compounds[J]. Current Opinion in Electrochemistry, 2025, 49: 101598.

[3] WANG Z L, ABDELSALAM H, TELEB N H, et al. Single-atom catalysts supported by nanographene networks for efficient CO_2 electroreduction: a first-principles study [J]. Surfaces and Interfaces, 2024, 55: 105462.

[4] CAI P W, WENG W T, HAN Y, et al. Boosting multi-carbon products selectivity of carbon dioxide reduction via bifunctional cyclodextrin-modification on copper/copper (I) oxide electrocatalysts[J]. Journal of Colloid and Interface Science, 2025, 680: 453-458.

[5] AKTER T, KUSTER C M, PADOVAN Q A, et al. Highly selective electroreduction of carbon dioxide using defect-driven catalysis[J]. ACS Applied Materials & Interfaces, 2024, 16(48): 66230-66238.

[6] WANG Y W, WANG J J, LIU S, et al. Cerium dioxide-induced abundant Cu^+/Cu^0 sites for electrocatalytic reduction of carbon dioxide to C^{2+} products[J]. ChemSusChem, 2025, 18(7): e202402097.

[7] TAN S T, XIONG Z, XU Z W, et al. Pd-doped tin oxide nanostructured catalysts for electrochemical reduction of carbon dioxide[J]. Electrocatalysis, 2025, 16: 153-161.

[8] LIAO Q, SONG Y J, LI W J, et al. Perspectives of nickel-based catalysts in carbon dioxide electroreduction[J]. Journal of Materials Science & Technology, 2025, 218: 108-125.

[9] RUFFMAN C, STEENBERGEN K G, GASTON N. An atomic-scale explanation for the high selectivity towards carbon dioxide reduction observed on liquid metal catalysts [J]. Angewandte Chemie International Edition, 2024, 63(48): e202407124.

[10] WANG D D, ZHOU J C, CHEN Z Y, et al. Unraveling the role of reducing atmospheres on Fe-Zn-Al catalysts for highly selective carbon dioxide hydrogenation to light olefins[J]. Journal of Alloys and Compounds, 2024, 1009: 176911.

光致发光材料的制备与发光性能测试

1. 实验目的

（1）学习与掌握光致发光材料的制备方法。

（2）了解光致发光材料的发光原理和性能测试手段。

（3）研究制备条件对光致发光材料发光性能的影响。

2. 实验原理

光致发光是指把紫外光、可见光及红外光作为激发源，使材料发光的现象，其主要涉及光吸收、能量传递和光发射三个过程。经过光激发后，电子会获得能量，从基态跃迁到激发态，而电子处于较高能级时不稳定，会重新跃迁回到较低能级或基态以达到稳定状态，由此产生光吸收与光发射现象，而能量传递则是激发态粒子运动的直接结果。

上转换发光材料于 20 世纪 60 年代被发现。随着应用领域的不断拓宽，人们对上转换发光产生了浓厚的研究兴趣。上转换发光材料是一种吸收低能光辐射并发射高能光辐射的发光材料。在长波长光（一般为近红外光）激发下，它能持续释放波长比激发光更短的光。这一非同寻常的现象违背了斯托克斯（Stokes）定律，故被称为反斯托克斯（anti-Stokes）定律，其发光原理涉及双光子或多光子的协同作用。而下转换发光则相反，它遵循斯托克斯定律，即通过短波长的光激发出长波长的光。斯托克斯与反斯托克斯发光过程如图 1 所示。

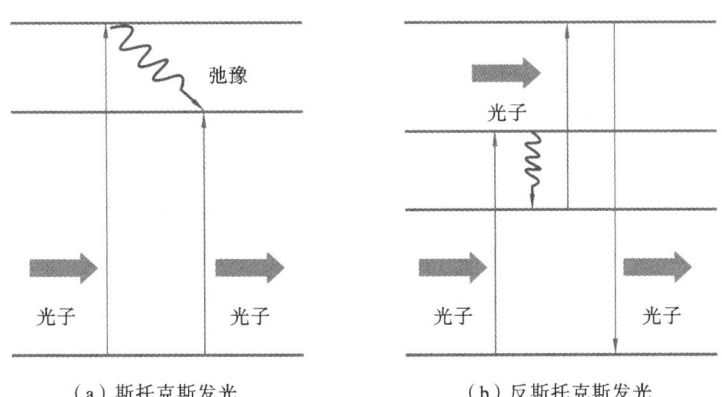

（a）斯托克斯发光　　　　　　　（b）反斯托克斯发光

图 1　斯托克斯和反斯托克斯发光过程示意图

上转换发光材料主要应用于全固态紧凑型激光器件（紫、蓝、绿区域）、上转换荧光粉、三维立体显示、红外量子计数器、温度探测器、生物分子的荧光探针、光学存储材料等领域。

材料科学的不断发展为光致发光材料的制备提供了更多的选择和可能。除了传统的无机荧光粉，如稀土掺杂的氧化物、硫化物等外，近年来有机发光材料、量子点、钙钛矿等新型材料的出现，为光致发光领域注入了新的活力。

综上，光致发光材料在新能源技术中具有重要应用，开发光利用率高的发光材料和器件，对解决未来能源危机和改善生活环境具有重要意义。

1）稀土元素简介

稀土元素具有独特的电子层结构和物理化学性质。稀土离子是光致发光材料中常用的激活剂离子，能够显著提高材料的发光性能。在稀土开采和加工过程中，会产生大量的尾矿和废渣，对环境造成一定的污染。研究从稀土尾矿或其他含稀土废弃物中回收稀土元素，并制备光致发光材料，不仅能够实现稀土资源的二次利用，降低对原生矿的依赖，还能够减少环境污染，符合环保和可持续发展的要求。

稀土元素由 Sc、Y 和 15 种镧系元素（Ln）组成，镧系元素是占据元素周期表第三族和第六周期的一组元素（即 La、Ce、Pr、Nd、Pm、Sm、Eu、Gd、Tb、Dy、Ho、Er、Tm、Yb 和 Lu）。稀土元素具有独特的磁性、光学和催化性能，这使得它们在电子、可再生能源、光学、催化剂等领域有着广泛的应用。稀土离子还能吸收和发射一定波长范围内的光，这使得它们在激光器、荧光灯和其他光学设备中十分受欢迎。

Ln 的电子构型为 $[Xe]4f^n5s^25p^65d^{0,1}6s^2$（$n = 0 \sim 14$）。在类似的 $4f^{n-1}5d^16s^2$（La，Ce，Gd，Lu）或 $4f^n6s^2$（其余镧系元素）电子构型中，稀土的 6s 轨道上的两个电子和 5d/4f 轨道上的一个电子相对容易丢失。因此，稀土离子表现出稳定的三价离子态。从 La^{3+} 到 Lu^{3+} 的三价镧系离子具有相同的构型 $[Xe]4f^{n-1}$，在整个镧系中离子半径呈现出规律性的减小趋势（见图 2）。

稀土离子的发光与其电子组态有很大关联。除了 Sc（21 号）和 Y（39 号）外，其余 15 个稀土元素具有 $[Xe]4f^n5d^{0,1}6s^2$（$n = 0 \sim 14$）的电子组态。具有未成对电子的稀土离子如 Eu^{3+} 可以发生 f-f 跃迁，Eu^{2+} 可以发生 f-d 跃迁，从而产生荧光或激光，因此这类稀土离子通常可以作为发光材料的激活剂。在光谱学方面，Eu^{3+} 的光学性质主要源于 4f-4f 构型内的电子跃迁。然而，这种跃迁是被 Laporte 规则所禁止的，所以 Eu^{3+} 的激发和发射谱线大多为锐线，并且谱线丰富、色纯度高。由于 Eu^{3+} 的 4f 轨道电子被外层 5s 轨道和 5p 轨道的电子所屏蔽，因此 Eu^{3+} 的 4f-4f 跃迁不容易受到晶体场环境和温度的影响，其发射光谱比较稳定，浓度猝灭小，热稳定性好。而 Eu^{2+}（$4f^65d^1$）的 5d 轨道没有被屏蔽，其 4f-5d 跃迁的特点是带宽更宽，寿命短（为数十纳秒），理论激子利用率高达 100%。另外，Eu^{2+} 的光学性质受配位环境的影响显著，可通过基质选择和温度变化来调节，由于 4f-5d 电子跃迁的允许性质，Eu^{2+} 可以表现出更强的吸收和更亮的发射。

与传统的光学探针（如有机染料、量子点和碳纳米管）相比，镧系元素表现出独特的性能。稀土纳米颗粒呈现出以毫秒为单位的长发光寿命，除此之外，它还具有大的斯托克斯/反斯托克斯位移、低毒性、优异的化学稳定性、良好的生物相容性、深层组织穿透性以及高抗光漂白和闪烁性的优点。

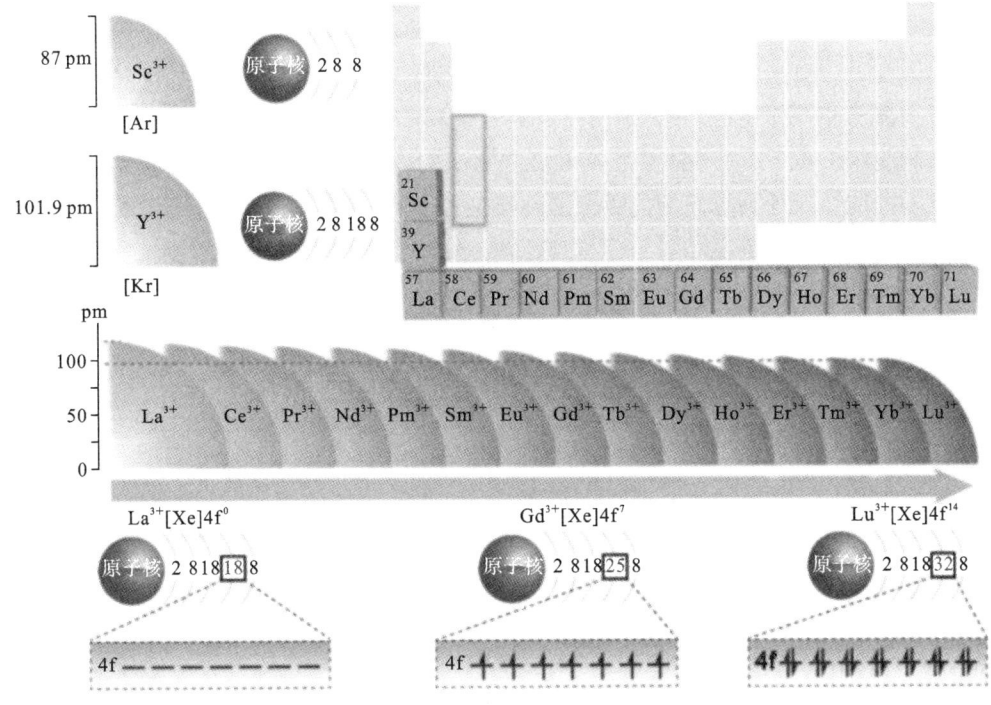

图 2　稀土离子半径和电子构型

2）稀土离子掺杂的发光机理

（1）上转换发光。

上转换发光（UCL）是低能光子（如近红外光）通过连续的多光子吸收和能量转移，产生高能光子（如紫外线和可见光）的过程。稀土上转换纳米粒子（UCNPs）的发光具有发射光谱带窄、寿命长、反斯托克斯位移大、光稳定性好等优点。与短波光源的直接照射相比，使用UCNPs 转换近红外光可以实现深穿透、高空间分辨率和低自身荧光特性。上转换发光材料在显示和探测方面具有广阔的应用前景。例如，通过将上转换发光材料和三维调制相结合，可裸眼直接观察到彩色三维图形，从而实现真正意义上的立体三维彩色显示。

目前，已经进行了一些研究来阐明 UCL 机制。UCL 机制大致可分为五类：激发态吸收（ESA）、能量转移上转换（ETU）、光子雪崩（PA）、能量迁移介导上转换（EMU）和协同能量转移（CET）。

① 激发态吸收。

ESA 是 UCL 最常见的机制，它的特征是激活剂离子通过连续的多光子吸收从基态能级跃迁到更高能级，最终发射出高能光子。在此条件下，UCL 的强度与泵浦功率的 n 次幂成正比，其中 n 为激发过程中被激活剂离子吸收的泵浦光子数。稀土离子浓度对材料中的 ESA 过程并无影响，提高激发功率和增大吸收截面可以增强激发态吸收。ESA 主要存在于 Er^{3+}、Tm^{3+}、Ho^{3+}、Nd^{3+} 等单掺杂 UCL 且具有梯次型能级特征的体系中，如图 3所示。

② 能量转移上转换。

ETU(见图4)的类型与能量转移的类型密切相关,能量转移可以发生在相同或不同的离子之间。在一个典型ETU系统中,一个敏化剂离子被外部光源激发,与满足能量匹配要求的激活剂离子相互作用后,敏化剂离子将其能量转移给激活剂离子,从而将激活剂离子激发到更高的能级。然后,敏化剂离子以无辐射弛豫模式返回基态。被激发的激活剂离子可以接收额外的能量跃迁到更高的能级。这种类型的ETU被称为连续能量传输。

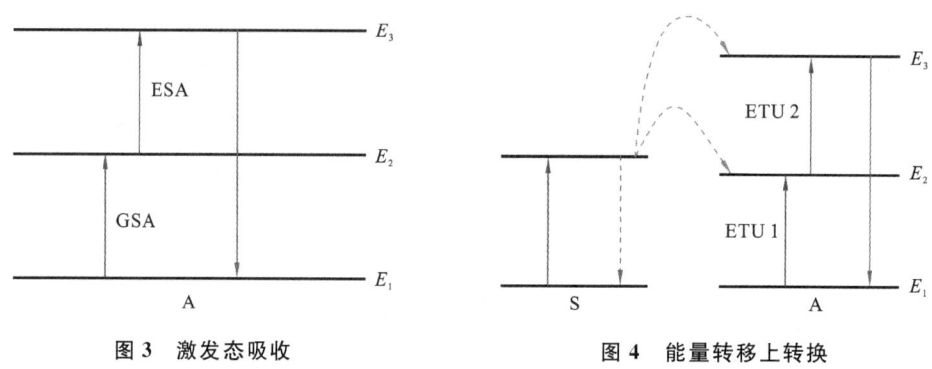

图3　激发态吸收　　　　　　　　　　　图4　能量转移上转换

③ 光子雪崩。

由于其明显的功率依赖性,PA在大多数情况下不会发生。具体来说,同一离子(既是敏化剂,也是激活剂)在两个能级之间的交叉弛豫会导致中间激发能级被占据,处于这些能级中的离子如雪崩般增加,因此被称为PA。PA表现出明显的泵浦功率依赖性,在泵浦功率阈值以下,光强明显增强,泵浦光被强烈吸收。PA过程取决于激发态中离子的积累。因此,只有当离子掺杂浓度足够高时,才可能出现显著的PA(见图5)。

④ 能量迁移介导上转换。

与上述机制相比,EMU(见图6)包含两个额外的传递部分:蓄能过程和迁移过程。首先在合适的波长下激发敏化剂,敏化剂将能量转移给蓄能离子(AC),蓄能离子将吸收的能量用于激发自身到更高的能级。然后迁移剂(M)捕获从蓄能剂转移来的能量,并最终将能量转移给激活剂离子。迁移剂在确保EMU中的长距离能量传递方面起着至关重要的作用,特别是在核-多壳结构中。Gd^{3+}和Yb^{3+}常被用作迁移剂。

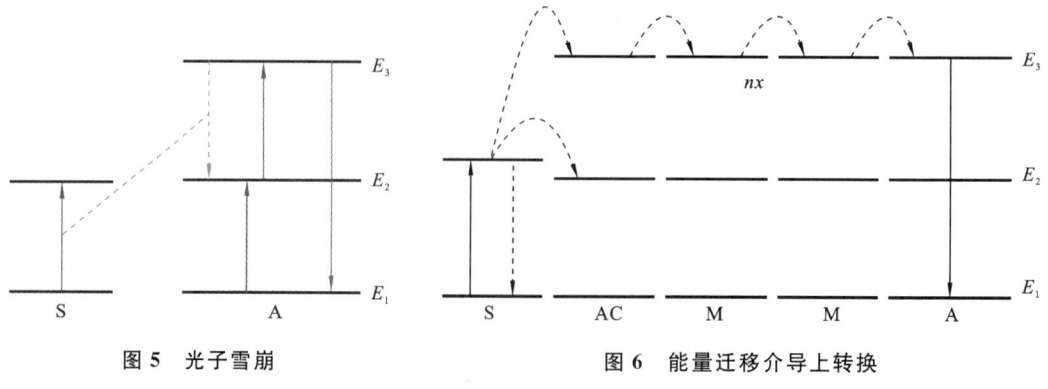

图5　光子雪崩　　　　　　　　　　　图6　能量迁移介导上转换

⑤ 协同能量转移。

CET(见图 7)只发生在少数上转换系统中。该过程可视为三个离子之间的相互作用。能量从处于同一激发态的两个离子同时转移到基态,导致剩余离子跃迁到更高的能级。与传统 ETU 不同的是,在虚拟中间能级的帮助下 CET 中的激活剂离子实现了 UCL。

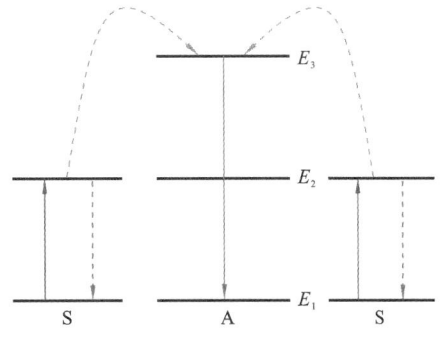

图 7 协同能量转移

(2) 下转换发光。

下转换发光(DCL)是与上转换发光相反的过程,指的是吸收一个高能光子并发射两个或多个低能光子的现象,因此,它也被称为量子切割。1957 年,Dexter 提出一个概念,即如果两个受体同时从同一个供体获得一半的能量,就可以获得超过 100% 的量子效率。在 185 nm 的真空紫外光激发下,Pr^{3+} 从基态跃迁到 5d 能级,然后弛豫到 $^1S_0$ 能级,通过 $^1S_0 \longrightarrow {}^3P_2$、$^1I_6$ 跃迁发射,产生波长为 400 nm 的第一个光子;随后,从 $^1I_6$ 弛豫到 $^3P_0$ 能级,通过 $^3P_0 \longrightarrow {}^3F_J$、$^3H_J$ 跃迁发射,产生第二个可见光子。由于量子切割效应,该系统的量子效率可达 140%。

DCL 可以使用单个离子或两个离子来实现(见图 8)。一个稀土离子吸收一个高能光子后被激发到更高的能级,之后跃迁到其他较低的能级,释放不同波长的光子。当两个稀土离子相互作用时,其中一个充当敏化剂,另一个充当激活剂。敏化剂被外部光源激发到更高的能级,在它和激活剂之间会发生交叉弛豫,使激活剂离子从基态跃迁到激发态。随后,激活剂离子通过辐射跃迁返回基态并发射低能光子。敏化剂返回到能量较低的激发态,此时有两种可能情况:敏化剂再次将能量转移给邻近的激活剂离子,重复之前的步骤;敏化剂经历从激发态返回基态的直接辐射跃迁,伴随光子发射。此外,敏化剂在直接跃迁回较低激发态后可发射低能光子,随后与激活剂离子进行能量转移,激活剂离子第二次发射光子。

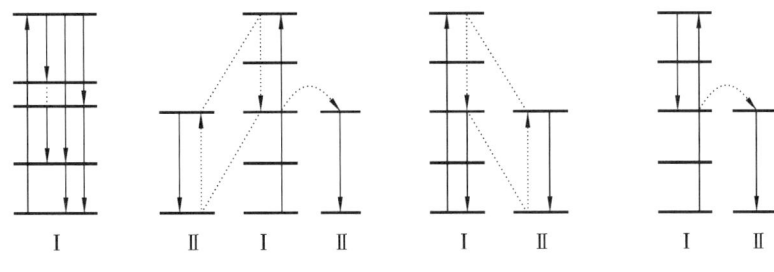

图 8 下转换机制概念图

3) 光致发光材料性能的评价方法

光致发光材料的性能一般与发光效率、光谱特性、发光寿命等方面相关。

(1) 发光效率:包括量子产率(是指材料发射的光子数与吸收的光子数之比,可分为内量子产率和外量子产率)和发光强度(是指单位时间内材料发射的光子数量,通常用光度计或光谱仪等仪器进行测量)。发光强度与材料的量子产率、吸收系数、浓度等因素有关,可用于比较不同材料在相同激发条件下的发光性能。一般来说,发光强度越大,材料的发光性能越好,但需要注意的是,发光强度还可能受激发光强度、测量距离等因素影响。

（2）光谱特性:包括发射光谱(是指材料在光激发下发射的光的波长分布,通过光谱仪测量得到)和激发光谱(是指材料在不同波长的光激发下产生发光的强度分布,用于确定材料的最佳激发波长)。发射光谱的形状、峰位置和半峰宽等参数可以反映材料的发光中心、能级结构和跃迁特性等信息。激发光谱的峰位置和形状与材料的吸收光谱密切相关,通过测量激发光谱可以选择合适的激发光源,以提高材料的发光效率。一般来说,激发光谱的峰位置与材料的吸收带边相对应,即材料对该波长的光吸收最强,从而产生最有效的激发。

（3）发光寿命:包括荧光寿命(是指荧光材料在激发光停止照射后,荧光强度衰减到初始强度所需的时间)和磷光寿命(对于磷光材料,其寿命通常比荧光寿命长得多,可从毫秒到秒甚至更长时间)。荧光寿命反映了荧光材料的激发态寿命和发光动力学过程,这与材料的结构、能级跃迁速率等因素有关。磷光寿命的测量对于研究磷光材料的长余辉特性和应用具有重要意义,比如在夜光材料、防伪材料等领域的应用。磷光寿命取决于材料的陷阱深度、能级结构和环境因素等,通过调节这些因素可以控制磷光材料的发光寿命和余辉性能。

3. 实验试剂及仪器

1）实验试剂

实验试剂如表 1 所示。

表 1　实验试剂

主 要 试 剂	纯 度	生 产 厂 家
二水合氯化亚锡	分析纯	国药集团化学试剂有限公司
六水合硝酸铈	99.99%	国药集团化学试剂有限公司
五水合硝酸铕	分析纯	上海麦克林生化科技股份有限公司
十六烷基三甲基溴化铵	分析纯	上海麦克林生化科技股份有限公司
间苯二酚	分析纯	上海麦克林生化科技股份有限公司
37%(质量分数)甲醛溶液	分析纯	上海麦克林生化科技股份有限公司
正硅酸四乙酯	分析纯	上海阿拉丁生化科技股份有限公司
氟化铵	分析纯	国药集团化学试剂有限公司
乙醇	分析纯	国药集团化学试剂有限公司
氨水	分析纯	国药集团化学试剂有限公司

2）实验仪器

实验仪器如表 2 所示。

表 2　实验仪器

设 备 名 称	型 号	生 产 厂 家
电子天平	FA2004B	上海赫尔普国际贸易有限公司
电热鼓风干燥箱	DHG-9075AE	上海捷呈实验仪器有限公司

设 备 名 称	型　　号	生 产 厂 家
马弗炉	STM-3-12	河南三特炉业科技有限公司
离心机	JIDI-5RH	广州吉迪仪器有限公司
超声波清洗器	BKE-1030	杭州博可超声波设备有限公司
恒温磁力搅拌器	MS-S	大龙兴创实验仪器(北京)股份公司

4. 实验方法与步骤

1) 材料制备

以 $SnCl_2 \cdot 2H_2O$ 和 $Ce(NO_3)_3 \cdot 6H_2O$ 为前驱体金属材料,采用化学沉淀法合成了不同浓度 Ce 掺杂的 SnO_2 纳米颗粒。

(1) $SnCl_2 \cdot 2H_2O$ 的含量维持在 6 mmol,以固定原子比例 Ce/(Sn+Ce) 分别为 0、3%、6%、9%、12%)称取 $Ce(NO_3)_3 \cdot 6H_2O$ 后,分别溶解在 70 mL 和 30 mL 去离子水中。对上述两种溶液分别进行 10 min 的磁力搅拌后,将 $Ce(NO_3)_3$ 溶液缓慢加入 $SnCl_2$ 溶液中,然后进行 1 h 的超声处理。

(2) 在两种溶液混合过程中,以 1 mL/mL 的速度滴加氢氧化铵溶液使溶液碱化,控制 $Sn(OH)_2$ 白色絮凝沉淀物缓慢形成,直到溶液 pH 值为 9。将混合溶液置于 60 ℃ 的水浴中搅拌 3 h。将离心收集的沉淀物用去离子水和乙醇交替反复洗涤,以去除其他杂质,如 Cl^-。

(3) 将样品在 60 ℃ 下干燥 12 h,然后研磨并在 550 ℃ 的马弗炉中加热 3 h。为提高样品的结晶度,退火时升温过程采用缓慢加热的方式,加热速率设置为 2 ℃·min^{-1}。退火后,得到了不同浓度的 Ce 掺杂 SnO_2 纳米颗粒。

2) 性能测试

采用岛津系列紫外-可见分光光度计(UV-2600)在 200～800 nm 范围内对粉末样品进行漫反射光谱的测量,并将其转换为吸收谱。测量过程中以硫酸钡粉末为参考。样品的荧光光谱由配备 450 W Xe 灯的 FLS-1000 荧光光谱仪获得。对纯 SnO_2 样品在多个激发波长下进行激发,通过选择适当波长的发射光谱获取激发光谱。由激发光谱确定的最佳激发波长为 350 nm,并在该激发波长下测量了掺杂样品的发射光谱。所有测量均在室温下进行。

5. 实验数据记录与处理

(1) 记录荧光光谱仪测量的发射峰位置,该位置通常以波长或能量表示。

(2) 记录荧光光谱仪测量的发射峰强度(采用相对单位或绝对单位),以此反映材料的发光效率。

(3) 记录荧光光谱仪测量的半峰宽。

6. 注意事项

(1) 在称量和量取试剂时,需使用精度合适的天平或量具,并严格依照实验要求进行操作,以确保所加入试剂的量准确无误。

(2) 实验人员应佩戴好相应的个人防护用品,如防护眼镜、手套、口罩等,以保护眼睛、皮肤和呼吸道免受伤害。

(3) 在整个实验过程中,要防止杂质的引入,保持实验环境和仪器设备的清洁。所使用的玻璃仪器需经过清洗和干燥处理,避免残留杂质对实验产生干扰。

7. 思考题

(1) 实验所选用的原料对最终光致发光材料的性能有哪些关键影响? 如果替换其中一种主要原料,材料的发光特性可能会发生怎样的变化?

(2) 利用荧光光谱仪对材料进行表征时,发射峰的位置、强度和半峰宽分别反映了材料的哪些性质? 如果发射峰出现宽化现象,可能的原因有哪些?

(3) 材料的晶体结构与光致发光性能之间存在怎样的内在联系? 通过 X 射线衍射分析得到的晶体结构信息如何有助于解释材料的发光机制?

参考文献

[1] FAROOQ M, RAFIQ H, RASOOL M H, et al. Optical and photoluminescence properties of trivalent rare earth ions doped $LiMgPO_4$ [J]. Physica Scripta, 2024, 99 (5): 055978.

[2] JIN Y J, WANG S F, ZHANG Y Y, et al. Rare earth ions (Er, Ho and Sm) regulate the optical and photoluminescence properties of $CaAl_{12}O_{19}$: performance prediction and anti-counterfeiting application[J]. Ceramics International, 2024, 50(9): 16096-16110.

[3] MAZLAN M, WINIE T, SAZALI E S, et al. Raman, Judd-Ofelt, and photoluminescence analysis of Ho^{3+}/Yb^{3+}-doped borotellurite glasses for potential laser applications [J]. Materials Today Communications, 2024, 41: 110971.

[4] MAO K Y, LIU X Y, YAN Y, et al. Sustained photoluminescence of porous silicon is enhanced by efficient oxidation with a stable and moderate tris buffer solution[J]. Inorganic Chemistry Communications, 2025, 171: 113446.

[5] WAN Z W, TANG W J, YOU Q L, et al. Charge compensating effect of rare earth ions Ln^{3+}(Ln= Y, La) on the photoluminescence improvement of $Sr_9MgK(PO_4)_7$: Eu^{2+} phosphor[J]. Journal of Luminescence, 2022, 244: 118746.

[6] LU H Y, LU Y, LIN D F, et al. Giant thermal enhancement of upconversion photoluminescence in $Y_2W_3O_{12}$: Nd phosphor under 808 nm excitation[J]. Ceramics International, 2024, 50(23): 51733-51737.

[7] DOS SANTOS D E T, TORQUATO A, BARBOSA I V, et al. Temperature dependent photoluminescence properties of a $Y_2Ge_2O_7$: Tb^{3+} phosphors. A dual band ratiometric luminescent thermometer [J]. Journal of Alloys and Compounds, 2025, 1010: 177444.

［8］ ADIMULE V，SHARMA K，SHARMA V，et al. Influence of core fluorination on the phase properties of fan-like azobenzene based supramolecules，their cis-trans photoisomerization and photoluminescence dynamics［J］. Materials Chemistry and Physics，2025，329：130140.

［9］ YAO J D，WANG H Y，WU J，et al. Boosting photoluminescence of rare-earth-based double perovskites by isoelectronic doping of ns^2 metal ions［J］. Small，2025，21（1）：e2405724.

［10］ REN P R，YANG J，LIU Y L，et al. Modulation of photoluminescence properties by poling and quenching strategy in rare earth ions doped $Na_{1/2}Bi_{1/2}TiO_3$-based ceramics［J］. Chemical Engineering Journal，2024，490：151577.

［11］ LIU X X，LU L P，ZHU M L. Design and synthesis of a stable multifunctional photoluminescence sensing material for rare earth ions from a 2D undulating Cd-coordination polymer［J］. Sensors and Actuators B：Chemical，2021，347：130641.

热电/铁电材料复合薄膜的制备与性能测试

1. 实验目的

（1）掌握热电/铁电材料复合薄膜的制备工艺。

（2）理解热电/铁电材料复合薄膜的基本特性和关键参数，掌握热电性能与铁电性能测试方法及仪器操作。

（3）测试热电/铁电材料复合薄膜的塞贝克系数、电导率、功率因子、电滞回线、d_{33} 压电系数等关键参数，并分析其热电性能。

2. 实验原理

随着半导体和微电子技术的快速发展，在 5G/6G 时代，海量微电子元器件和电子设备的功能越来越复杂，集成电路芯片的集成度急剧提高，物理尺寸越来越小，总功率密度不断增长，导致功耗和发热密度越来越大。集成电路芯片的局域热流密度高达 1000 W·cm^{-2}，远远超过了现有风冷和水冷等传统散热方式的冷却极限（～10 W·cm^{-2}），高功率密度微电子元器件和设备的散热问题日益严峻。近年来，微流体冷却技术被视为潜在的散热方案，但该技术涉及液态冷却介质和复杂的制造工艺，成本高、可靠性低。

热电技术是一种利用热电材料的全固态能量转换技术，能够直接将热能转化为电能，反之亦然。具体来说，热能向电能的转换依靠塞贝克（Seebeck）效应，用于发电；而电能向热能的转换则基于帕尔贴（Peltier）效应，主要用于制冷或散热。图 1 列出了 2020 年以前具有代表性的热电材料体系及其 ZT 峰值。分析这一条数据曲线，我们可以观察到一个阶梯状的增长趋势，这对应着两个快速的发展期。

第一个快速发展期得益于半导体物理学的进步，在这一时期，窄禁带半导体被认定为优异的热电材料。基于这一理论，研究者们开发了碲化铋（Bi_2Te_3）、碲化铅（PbTe）以及硅锗（Si/Ge）合金等典型的热电材料体系，其 ZT

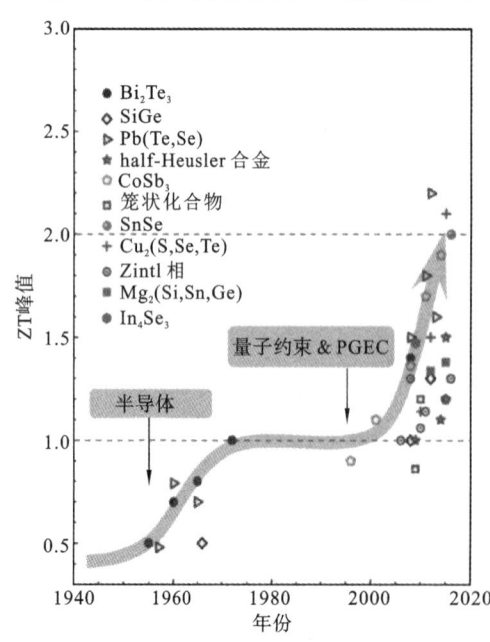

图 1　典型热电材料的 ZT 峰值

峰值相较于金属提升了约 10 倍，达到 1.0 左右。而第二个发展阶段始于 20 世纪 90 年代中期，这一阶段的进展主要归功于 Hicks 和 Dresselhaus 提出的量子约束理论以及 Slack 提出的"声子玻璃-电子晶体（PGEC）"的热电材料研究范式。在这些理论的推动下，诞生了半-休斯勒（half-Heusler）合金、津特耳相（Zintl phases）、笼状化合物（clathrates）和硒化锡（SnSe）等新型高性能热电材料。这些材料的 ZT 峰值相较于前一时期又提高了近一倍，正式开启了热电材料的"2.0 时代"。

基于帕尔贴效应的全固态热电制冷器件具有结构紧凑、无运动部件、可靠性高、制冷迅速和控温精准等优点，已在电子元器件和设备的温控领域得到广泛应用。热电材料中的帕尔贴效应可以直接将电能转换为热能，实现热电制冷或者制热，也称作热能泵浦。如图 2 所示，当 n 型和 p 型半导体构成回路且有电流通过时，除了因电阻损耗而产生的焦耳热之外，在连接点处会产生温差，并分别出现吸收和释放热量的现象，形成与电流方向相关的热端与冷端。

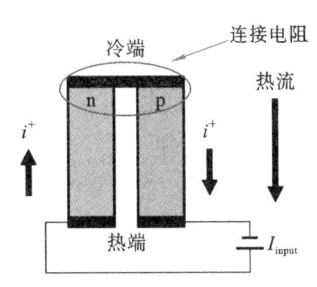

图 2　帕尔贴效应原理图

其中，填充率高和短臂长的薄膜制冷器件的最大制冷量远高于块体器件，且具有轻质便捷、更易与微电子器件集成等优点，受到了广泛关注。然而，当前薄膜材料的热电性能仍较低，商用薄膜热电制冷器件还不能满足高功率密度微电子器件和设备的高效散热需求。因此，高性能薄膜制冷材料的研究和开发将为 5G/6G 时代中高功率密度微电子器件和设备的高效散热发挥重要支撑作用。

最早的铁电材料（罗息盐，即四水合酒石酸钾钠）于 1920 年由 Joseph Valashek 发现。当他把这种材料放在电场中时，注意到了极化强度的变化。随后，与铁电材料相关的研究进展缓慢，在第二次世界大战期间，钛酸钡（BaTiO$_3$）这一铁电材料的发现，才真正推动了该领域的发展。与罗息盐不同，钛酸钡材料不溶于水，在室温下化学性质稳定，具有优良的电学性质和力学性能，因此钛酸钡成为制造高能量密度电容器的理想材料。在接下来的几年中，新的现象学理论不断被确定，从而能够用更准确的理论来描述铁电材料，并推动了铁电材料的实际应用。到了 20 世纪 60 年代，铁电薄膜开始用于制造非易失性存储器，并且铁电体（尤其是薄膜）在存储器、射频和微波器件、热电和压电传感器与驱动器中得到了广泛应用。

铁电体具有自发极化的特性，在施加外电场后，自发极化的方向会转向为外电场的方向，这种特性称为铁电性，表现出铁电性的材料属于铁电体。在铁电体从低温加热到高温的过程中，会伴随着低对称铁电相到高对称顺电相的转变，发生转变的温度被称为居里温度 T_c。铁电体在发生相变时伴随着介电峰异常，介电常数 ε 在 T_c 下达到最大值，温度高于 T_c 时 ε 与 T 服从居里-外斯定律：

$$\varepsilon = \frac{C}{T - T_c} \tag{1}$$

其中，C 为居里常数。

两种典型的铁电结构包括氢键结构和钙钛矿结构，如图 3（a）和（b）所示。PbZrTiO$_3$

（PZT）基铁电材料因存在准同型相界（MPB）而表现出优异的铁电性能。然而，含铅材料在长期使用过程中，不仅对人体健康有害，也对环境造成负面影响。因此，$BaTiO_3$（BTO）、$BiFeO_3$（BFO）和$KNaNbO_3$（KNN）等无铅铁电材料引起了研究人员的关注。除上述无机材料外，聚偏二氟乙烯（PVDF）是一种铁电聚合物，广泛应用于可穿戴和可折叠电子等柔性器件。铁电材料也常与铁电或非铁电材料结合，形成复合材料和多层结构，以优化其性能和能量收集性能。例如，$K_{0.5}Na_{0.5}NbO_3$-$BaTiO_3$/PVDF 复合材料和 $PbZr_{0.53}Ti_{0.47}O_3$/$CoFe_2O_4$ 多层结构，这些材料被设计成微纳尺度的结构以获得更好的性能，如薄膜、纳米棒、纳米线和多孔陶瓷。图 3（c）所示为钙钛矿 $Pb(Mg_{1/3}Nb_{2/3})O_3$-$PbTiO_3$ 在[111]晶体方向上的菱形相自发极化示意图。B 位的 Mg/Nb/Ti 离子沿 8 个同价[111]晶体方向随机移动，正离子的移动使相反电荷的中心错位，从而产生沿[111]方向的偶极矩。铁电体的极化方向可以通过外电场进行切换，极化-电场（P-E）回路如图 3（d）所示，该图展示了极化重定向和铁电滞后的过程。

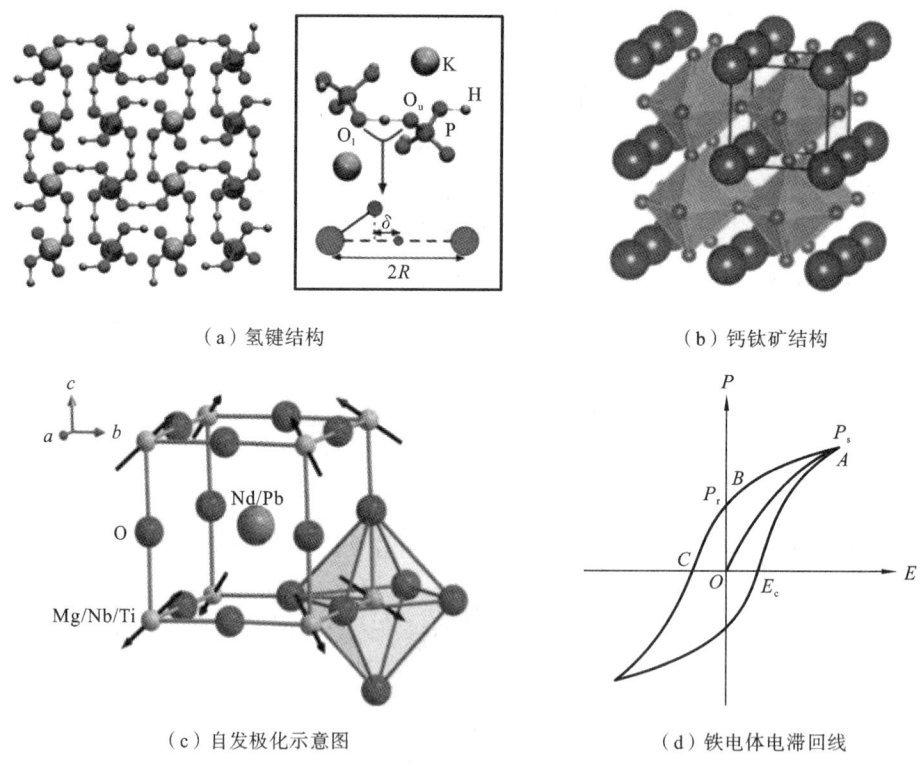

（a）氢键结构　　　　　　　　　　　　（b）钙钛矿结构

（c）自发极化示意图　　　　　　　　　　（d）铁电体电滞回线

图 3　铁电体结构与自发极化

铁电材料具有自发极化特性，且其极化状态可在外电场作用下实现原位、动态、可逆和非易失的改变，因此，铁电材料可作为一种有效的功能基元。通过与热电材料的多种物理参量耦合，铁电材料能够为热电材料的电热输运性能调控提供丰富的自由度，从而实现制冷性能的显著提升。

1）热电/铁电材料复合薄膜的结构与工作原理

热电/铁电材料复合薄膜的结构主要分为热电层和铁电层。热电层采用室温热电性能优异的碲化铋(Bi_2Te_3)基热电材料,它是目前唯一被商业化应用的热电材料体系,由于在中低温区表现出优异的热电性能,广泛应用于近室温制冷与低品位温差发电领域。其中 p 型材料主要包括 $Bi_{0.5}Sb_{1.5}Te_3$(BST)与 Sb_2Te_3(ST),n 型材料主要使用 $Bi_2Te_{2.7}Se_{0.5}$(BTS)。铁电层采用具有自发极化效应且极化方向可以随外电场改变的铁电体,具有铁电性,其厚度为数十纳米至数微米的薄膜材料被称为铁电薄膜材料。铁电材料主要包括无机的钛酸盐系、铌酸盐系和锆酸盐系三类以及有机聚合物,如 PVDF、PVDF-TrFE。目前,广为研究的铁电薄膜材料有 $PbTiO_3$(PT)、$PbZr_{0.52}Ti_{0.48}O_3$(PZT)、$LiNbO_3$、$BaTiO_3$ 等。在现有的铁电薄膜材料中,PZT 与 PVDF-TrFE 分别是使用较多的无机和有机铁电材料。

热电薄膜材料的制备方法包括磁控溅射法、化学气相沉积法、分子束外延法、丝网印刷法、喷墨打印法等,其中丝网印刷法具有成本低、工艺简单、柔性优异的优点。铁电薄膜材料的制备方法包括磁控溅射法、溶胶凝胶法、化学气相沉积法、流延法等,其中流延法主要用于制备有机铁电薄膜和有机-无机铁电复合薄膜,其制备流程简单,并且能够得到柔性铁电薄膜。本实验中热电层采用丝网印刷法制备而成,铁电层采用流延法制备而成。

热电/铁电材料复合薄膜工作示意图如图 4 所示,其中铁电层材料采用的是 PZT,热电层材料采用的是 BST。由于 PZT 具有自发极化效应,且极化方向会随外电场方向的改变而改变。当施加一个方向向上的外电场时,PZT 中偶极子会发生定向排列,形成偶极矩,此时PZT 的上表面会产生极化感生电荷(此处为电子),这些电子在 PZT 和 BST 的界面处注入并积累在 BST 层中。这种注入和积累行为导致 BST 层中的空穴载流子浓度降低,从而使BST 层的电导率相应减小。同理,当施加一个方向向下的外电场时,PZT 上表面感生出空穴,这些空穴在界面处注入并积累在 BST 层中,导致 BST 层载流子浓度增大,从而使电导率相应增大。

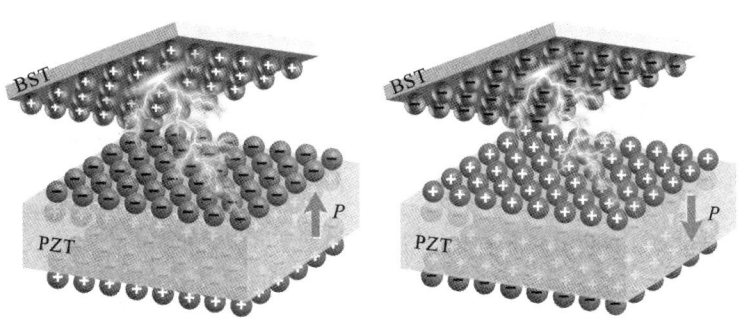

图 4　热电/铁电材料复合薄膜工作示意图

2)热电/铁电材料复合薄膜热电性能的评价方法

在 20 世纪,苏联物理学家 Abram F. Ioffe 提出了描述热电材料性能的指标,即热电优值(ZT):

$$ZT = \frac{S^2\sigma}{\kappa}T \tag{2}$$

ZT 值越高,热电材料的热电性能就越好,制备得到的热电器件的能量转换效率也越高。为了提高 ZT 值,需要高的塞贝克系数(绝对值)、高的电导率和低的热导率。高的塞贝克系数和电导率能保证载流子具有较高的热电转换效率,同时高的电导率可以防止载流子在整个材料中发生散射而产生热量,低的热导率有助于热电材料保持合适的温度梯度,防止在热端和冷端之间产生大量的热回流。对于热电材料,其塞贝克系数、电导率和热导率的计算公式如下:

$$S = \frac{8\pi^2 k_B^2}{3eh^2} m^* T \left(\frac{\pi}{3n}\right)^{\frac{2}{3}} \tag{3}$$

$$\sigma = ne\mu \tag{4}$$

$$\kappa = \kappa_e + \kappa_l \tag{5}$$

$$\kappa_e = ne\mu LT \tag{6}$$

$$\kappa_l = \frac{1}{3} C_v v_s l \tag{7}$$

其中,k_B、e、T、n、μ、h、m^*、L、C_v、v_s 和 l 分别代表玻尔兹曼常数(1.38×10^{-23} J·K^{-1})、电子电荷、绝对温度、载流子浓度、载流子迁移率、普朗克常数、载流子有效质量、洛伦兹常数、定容比热容、声子的运动速度和声子的平均自由程。此外,热电性能除了可以用 ZT 值衡量之外,对于一些不易测量热导率的材料,比如沉积在基底上的纯无机热电材料,还可以通过功率因子(PF)来衡量。PF 的计算公式如下:

$$PF = S^2 \sigma \tag{8}$$

为评估铁电材料极化后的偶极矩大小,通过测试其电滞回线来确定其剩余极化强度。剩余极化强度越高,其产生的感生电荷量越大。本实验中,采用霍尔效应仪(见图5)测量热电材料的电导率;采用便携式热电参数测试仪(见图6)测量热电材料的塞贝克系数;采用高精度铁电分析仪(见图7)测量铁电材料的电滞回线。

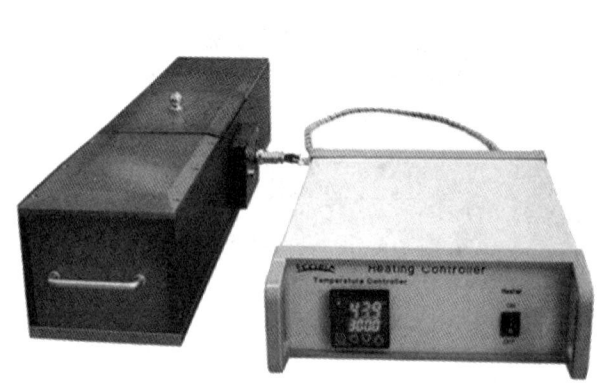 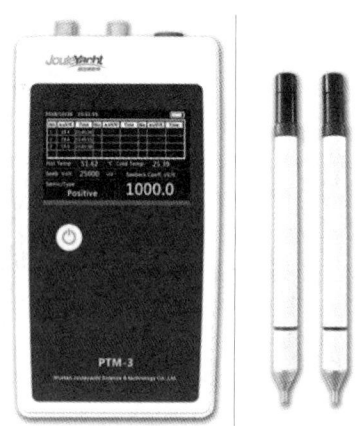

图5　霍尔效应仪　　　　　　图6　便携式热电参数测试仪

3. 实验试剂及仪器

1)实验试剂

铜片、p 型碲化铋($Bi_{0.5}Sb_{1.5}Te_3$)、聚乙烯吡咯烷酮(PVP)、α-松油醇、锆钛酸铅

图 7 高精度铁电分析仪

$(PbZr_{0.52}Ti_{0.48}O_3,PZT)$、PVDF-TrFE、二甲基甲酰胺(DMF)。

2)实验仪器

行星球磨机、丝网印刷机、液压机、真空干燥箱、高温管式炉、磁力搅拌器、超声分散仪、高温油浴极化仪。

4.实验方法与步骤

1)材料制备

(1) PZT/PVDF-TrFE 铁电层制备。

将 PVDF-TrFE 加入 DMF 溶剂中,在 60 ℃下搅拌 1 h,得到 PVDF-TrFE 溶液。随后按 PZT 质量:PVDF-TrFE 质量=9:1 的比例将 PZT 粉末加入 PVDF-TrFE 溶液中,在室温下搅拌 1 h 并超声分散 30 min,得到 PZT/PVDF-TrFE 浆料。将适量 PZT/PVDF-TrFE 浆料倾倒在铜片上,通过自然流平得到平整的湿膜,随后放入真空干燥箱中,在 110 ℃下干燥 30 min。

(2) BST/PVP 热电层制备。

将 BST 粉末在 250 r/min 的转速下进行行星球磨 10 h,得到小粒径的 BST 粉末。往 0.1 g PVP 中加入 0.75 g α-松油醇,在 60 ℃下搅拌 1 h,随后缓慢加入 4.0 g BST 粉末,并在室温下搅拌 3 h,得到 BST/PVP 浆料。取适量制备好的 BST/PVP 浆料置于丝印网板上方,调整好刮刀的使用力度和角度后,将 BST/PVP 浆料印刷到 PZT/PVDF-TrFE 铁电层上方,把湿膜放入真空干燥箱中,在 100 ℃下保温 30 min,以除去有机溶剂,随后在 24 MPa 的压力下进行冷压处理,得到致密的热电/铁电材料复合薄膜。最后将该复合薄膜放入高温管式炉中,在氮气氛围下于 350 ℃保温 4 h,以除去其中大部分的有机物。

(3) PZT/PVDF-TrFE 铁电层极化处理。

将制备得到的热电/铁电材料复合薄膜浸入甲基硅油中,以铜基底和 BST 作为铁电层两侧的电极。在 120 ℃下施加不同大小的极化电压,持续 20 min。随后移除电压,将样品冷却至室温。

2）热电制冷器件组装

如图8所示，采用与上述相同的方法，在 PZT/PVDF-TrFE 铁电层上方制备 n 型碲化铋热电层。将得到的两种热电/铁电材料复合薄膜，通过聚酰亚胺胶带固定在玻璃板上，用导线通过焊接的方式将 p 型碲化铋与 n 型碲化铋串联起来，从而得到热电制冷器件。

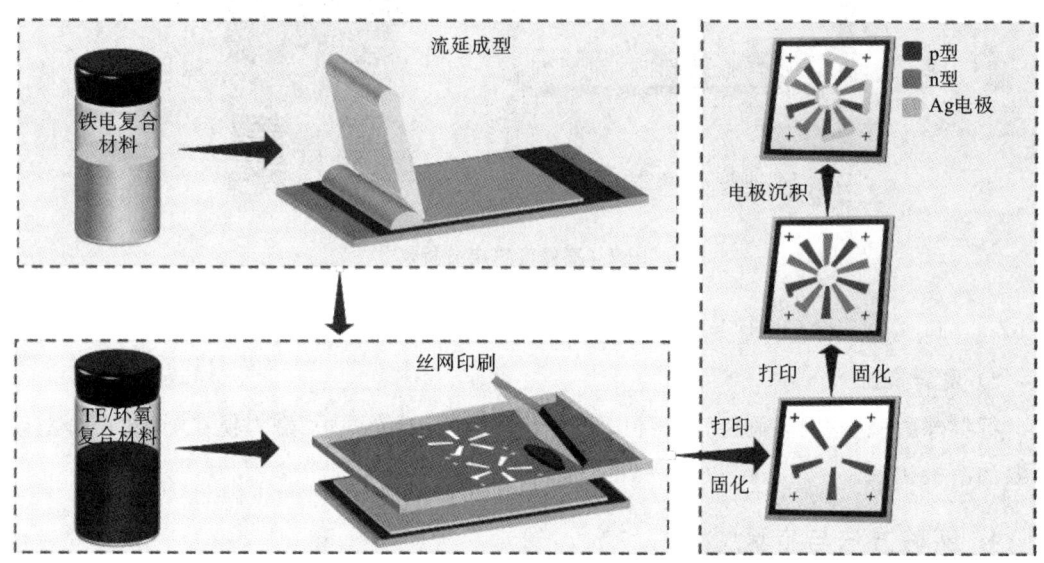

图8　柔性热电/铁电制冷器件制备流程图

3）热电制冷性能测试

图9所示为热电制冷器件性能测试平台。首先将直流电源连接到热电制冷器件上，借助两个高精度的热电偶来监测制冷器件冷端与热端的温度，所得的实时数据由精密数字万用表采集并传输至电脑。通过调节直流电源的电流来调控冷端与热端的温度。

图9　热电制冷器件性能测试平台

5. 实验数据记录与处理

（1）测量铁电层的电滞回线并绘制相应的图。

（2）测量热电层的塞贝克系数与电导率，并通过计算得到相应的功率因子。

（3）测量不同电流下热电制冷器件冷端与热端的温度，并绘制温度-时间曲线。

6. 注意事项

（1）在油浴极化时要注意高压危险。

（2）使用便携式热电参数测试仪时，开机后要预热一段时间，待热端笔的温度稳定在50℃后才可进行测试。

（3）进行热电制冷器件性能测试时，需保持环境温度稳定，避免环境温度波动影响实验测量结果。

7. 思考题

（1）评价热电材料性能的指标有哪些，它们与哪些参数有关？

（2）热电薄膜与铁电薄膜的制备方法分别有哪些，它们各自的优点是什么？

（3）相对于风冷、水冷等传统散热方式，热电制冷器件有哪些优势与不足？

参考文献

[1] WU G, ZHANG Q, TAN X J, et al. Bi_2Te_3-based thermoelectric modules for efficient and reliable low-grade heat recovery[J]. Advanced Materials, 2024, 36(26)：2400285.

[2] ZHU T J, LIU Y T, FU C G, et al. Compromise and synergy in high-efficiency thermoelectric materials[J]. Advanced Materials, 2017, 29(14)：1605884.

[3] LUO Y B, YANG J Y, JIANG Q H, et al. Progressive regulation of electrical and thermal transport properties to high-performance $CuInTe_2$ thermoelectric materials[J]. Advanced Energy Materials, 2016, 6(12)：1600007.

[4] PEI Y Z, SHI X Y, LaLonde A, et al. Convergence of electronic bands for high performance bulk thermoelectrics[J]. Nature, 2011, 473(7345)：66-69.

[5] LU Y, ZHOU Y, WANG W, et al. Staggered-layer-boosted flexible Bi_2Te_3 films with high thermoelectric performance [J]. Nature Nanotechnology, 2023, 18(11)：1281-1288.

[6] CAO T Y, SHI X L, CHEN Z G. Advances in the design and assembly of flexible thermoelectric device[J]. Progress in Materials Science, 2023, 131：101003.

[7] HAO X H, ZHAI J W, KONG L B, et al. A comprehensive review on the progress of lead zirconate-based antiferroelectric materials[J]. Progress in Materials Science, 2014, 63：1-57.

[8] LI H Y, BOWEN C R, YANG Y. Scavenging energy sources using ferroelectric mate-

rials[J]. Advanced Functional Materials, 2021, 31(25): 2100905.

［9］ BANERJEE W, KASHIR A, KAMBA S. Hafnium oxide（HfO$_2$）—a multifunctional oxide: a review on the prospect and challenges of hafnium oxide in resistive switching and ferroelectric memories[J]. Small, 2022, 18(23): 2107575.

［10］ LIU Y, YANG T N, ZHANG B, et al. Structural insight in the interfacial effect in ferroelectric polymer nanocomposites[J]. Advanced Materials, 2022, 34(7): 2109926.

相变储能材料的制备与循环稳定性测试

1. 实验目的

（1）掌握相变储能材料的基本概念，以及在物态变化过程中存储和释放能量的方法。

（2）了解相变储能材料的类别，并掌握制备相变储能材料的实验方法。

（3）掌握循环稳定性测试方法及仪器操作，测试相变储能材料的循环稳定性。

2. 实验原理

随着全球人口增长和经济发展，石油、天然气等不可再生能源日益枯竭，能源危机日趋严重。然而，在能源的开采与利用过程中，能量利用率低的问题依然没有有效的解决办法。例如，在燃油汽车中，燃料中 50% 以上的能量以废热的形式散失到空气中；在工业生产中，大量的热量以余热的形式耗散。能量以热的形式散失到空气中，在造成资源损耗的同时，还会引起全球气候变暖。因此，研发新型储能材料，提高能量利用率是近几年科学界重要的研究课题，有望有效降低资源流失与环境恶化带来的巨大压力。相变材料（phase change materials，PCMs）是一种新型绿色能源材料，它自身不能产生任何形式的能量，但是可以利用其相变热效应，将外界环境中损失的热量以潜热的形式储存起来，在合适的条件下自主释放并利用能量，以达到提高能量利用率的目的。此外，利用相变储能技术，收集、储存太阳光中的热能，代替传统化石燃料燃烧供能，也可为日常生产生活的能量来源提供新途径。同时，PCMs还能依靠其在发生相转变的过程中吸收或释放大量能量而自身温度仅有小幅度波动的特性，将周围环境温度控制在相变点附近，从而达到控温的目的。与传统的热管理方式相比，这种热管理技术能在不借助任何能量输入的情况下，高效地将热量从热源中带走，同时保证自身温度仅有小幅度波动。凭借高效、节能、环保的优点，相变材料热管理技术在新能源汽车、大型储能电池等热管理领域有着重要的发展前景。然而PCMs的低导热性、相变过程中可能出现的体积波动以及液体泄漏等问题严重限制了相变储能技术的推广及应用。

1）相变储能原理

物质从一个状态转变为另一个状态的过程被称为物质的相变过程。相变材料能够在一定条件下发生相变，同时在相变过程中吸收或放出能量，以达到控制周围温度变化的目的。相变过程中吸收或放出的热量被称为相变潜热，发生相变时的温度称为相变温度。当前，自然界中被人类发现的相变材料有几千种，其中有 500 多种天然及合成相变材料为人类所掌握和应用。相变材料是一种绿色、环保、可循环使用的储能材料，具有极高的相变潜热，在相变过程中可以吸收或释放大量能量。从热力学角度分析，相变材料蓄热的原理可分为以下两种情况。

（1）材料内分子的排布状况发生变化：分子有序排列时，分子振动慢、内能低；分子无序排列时，分子间振动快、内能高。如图1所示，当分子排列从有序排列向无序排列转变时，宏观上材料表现为吸热；反之为放热。这种反应属于物理反应，宏观上表现为材料的熔化、凝固等现象，例如石蜡等有机相变材料的固液反应。

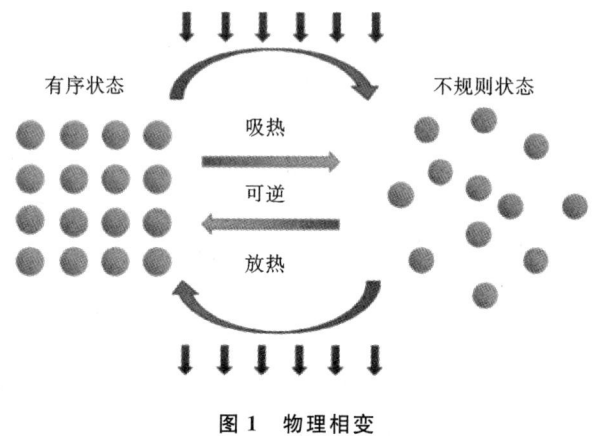

有序状态　　　　　　　　　不规则状态

吸热

可逆

放热

图 1　物理相变

（2）材料内发生键的断裂与重组：如图2所示，分子内发生键的断裂时，需要提供大量的能量来克服原子间的相互作用力；反之，当原子间成键时，系统内能会降低，放出大量热量。这种反应属于化学反应，表现为无机水合物等无机相变材料的失水和吸水过程，大部分属于固固相变。

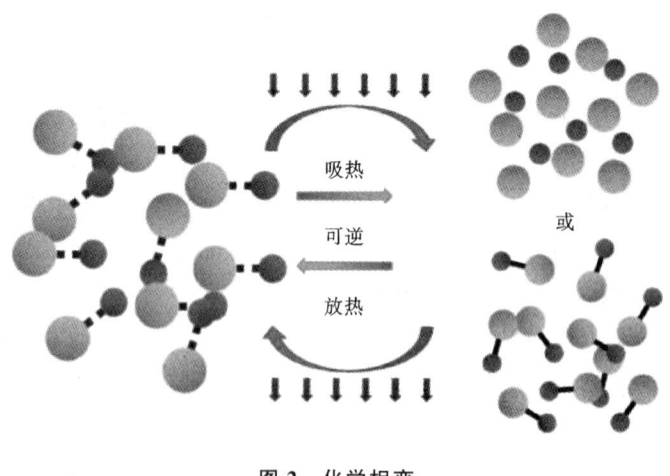

吸热

可逆

或

放热

图 2　化学相变

2）相变储能材料的选择与分类

当前，人们所掌握的相变材料种类繁多，在实际应用过程中，应当根据一定的原则进行选用，下面是相变材料的一些选用原则。

（1）相变潜热。一般情况下，相变材料应尽可能具备较高的相变潜热，这有利于热能的储存和利用。

（2）相变温度。相变材料的相变温度应处于实际使用的温度范围内,确保使用过程中能够有效利用相变过程。

（3）导热能力。通常情况下,相变材料需要具有良好的导热能力,以便于热量的传导,但有时将相变材料用作隔热材料时情况则相反。

（4）循环稳定性。相变材料应具有良好的循环稳定性,从而拥有较长的使用寿命。

（5）热稳定性。材料在工作温度范围内应具有良好的热稳定性。

（6）化学性质。相变材料应尽可能无毒、无腐蚀性且化学性质稳定。

（7）过冷度。过高的过冷度会使材料相变潜热的利用率下降。

（8）体积变化。相变过程中体积变化过大会增加材料的包封难度,因此应尽可能控制材料相变过程中的体积变化。

工程中常用的相变材料分类方法有三种:按相变温度、按材料的成分、按相态变化,如图3所示。

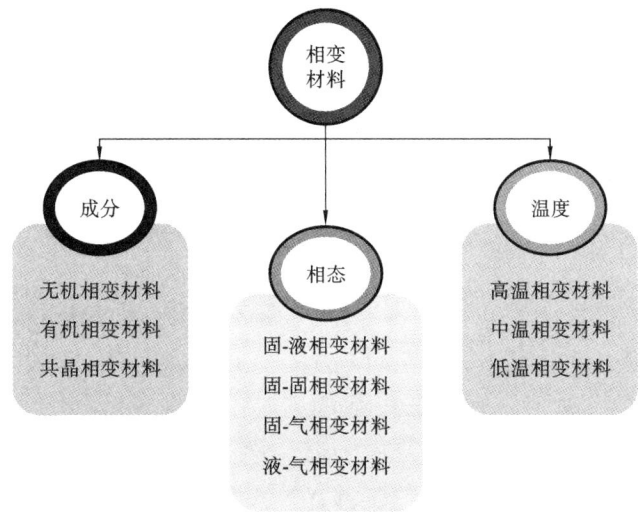

图3　相变材料的分类

按照相变材料自身的化学性质进行划分,可将其简要分为无机及有机相变材料两个类型。其中,无机相变材料具有较高的储能密度,且阻燃和导热性能良好。然而,由于其大多存在明显的相分离和较高的过冷度,因此应用受到了一定限制。与无机相变材料相比,有机相变材料相分离程度及过冷现象较不明显,但存在导热系数较低、阻燃性差等问题,这些问题影响了它的应用。

通常条件下,物质共有三种状态,即固态、液态及气态。因此,根据材料在不同相态之间转变的类别,可将相变材料简单划分为固-固、固-液、固-气以及液-气相变材料这四种类型。从理论上讲,固-气相变材料具有最高的相变储能能力,但由于相变过程中有气体产生,会导致材料体积有较大变化,因此很难实际应用,故当前对其研究较少,液-气相变材料同理。固-固相变材料在相变过程中体积变化较小,在相变温度以上时仍能保持固态,且没有明显的相分离,是一种优秀的储能材料,因而得到了广泛研究。固-液相变材料拥有较高的相变潜热,同时相变过程中体积变化相对较小,且大多成本低廉,因此同样获得了较多应用和探索。

根据相变材料的相变温度,可以将相变材料分为低温相变材料、中温相变材料和高温相变材料。其中,低温相变材料的相变温度为 0～70 ℃,中温相变材料的相变温度为 70～120 ℃,高温相变材料的相变温度则高于 120 ℃。目前,高温和中温相变材料多用于工业储能领域,如工业废热回收等,低温相变材料则多用于建筑材料储能等领域。常见相变材料的基本性质如表 1 所示。

表 1　常见相变材料的基本性质

相变材料	熔点/℃	潜热/$(J \cdot g^{-1})$
$CaCl_2 \cdot 6H_2O$	25.8	125.9
H_3PO_4	26	147
$LiNO_3 \cdot 2H_2O$	30	296.8
$LiNO_3 \cdot 3H_2O$	30	189
$Na_2SO_4 \cdot 10H_2O$	32.4	257
$Na_2S_2O_3 \cdot 5H_2O$	48.5	210
$Ba(OH)_2 \cdot 8H_2O$	78	264
$NaNO_3$	307	172
$MgCl_2$	714	452
MgF_2	1263	938
$C_{18}H_{38}$	28	243
$C_{22}H_{46}$	44.4	249
$C_{26}H_{54}$	56.1	256
$C_3H_8O_3$	26	184
$C_{17}H_{34}O_2$	29	205
$C_{12}H_{24}O_2$	43	177
$C_{18}H_{36}O$	57	242.85

在实际生产生活中,选择相变材料时应结合实际工作环境与条件的需求,在最大限度发挥其优点的同时,也要考虑相变材料在物化性质上的缺点。

3)相变储能材料的应用

在热相关应用领域,PCMs 作为潜热储存技术中的一种先进材料,在过去几十年里受到了越来越多的关注。目前已经开发出大量高性能 PCMs,它们具有优异的形状稳定性和突出的导热性,在一些前沿领域展现出良好的应用潜力。复合 PCMs 具有可调节的相变温度、高储能密度和附加功能,是电子产品、人体和建筑物有效热管理的理想选择。除了能量转换和热管理领域外,材料系统和多尺度结构的合理设计使 PCMs 未来有望应用于人类健康保护。

随着功能材料的发展,人们提出了各种基于PCMs的高效能量转换应用,包括导电材料的电-热转换,吸光材料的太阳能-热能转换、太阳能-热电转换,磁性材料的磁-热转换,以及声波吸收材料的声-热转换。许多高性能PCMs是实现电子产品有效热管理和调节的关键。通常,PCMs可以直接用于外部包装,用于调节电子产品和电池的温度。除了常见的外部热保护介质外,PCMs还可以用于内部热调节器,以调节超级电容器和电池等储能设备的温度。与PCMs集成的电子设备可以通过被动冷却来降低电子元件的急剧温升,与传统冷却技术相比,这是一种极具吸引力的冷却方案。基于PCMs的电子设备热管理系统因结构紧凑、轻便和效率高而从传统热调节系统中脱颖而出。

4)相变储能材料的主要问题

PCMs是一种绿色环保的储能材料,在温控与蓄热等领域具有极其广阔的商业应用前景。但同时,热导率低、液态PCMs泄漏等问题阻碍了其大规模应用和普及。近几年,科学工作者针对阻碍PCMs应用的技术壁垒展开了大量研究,推动了相变储能材料的快速发展。其中有机PCMs存在热导率低的问题;此外,它一般属于固-液相变材料,在使用过程中存在泄漏风险。常用低温无机PCMs大多通过配位键断裂来吸收与释放能量,同样存在过冷、易腐蚀、相分离等缺点;高温PCMs利用其固液相变过程进行吸热和放热,由于其相变温度过高,实际应用较少。另外,PCMs发生吸热转变后,一般呈液态或熔融态,力学性能较差。

(1)热导率低。

大部分相变材料的热导率极低。例如,石蜡类相变材料的导热系数仅有$0.1 \sim 0.3$ $W \cdot m^{-1} \cdot K^{-1}$,是液态水的1/4,固态冰的1/15。因此,在实际应用过程中,靠近热源部位的材料吸热完全熔化后,吸收的热量以显热的形式存在,导致该部位温度急剧上升;同时远离热源部位的材料未发生相变。不同部位状态的不协调大幅降低了材料的实际应用效果。

(2)PCMs泄漏。

PCMs通常是固态和液态物质的混合体。在相变过程中,材料体积可能会改变。液态PCMs在储存和释放热能时会发生相变。如果没有良好的封闭或支撑结构,液态材料可能会泄漏。

5)相变储能材料的循环稳定性

循环稳定性指的是PCMs在多次相变过程中能够保持其性能的一致性和可靠性。良好的循环稳定性意味着PCMs能够在长时间内反复吸热和放热,而不会显著降低其储热能力或相变温度,这对于需要频繁使用PCMs的应用来说至关重要。

高低温交变湿热试验箱(见图4)是航空、汽车、家电、科研等领域必备的测试设备,用于对电子产品及其材料进行高温、低温、交变湿热度或恒定试验,以评估其在温度环境变化后的参数及性能表现。制冷循环均采用逆卡诺循环,该循环由两个等温过程和两个绝热过程组成,具体如下。制冷剂经压缩机绝热压缩到较高压力,消耗功使排气温度升高,之后制冷剂经冷凝器等温地和四周介质进行热交换将热量传给四周介质。然后制冷剂经截流阀绝热膨胀做功,此时制冷剂温度降低。最后制冷剂通过蒸发器等温地从温度较高的物体吸热,使被冷却物体温度降低。此过程周而复始从而达到降温的目的。制冷系统的设计应用了能量调节技术,这是一种行之有效的处理方式,既能保证制冷机组正常运行,又能对制冷系统的能耗及制冷量进行有效调节,使制冷系统的运行费用降至较为经济的水平。

图4　高低温交变湿热试验箱

为了充分复现相变过程,热循环实验过程设置为4个阶段:第一阶段,测试温度从20 ℃开始升温至70 ℃,升温速率为5 ℃·min^{-1};第二阶段,测试温度恒定在70 ℃,恒温时长为20 min;第三阶段,测试温度从70 ℃降至20 ℃,降温速率为5 ℃·min^{-1};第四阶段,测试温度恒定在20 ℃,恒温时长为10 min。然后继续下一循环过程。

6) 相变储能材料的热分析

差示扫描量热仪(differential scanning calorimeter,DSC)测量的是与材料内部热转变相关的温度和热流之间的关系(见图5),其应用范围非常广泛,尤其是在材料的研发、性能检测与质量控制方面。材料的特性,如玻璃化转变温度、冷结晶、相转变、熔融、结晶、产品稳定性、固化/交联、氧化诱导期等,均属于差示扫描量热仪的测量范畴。当物质发生物理变化(例如结晶、熔融或晶型转变等),或者发生化学变化时,往往伴随着热力学性质如热焓、比热、导热系数的变化。DSC正是通过测定这些热力学性质的变化来表征物理或化学变化过程的。它是在程序控制温度的条件下,测量输入至样品与参比物的功率差与温度之间关系的一种热分析方法。实验过程中记录的信息是在保持样品和参比物温度相同的情况下,两者的热量之差。

通过冷却曲线计算相变潜热通常可以按照以下步骤进行。

(1) 记录温度变化:进行实验时,需要连续记录相变过程中物质的温度变化。通常用气温计、热电偶等温度计具来监测。

(2) 识别相变点:在冷却曲线上,识别出物质的相变温度(例如从液态转变为固态的温度)。此温度通常对应冷却曲线中的平坦段,表示系统在进行相变。

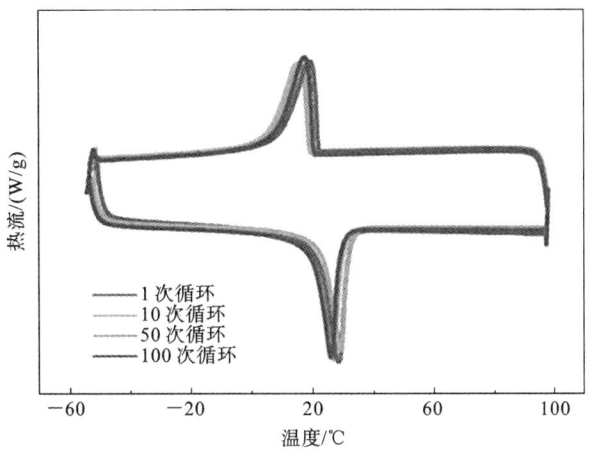

图 5　DSC 步冷曲线

（3）计算潜热：记录相变前后的能量输入或输出（例如通过改变热源的功率或测量的热量）。可以使用公式 $Q = mc\Delta T$ 来计算温度变化过程中消耗或释放的热量，其中 m 是质量，c 是比热容，ΔT 是温度变化。在相变过程中，系统温度保持不变，直到所有的物质完成相变。在此期间，需要计算出释放或吸收的热量。潜热 L 的计算公式为 $L = Q_{相变}/m$，其中 $Q_{相变}$ 是相变过程中吸收或释放的总热量，m 是相变物质的质量。

3. 实验试剂及仪器

1）实验试剂

月桂酸、癸酸、正十四烷、十二烷等。

2）实验仪器

磁力搅拌机、电子分析天平、超声波振荡器、差示扫描量热仪、高低温交变湿热试验箱。

4. 实验方法与步骤

1）相变储能材料的制备

为了获得相变温度在 20 ℃至 30 ℃之间的相变材料，本实验选取了四种具有不同相变温度的脂肪酸和烷烃进行混合。这些材料包括月桂酸、癸酸、正十四烷和十二烷，它们各自的相变温度分别为：月桂酸约 43 ℃，癸酸约 31.6 ℃，正十四烷约 6 ℃，十二烷约 −9.6 ℃。通过合理配比，可以调节混合物的相变温度，使其满足特定的应用需求。

首先称取了各组分的准确质量：月桂酸 2.5 g、癸酸 4.5 g、正十四烷 1 g、十二烷 2 g。将这些材料放入试管后，轻轻摇晃试管，以确保它们混合均匀。随后将试管置于恒温槽中，加热至 70 ℃，并保持恒温 5 min。这一过程的目的是使材料充分融化，促进各组分之间的相互作用和混合，确保形成均匀的液相。这些脂肪酸和烷烃不仅具有较高的比热容和潜热，能够在相变过程中储存大量的热能，而且它们在物理和化学性质上相互兼容，能够形成均匀的混合物。

加热完成后,取出试管,使用超声波振荡器对混合物进行 30 min 的超声波处理。这一过程有助于降低材料之间的分子间作用力,提升混合物的均匀性和稳定性。超声波振荡器通过高频声波产生的微小气泡在液体中快速膨胀和收缩,产生强烈的剪切力,进而使混合物更加均匀,增强其相变性能。在超声波处理完成后,将试管置于室温下,让其自然冷却。冷却过程中,混合物逐渐从液态转变为固态,形成所需的相变储能材料。

2) 相变储能材料的循环稳定性测试

通过差示扫描量热仪测试,可得到材料的步冷曲线。在测试前,用铟标准来校核差示扫描量热仪,测温范围为 $-10 \sim 40$ ℃,升温速率为 5 ℃·min^{-1},液氮喷射流速为 10 mL·min^{-1},样品质量为 0.35 mg,坩埚采用打孔的密封铝坩埚,在上述条件下对样品进行多次测量并取平均值。为了消除热应力影响,从第 2 次测量开始进行 DSC 记录。通过分析多次测量得到的 $-10 \sim 40$ ℃范围内的步冷曲线,可得出材料的过冷度以及初步相变温度,还能得到准确的相变温度以及相变潜热。随后通过高低温交变湿热试验箱对样品进行 500 次冷热循环,观察样品的变化与分层情况,并通过差示扫描量热仪分析材料的过冷曲线,计算相变潜热变化,从而得出材料的循环稳定性。

5. 实验数据记录与处理

(1) 在加热和超声波处理过程中观察样品的外观(如颜色、物相变化等)及其冷却后的状态变化(如呈固态或液态、是否分层等)。

(2) 对样品进行称重,观察样品在第 1 次、第 100 次、第 500 次循环时是否出现固体或液体分层情况,并记录样品的相变情况及其质量变化。

(3) 通过步冷曲线获取相变温度与相变潜热。

6. 注意事项

(1) 要确保加热均匀,避免局部过热导致成分分解。可使用搅拌器辅助混合,以保证混合均匀。

(2) 超声波振荡的时间和功率要适中,避免长时间振荡或振荡功率过高造成材料降解或引入气泡。

(3) 冷却过程中要注意控制冷却速率,避免快速冷却导致相变材料内部产生应力,进而影响材料的稳定性。

(4) 进行循环稳定性测试时,要设计合理的测试方案,包括相变循环次数、温度范围等,并记录每次测试的数据。

7. 思考题

(1) 在选择相变材料时,月桂酸、癸酸、正十四烷和十二烷的选择依据是什么?它们的相变特性(如相变温度、相变潜热)如何影响最终材料的性能?

(2) 在相变储能材料的应用中,热传导性能如何影响能量传递效率?如何改进相变材料的导热性以提升其整体性能?

　　（3）在循环稳定性测试中，如何评估相变材料的性能下降情况？有哪些因素可能影响其长期循环稳定性？

参考文献

［1］YANG M，PANG Y S，LI J H，et al. Grafted alkene chains：triggers for defeating contact thermal resistance in composite elastomers［J］. Small，2024，20（2）：2305090.

［2］PIELICHOWSKA K，PIELICHOWSKI K. Phase change materials for thermal energy storage［J］. Progress in Materials Science，2014，65：67-123.

［3］CHINNASAMY V，HEO J，JUNG S，et al. Shape stabilized phase change materials based on different support structures for thermal energy storage applications—a review［J］. Energy，2023，262：125463.

［4］SHARMA A，TYAGI V V，CHEN C R，et al. Review on thermal energy storage with phase change materials and applications［J］. Renewable and Sustainable Energy Reviews，2009，13（2）：318-345.

［5］CHEN X，CHENG P，TANG Z D，et al. Carbon-based composite phase change materials for thermal energy storage，transfer，and conversion［J］. Advanced Science，2021，8（9）：2001274.

［6］NAZIR H，BATOOL M，OSORIO F J B，et al. Recent developments in phase change materials for energy storage applications：a review［J］. International Journal of Heat and Mass Transfer，2019，129：491-523.

［7］WU M Q，WU S，CAI Y F，et al. Form-stable phase change composites：preparation，performance，and applications for thermal energy conversion，storage and management［J］. Energy Storage Materials，2021，42：380-417.

［8］SHI J M，QIN M L，AFTAB W，et al. Flexible phase change materials for thermal energy storage［J］. Energy Storage Materials，2021，41：321-342.

［9］LIN Y X，ALVA G，FANG G Y. Review on thermal performances and applications of thermal energy storage systems with inorganic phase change materials［J］. Energy，2018，165：685-708.

电致变色材料的制备与变色效率测试

1. 实验目的

（1）掌握电致变色的原理以及电致变色器件的结构组成。

（2）掌握电致变色器件的性能指标，熟悉电致变色材料的制备过程，了解电致变色材料变色效率的测试仪器及原理。

（3）测试电致变色材料在着色状态与漂白状态下的透射率、着色时间与漂白时间等关键性能参数，并分析其电致变色性能。

2. 实验原理

随着社会的发展以及经济的增长，环境污染与气候变暖等问题越发凸显。当今，控制环境污染和气候变暖的途径主要是采用清洁可再生的新型能源取代传统的化石燃料以及开发节能减排和低碳环保的技术，提高能源利用效率，推动资源循环利用和生态环境的可持续发展。

研究表明，用于建筑物供暖、制冷、通风、照明的能源消耗占全球能源总消耗的 $30\%\sim40\%$，而通过窗户（主要的建筑围护结构）进行的热交换占建筑总能耗的 50% 以上。目前，越来越多的高楼大厦采用玻璃幕墙作为外围护结构，这是导致建筑物能耗升高的主要原因。因此，开发能够智能调控太阳能摄入量，有效减少建筑供暖、制冷能耗，并增加室内居住舒适度的建筑玻璃材料迫在眉睫。智能变色玻璃相较于传统的 Low-E 玻璃，可以使室内办公人员的工作效率提升 2%，并同时降低 20% 的建筑能耗。

变色材料是指可以依据外部刺激（诸如温度、光、电、pH 和压力等）表现出可逆颜色转换的材料，这种颜色转换由材料在紫外-可见-近红外区域内吸收光谱的变化所致。根据变色所需的外因不同，变色材料可分为力致变色材料、光致变色材料、热致变色材料和电致变色材料等。

1）电致变色材料介绍及其分类

电致变色（electrochromism，EC）是指某些材料在较小电压作用下，内部离子嵌入或者脱出引发氧化还原反应，从而稳定可逆地改变材料的颜色或光学性质（吸光度/透射率/反射率）。电致变色现象最早可以追溯到 19 世纪，但在 20 世纪 60 年代末，Deb 首次系统研究了无机材料 WO_3 的电致变色特性，并提出了相关的机理。

电致变色材料按照化学性质可分为无机电致变色材料和有机电致变色材料。无机电致变色材料主要包括一些过渡金属氧化物（WO_3、MoO_3、TiO_2、V_2O_5、NiO 等）、普鲁士蓝及其类似物,图1展示了一些阳极和阴极着色特性较强的元素。

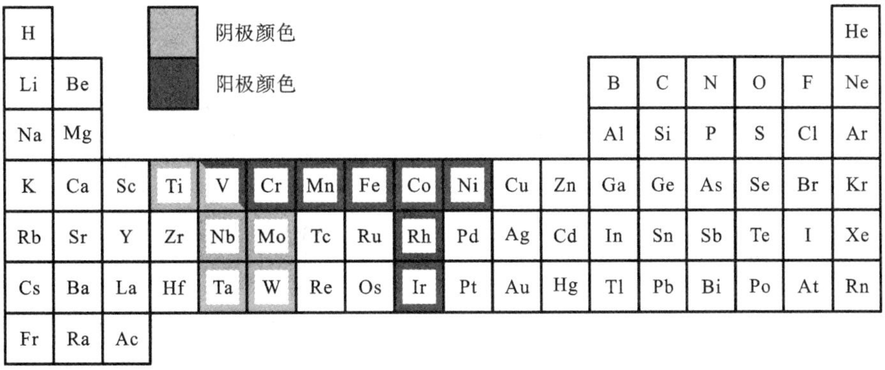

图1　元素周期表中具有阳极和阴极着色特性的电致变色元素

（1）无机电致变色材料。

过渡金属氧化物在外加电势的刺激下,能在可见光及红外区域表现出可逆的颜色变化（由蓝色或灰色变为黑色）。根据着色电位可将过渡金属氧化物分为两大类:在阴极电位下着色的被记为阴极电致变色材料,在阳极电位下着色的被称为阳极电致变色材料。阴极电致变色材料主要有 WO_3、TiO_2、Nb_2O_5、MoO_3 和 Ta_2O_5,阳极电致变色材料主要有 NiO、IrO_2、MnO_2 和 Co_3O_4。其变色的原理主要是通过不同的电压,使不稳定的金属离子的价态发生可逆转变,形成混合价态离子共存的状态,随着离子价态发生变化,颜色也随之改变,其变色机理可用式(1)表示:

$$MO_x + y(n^+ + e^-) = n_y MO_x \tag{1}$$

其中,M 代表过渡金属,n^+ 代表平衡电荷的阳离子,y 为 0 到 1 之间的常数。

本实验制备的三氧化钨(WO_3)是一种兼具高稳定性和低成本的阴极电致变色材料,是目前应用最广泛的电致变色材料之一。在电解液离子嵌入时,它会着色为蓝色,这是一个还原过程;氧化时离子脱出,则显示为无色。三氧化钨的结构是一种典型的八面体类钙钛矿结构,钨原子位于每个八面体的中心,氧原子位于八面体的角落。图2展示了 WO_3 可能的两种形式的基本晶胞,图3展示了 WO_3 的晶体结构。当作为固态薄膜时,它主要有非晶和微晶两种形态,经不同制备方法制备得到的 WO_3 形貌不同。采用真空热蒸发或电沉积会产生非晶结构,使用磁控溅射或退火得到的多是微晶结构。基于氧化钨材料的电致变色器件多采用非晶态的氧化钨薄膜,这是因为薄膜的形貌结构会影响其电致变色性能。与非晶态薄膜相比,晶态的半导体薄膜由于其在变色过程中展现出较慢的相变速率,其响应时间相对较长。

普鲁士蓝(亚铁氰化铁,$Fe_4[Fe(CN)_6]_3$)是一种常见的无机电致变色材料。如图4所示,它具有面心立方结构,晶胞的各个顶点被 Fe^{3+} 和 Fe^{2+} 占据,由 CN^- 连接。为了保持电荷中性,其结构中还存在一个阳离子,通常是 K^+。普鲁士蓝可以通过部分氧化变为绿色,完全氧化变为棕色。然而,在电致变色材料领域,尤其是智能窗应用中,最常用作电致变色材料的是通过还原过程由普鲁士蓝得到的普鲁士白,这是因为普鲁士白在透明度和光学调制性

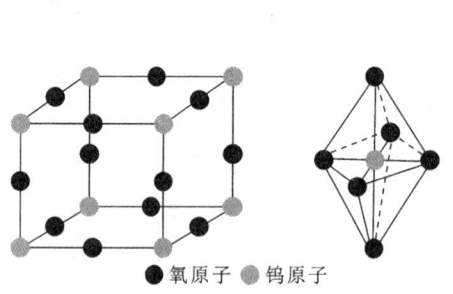

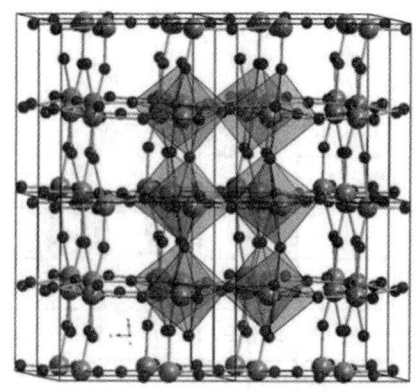

氧原子 ●钨原子

图 2　WO₃ 可能的两种形式的基本晶胞　　　图 3　WO₃ 的晶体结构

能方面具有更大的应用潜力。无机电致变色材料具有良好的可逆性、响应时间短、高着色效率、长寿命等优点,且器件的制备技术已相对成熟,部分产品已实现工业化生产和实际应用,但仍存在需要复杂昂贵的溅射设备、颜色变化较为单一、响应速度慢、加工性差等缺点,这些缺点限制了其应用范围。

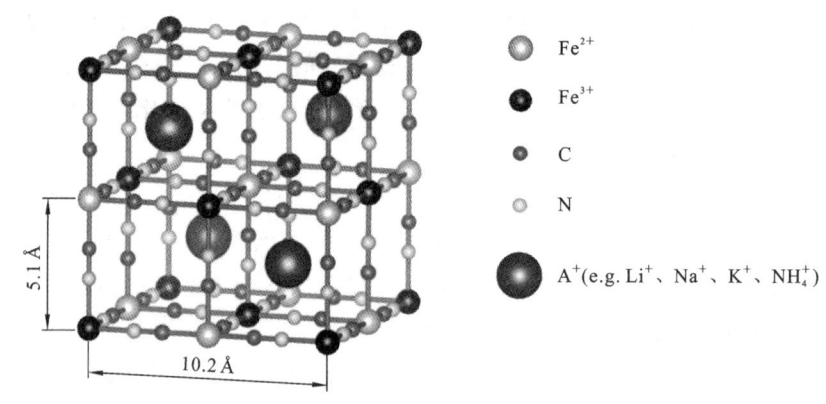

Fe²⁺

Fe³⁺

C

N

A⁺(e.g. Li⁺、Na⁺、K⁺、NH₄⁺)

图 4　普鲁士蓝晶体结构

（2）有机电致变色材料。

有机电致变色材料可分为有机小分子电致变色材料和导电聚合物类电致变色材料。有机小分子电致变色材料主要包括紫罗精类、酯类、酮类等。N-N 取代的联吡啶可以通过不同价态的氮之间的光电电荷转移实现着色过程,表现出优异的电致变色性能。图 5 展示了部分紫罗精衍生物的化学结构。相较于无机电致变色材料,有机小分子电致变色材料具有成本低、色彩纯度高、颜色变化明显等优点,但由于小分子成膜性差、与基底材料的附着力小、对环境的耐受性差等缺点,其循环稳定性较差,不适用于大尺寸器件的制备。针对这些问题,研究人员提出将小分子与其他聚合物、电解质和塑化剂混合,将变色层和电解质层结合在一起,有效延长了器件的使用寿命。

导电聚合物通常是指共轭聚合物,其主链由单双键交替形成,主要包括聚苯胺、聚吡咯,

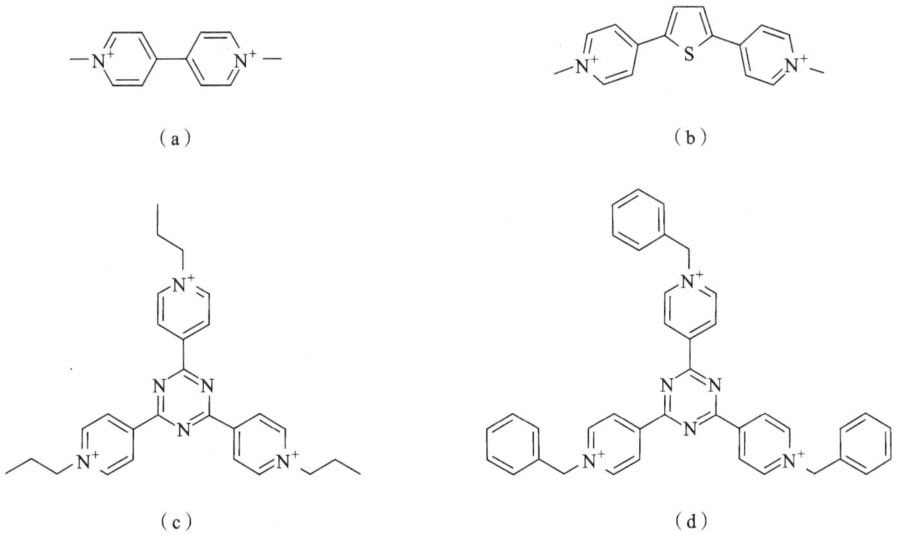

（a）

（b）

（c）

（d）

图 5　部分紫罗精衍生物的化学结构

聚噻吩、聚吲哚、聚呋喃和聚咔唑等。在中性状态下，聚合物呈现出由 π-π* 电子跃迁带隙 E_g 所决定的固有颜色，当施加氧化或还原电压时，聚合物会失去或得到电子，同时伴随着阴离子的移动，这导致了更小带隙的极化子能级、双极化子能级的形成，以及共轭主链从芳香形式转变为醌式形式的变化。与无机和有机小分子电致变色材料相比，导电聚合物类电致变色材料具有以下关键优势：① 结构可修饰性强，可以实现单一材料的多色变化；② 相较于有机小分子类化合物，聚合物的着色效率更高；③ 聚合物的制备和加工步骤相对简单易行，聚合物通常是柔性的，可以制备成各种形状，在柔性电致变色材料和器件的开发方面具有很大优势。

近年来，主要有两种提升电致变色材料性能的路线：一是采用有机-无机复合材料，二是在纳米尺度上制造电致变色材料。前者由于材料的固有特性，单一的电致变色材料往往无法兼顾高性能和长期稳定性。利用复合材料的协同特性，可以使材料获得更丰富的功能。例如，有机材料和无机材料的组合可以同时实现丰富的颜色变化、快速的切换和良好的循环稳定性。后者是制造纳米级的电致变色材料，即将电致变色材料制备成低维纳米结构，如纳米点、纳米线、纳米棒、纳米片或纳米多孔膜。电致变色材料通常被制成致密薄膜，这导致材料与电解质的接触面积小，电解质离子的传输距离长。纳米级电致变色材料可以增加材料与电解质之间的接触面积并缩短电荷传输距离，从而缩短着色/漂白时间。

2）电致变色器件的结构及其工作原理

在实际应用中，电致变色材料需要组装成电致变色器件，如图 6 所示。传统的电致变色器件（electrochromic device，ECD）由七层结构组成，包括玻璃基底、透明导电层、离子存储层、离子导电层和电致变色层。透明导电层的作用是降低电子转移时的电阻并增强电荷转移，通常需要具有高透明度、优异导电性、高耐电化学腐蚀性和优异机械强度的材料。电致变色层是 ECD 最核心的功能层。不同的电致变色材料会呈现不同的颜色变化及电致变色电压区间。离子导电层,也称为电解质层,通常由离子盐或酸组成,可传导离子并防止两个电极之间短路,它仅允许离子通过而不传导电子。通常,该层需要表现出高室温离子电导率、高透光率和优异的电化学稳定性。离子存储层是电化学反应过程中平衡器件总体电荷的重要部分,能有效促进可逆电荷交换并防止离子在电极上累积,可由紫罗精、聚合物、金属氧化物或其他氧化还原活性物质组成。离子存储层在颜色上要与电致变色材料保持一致,或者在整个氧化还原过程中保持无色或透明,以免干扰电致变色材料的颜色变化。此外,离子存储层的电荷储存容量也应该与电致变色材料保持一致,最好充放电的速率也相同。

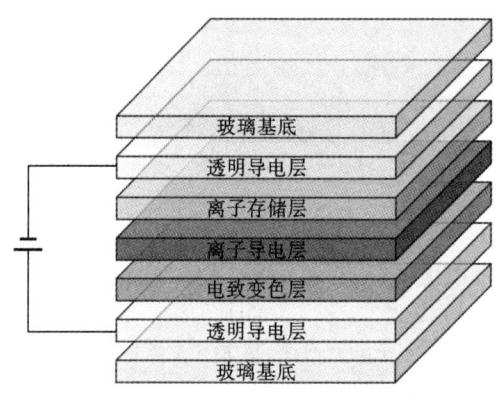

图 6 ECD 的结构

当在电致变色期间施加电压时,离子导电层中的离子和电子会同时被注入电致变色层中,使电致变色材料发生氧化还原反应,从而出现着色现象。当达到所需的着色度后,施加反向电压,电致变色层中的电子和离子又会被抽离出去,着色现象便会消失。

3)电致变色的表征性能参数

由于电致变色器件具有低能耗、可逆性和多功能性等优点,因此被广泛应用于图 7 所示的智能窗、汽车防眩目后视镜、可穿戴服装和设备等多个领域。通常通过以下指标来判断电致变色器件性能的优劣。

(1)光调制和光学对比度。

光调制是指电致变色器件因响应电刺激而改变其光学特性(通常是透射率或反射率)的能力。高光调制意味着材料几乎可以从透明转变为深色,反之亦然,这对于电致变色器件的应用而言至关重要。光学对比度与光调制紧密相关,通常被定义为:漂白状态下的透射率(或反射率)与着色状态下的透射率(或反射率)的差值。更高的光学对比度意味着从最暗状态到最亮状态的变化更明显,这对电致变色器件尤为重要。

$$\Delta T = T_b - T_c \tag{2}$$

其中,ΔT 为光学对比度,T_b 和 T_c 分别为漂白状态和着色状态的透射率。

(2)响应时间。

响应时间是指在电致变色器件颜色转换过程中,光学对比度达到 90% 所需的时间,它是用来衡量电致变色器件在漂白状态与着色状态之间切换快慢的参数。其值越小,响应越快,一般优先选择响应时间更短的电致变色材料或设备。从着色状态到漂白状态所需的时间为

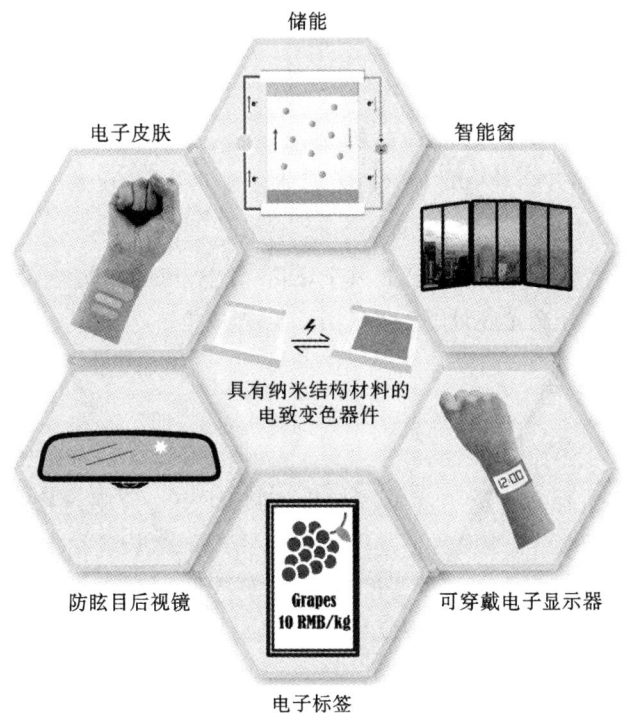

图 7　电致变色器件的应用

漂白时间,反之则为着色时间。需要注意的是,由于着色过程和漂白过程发生的电化学反应不同,所以通常着色时间和漂白时间也不同。

（3）着色效率。

着色效率(coloration efficiency,CE)是衡量电致变色材料性能的关键参数,它表示材料透射率变化与单位面积得失电荷量的比值。高着色效率意味着只需少量电荷就能触发显著的颜色变化,这直接影响电致变色器件的能源效率。其计算公式为

$$CE(\lambda) = \frac{\Delta OD}{\Delta Q} = \frac{\lg\left(\dfrac{T_b}{T_c}\right)}{\Delta Q} \tag{3}$$

其中,ΔQ 表示得失电荷量,ΔOD 表示在波长为 λ 时光密度的变化。

（4）循环稳定性。

循环稳定性是衡量电致变色材料实用性的重要参数,是指材料通过重复着色和漂白保持其性能的能力。常见的测量方法是记录材料的对比度随着循环次数增加的变化情况。高耐用性和长使用寿命对于商业应用至关重要,这能够确保产品具备长期可靠性和成本效益。

（5）记忆效应。

记忆效应是指电致变色材料在给定电压撤去后保持其颜色的时长,这与材料本身的稳定性相关。对于不同的应用场景,所需材料的记忆效应强弱有所差异:节能器件往往需要记忆效应较强的材料,而对于需要快速切换色彩的显示器件而言,则往往要避免出现记忆效应。

3. 实验试剂及仪器

1）实验试剂

二水合钨酸钠（$Na_2WO_4 \cdot 2H_2O$）（钨源）、一水合柠檬酸（$C_6H_8O_7 \cdot H_2O$）、氯化铵（NH_4Cl，结构导向剂）、FTO 导电玻璃、盐酸、无水乙醇、去离子水等。

2）实验仪器

手套箱、超声波清洗器、电子天平、鼓风干燥箱、真空干燥箱、集热式恒温磁力搅拌器、电化学工作站、紫外-可见分光光度计、实验室 pH 计、移液枪。

4. 实验方法与步骤

1）材料制备

本实验采用简单且低成本的一步低温加热法制备 WO_3 薄膜。该制备方法与水热法类似，包括前驱液的制备和水热处理两个过程。WO_3 薄膜的生长过程如下式所示：

$$WO_4^{2-} + 2H^+ \longrightarrow H_2WO_4 \tag{4}$$

$$H_2WO_4 \longrightarrow WO_3 \cdot H_2O \tag{5}$$

（1）前驱液的制备。

将 1.57 g 二水合钨酸钠（$Na_2WO_4 \cdot 2H_2O$）和 1.68 g 一水合柠檬酸（$C_6H_8O_7 \cdot H_2O$）溶于 50 mL 去离子水中，搅拌至完全溶解，加入 0.25 g 氯化铵（NH_4Cl，结构导向剂），继续搅拌至溶液澄清透明，向溶液中缓慢滴加盐酸，调节 pH 值至 0.7 左右，搅拌 10 min 得到透明无色的前驱液。

（2）水热处理。

将 FTO 导电玻璃（1×3 cm^2）导电面倾斜向下置于 20 mL 试剂瓶中，取适量前驱液放入该试剂瓶中，将 FTO 导电玻璃与前驱液的接触面积控制在 1×1 cm^2 左右。然后将试剂瓶转移至烘箱，在 75 ℃下加热 30 min 后取出，自然冷却至室温。此时，FTO 导电玻璃表面便能观察到浅黄色的 $WO_3 \cdot H_2O$ 薄膜。

（3）样品处理。

取出长出 $WO_3 \cdot H_2O$ 薄膜的 FTO 导电玻璃，使用去离子水反复冲洗 $WO_3 \cdot H_2O$ 薄膜，并洗去 FTO 导电玻璃非导电面上的杂质，以避免其对透射率产生影响。清洗结束后，将 $WO_3 \cdot H_2O$ 薄膜在 60 ℃下烘干 1 h，便可测试其性能。

2）性能测试

利用紫外-可见分光光度计对所制备的 $WO_3 \cdot H_2O$ 薄膜进行透射率测试。通过联用紫外-可见分光光度计和电化学工作站，对不同的薄膜电极在着色状态和漂白状态下的透射率进行测试，同时对电极施加 0.6 V 和 -1 V 的交替电压，记录薄膜颜色变化的时间，此时间为响应时间。

5. 实验数据记录与处理

（1）记录 $WO_3 \cdot H_2O$ 薄膜在着色状态和漂白状态下的透射率，并计算 ΔT。

（2）记录材料在交变电压下的响应时间，分别记录着色时间 t_c 和漂白时间 t_b。

（3）根据电化学工作站记录的光密度与电荷密度的关系曲线，计算该曲线的斜率，此斜率便是 $WO_3 \cdot H_2O$ 薄膜的着色效率。

（4）改变前驱液的 pH 值，进行多次实验，以找到 $WO_3 \cdot H_2O$ 薄膜的着色效率随前驱液 pH 值变化的规律。

6. 注意事项

（1）在使用电化学工作站进行测试之前，应开机预热 30 min。

（2）使用电化学工作站记录光密度与电荷密度的关系曲线时，应进行多次测量，待测试稳定后才可取值。

7. 思考题

（1）电致变色材料为何能够变色？其变色的机理是什么？

（2）电致变色材料的着色时间和漂白时间为何存在差异？

（3）与有机电致变色材料和普鲁士蓝相比，过渡金属氧化物的优点有哪些？

（4）电致变色材料目前还存在哪些问题？提升电致变色材料性能的途径有哪些？其商业化进程存在哪些阻碍？

参考文献

[1] 刘璇.基于电化学沉积/溶解反应的新型电致变色体系及其稳定化机制研究[D].烟台：烟台大学，2024.

[2] CHEN D H, CHUA M H, HE Q, et al. Multifunctional electrochromic materials and devices recent advances and future potential[J]. Chemical Engineering Journal, 2025, 503: 157820.

[3] GUTPA J, SHAIK H, KUMAR K N, et al. PVD techniques proffering avenues for fabrication of porous tungsten oxide (WO$_3$) thin films: a review[J]. Materials Science in Semiconductor Processing, 2022, 143: 106534.

[4] 罗永鑫.基于电势梯度的自驱动电致变色器件的设计与性能研究[D].武汉：华中科技大学，2023.

[5] 陈光伟,郭海伟.基于银纳米线/聚苯胺纳米复合材料的电致变色薄膜及器件的制备与性能[J].机械工程材料,2024,48(6):48-54.

[6] KRAFT A. Too blue to be good? A critical overview on the electrochromic properties and applications of Prussian blue[J]. Solar Energy Materials and Solar Cells, 2024, 278: 113195.

[7] NIU J L, WANG Y, ZOU X L, et al. Infrared electrochromic materials, devices and applications[J]. Applied Materials Today, 2021, 24: 101073.

[8] MOHANADAS D, SULAIMAN Y. Recent advances in development of electroactive

composite materials for electrochromic and supercapacitor applications[J]. Journal of Power Sources，2022，523：231029.

［9］丛冰.Fe 基金属-超分子配合物电致变色材料的合成与性能研究［D］.长春:吉林大学,2024.

［10］TAO C A，LI Y J，WANG J F. The progress of electrochromic materials based on metal-organic frameworks[J]. Coordination Chemistry Reviews，2023，475：214891.

［11］WU W W，GUO S L，BIAN J，et al. Viologen-based flexible electrochromic devices [J]. Journal of Energy Chemistry，2024,93:453-470.

［12］YANG G J，ZHANG Y M，CAI Y R，et al. Advances in nanomaterials for electrochromic devices[J]. Chemical Society Reviews，2020，49(23)：8687-8720.

导热吸波复合材料的制备与性能测试

1. 实验目的

（1）掌握导热吸波复合材料的结构组成及制备工艺。

（2）理解导热吸波复合材料的基本特性和关键参数，掌握导热和吸波性能的测试方法及仪器操作。

（3）测试导热吸波复合材料的热导率、反射损耗等关键参数，并分析其导热及吸波性能。

2. 实验原理

随着现代微电子技术的迅猛发展，高新智能电子设备在人们日常生活中的使用日益广泛，极大地优化了人们的生活方式，提高了生活质量。然而，随着电子器件不断朝着小型化、集成化、高频率化发展，其物理尺寸不断减小，功率密度不断增大，局域热通量可达 10^3 W · cm^{-2} 以上；同时相较于传统电子设备，其电磁波发射功率显著增加。随之而来的热量聚集以及电磁干扰问题也日益严重，不仅会严重影响设备的性能、可靠性和使用寿命，甚至对人体健康以及环境安全造成严重威胁。因此，解决电子器件热量聚集和电磁干扰问题成为全球科研人员关注的焦点。

高分子聚合物因其轻质、电绝缘、易加工、低成本等优点，成为电子封装领域常见且实用的材料。然而，传统高分子材料在导热和吸波性能方面存在短板，如导热率较低、抗电磁干扰能力不足、高温稳定性差等，这制约了其在一些对性能要求较高的电子设备中的广泛应用。为了突破这些限制，研究人员通过向聚合物基体内部添加不同种类的填料，开发了多种形式的单一功能聚合物复合材料，相应的复合材料已广泛应用于电子器件内部。通常，将具有高导热性能的填料（如氧化铝、氮化硼、氮化铝等）用作导热剂，利用高分子聚合物作为黏结剂，实现电子器件内部热量的高效传输；同时，将具有优异电磁波吸收性能的填料（如铁氧体、MXene、碳化硅等）用作吸波剂，利用聚合物作为载体，赋予电子器件抗电磁干扰能力。

虽然聚合物复合材料的导热和吸波性能已得到广泛研究，但是关于聚合物基质中导热与吸波功能集成的复合材料的系统性研究仍然不足，同时对其导热及吸波机制的综合性探究也存在明显空缺。通常，提高聚合物复合材料热导率依赖于形成有效的热传导路径和网络，这需要导热填料在聚合物基质中堆叠以及复合材料中存在少量缺陷；改善聚合物复合材料的电磁波吸收性能则依赖于填料对电磁波的散射效应、电磁耦合损耗、偏振损耗等因素，这要求电磁波吸收填料在聚合物基质中充分分散、隔离并构成适度缺陷，这些因素在聚合物复合材料的热传导和电磁波吸收性能之间产生了设计矛盾。此外，导热填料的加入可能会影响电磁波吸收填料的功能,增加了导热和电磁波吸收一体化聚合物复合材料的制备难度和成本。在此基础上,绝缘、阻燃等功能的引入可能会进一步增加多功能聚合物的制备难度。

环氧树脂因其具有卓越的力学性能、耐蚀性和易加工性,广泛用于电子设备的封装,以此抵御外界的物理撞击和化学侵蚀,确保电子设备能够长期稳定运行。为了提升环氧树脂的热导率,通过高温碳化三聚氰胺泡沫得到了轻质且形态规则的三维三聚氰胺石墨化衍生物(MDCF),并采用真空辅助浸渍的方法制备了具有三维导热通路的环氧树脂基复合材料(MDCF/EP)。结果表明,MDCF 的碳化温度是调控其内部缺陷和微观网络结构的关键参量,900 ℃碳化得到的 MDCF 具有较低的缺陷密度。

1)导热材料的发展概况

导热材料是一类在热传导过程中能够有效传递热量的材料,这类材料在热管理、热散发和热传输应用中发挥着重要作用。这类材料的导热性质对设备的散热效能、能量转换效率及稳定性有着直接影响。随着电子设备、汽车和能量存储等领域的持续发展,对具有更高导热性能和效率的材料的需求不断增加,有效的热管理对于开发高性能电子设备至关重要。研究显示,大约55%的电子设备在运行中因温度过高而受损,并且电子设备的稳定性和可靠性会随着工作温度每上升 1 ℃而下降约 4%。因此,在科技不断进步的背景下,对导热材料的研究正日益深入,目标是开发出更高效、可持续且环保的导热材料,以满足不断增长的科技和工业需求。

2)导热材料的分类

从材料组成的角度来看,导热材料主要分为传统的金属材料、陶瓷材料、聚合物材料和聚合物复合材料等几大类。在这些材料中,传统金属材料通常展现出较高的导热性能。例如,铜和铝因其卓越的导热能力而被广泛应用于散热器和散热片等领域。然而,与其他类型的材料相比,金属一般较重且成本较高。此外,它们出色的导电性在某些电子应用中可能成为劣势。陶瓷材料则以其良好的热稳定性和化学稳定性而闻名。尽管陶瓷材料的导热性能可能不及金属材料,但其高温耐受能力和优秀的电绝缘性使其在特定应用(如电子设备的绝缘体)中极为有用。陶瓷材料通常较为脆弱,不宜承受冲击或应力,并且加工难度及成本较高。聚合物材料在导热性能方面通常较差,但因其轻质、易加工等特性,在不要求高导热性能的应用中依然备受青睐。例如,在电子封装领域,特定类型的聚合物被用来提供机械支撑和保护,同时保持较低的成本和较轻的重量。然而,这类材料较低的固有热导率和不佳的高温稳定性限制了其在高功率密度电子设备中的应用。聚合物复合材料通过在聚合物基质中混合导热颗粒(如金属或陶瓷粉末等)来提高其导热性能。这类材料旨在结合聚合物的易加工性和其他材料的优秀导热性,适用于需要一定导热性能但又不希望有导电性的场合,被视为解决电子器件热量积聚问题的一个潜在解决方案。不过,尽管聚合物复合材料的导热性能优于纯聚合物,但可能仍不及金属或陶瓷材料。此外,确保填充物在聚合物中均匀分布也是其面临的一个挑战。

3)聚合物复合材料的热导率

为了精确设计并制备具有可调节导热性能的聚合物复合材料,需要深入分析填充材料的种类与其含量对热导率的影响。因此,在过去几十年中,围绕聚合物复合材料的热传导特性,研究人员积累了丰富的实验数据和理论。这些研究提供了关于材料热导率与其成分间复杂关系的深入见解。根据经典导热混合理论,聚合物复合材料的热导率可通过特定公式进行计算和预测:

$$\lambda = \phi\lambda_f + (1-\phi)\lambda_m \tag{1}$$

$$\frac{1}{\lambda} = \frac{1-\phi}{\lambda_m} + \frac{\phi}{\lambda_f} \tag{2}$$

在此模型中,聚合物复合材料的热导率用 λ 表示,填料在聚合物复合材料中的体积比用 ϕ 表示,填料的固有热导率用 λ_f 表示,聚合物基质本身的热导率用 λ_m 表示。在分析聚合物复合材料的热导率时,根据填料和聚合物基质在聚合物复合材料中的分布特性,有两种分析模型。当填料与聚合物基质按并联方式分布时,其热导率可用 Voigt 模型(即式(1))来描述。反之,若填料和聚合物基质呈串联分布,则其热导率遵循 Reuss 模型(即式(2))。这两个模型代表了各向同性双相复合材料热导率的极限情况,即 Wiener 界限。值得注意的是,这些极限不受填料颗粒形状的限制。进一步,Krischer 提出了一种结合串联和并联模型的加权平均方法,以更全面地评估聚合物复合材料的有效热导率:

$$\lambda = \frac{1}{\dfrac{\phi}{\lambda_{serise}} + \dfrac{1-\phi}{\lambda_{parallel}}} \tag{3}$$

鉴于导热性能受多种因素的影响,传统模型在精确评定和预测聚合物复合材料的真实热导率方面存在局限性。为了解决这个问题,人们提出了许多理论和半理论模型,这些模型专门针对含有特定形状填料颗粒的复合材料的导热性能展开研究。在这一领域,Maxwell 贡献了一个重要的模型,该模型基于一个假设,即两相复合材料由在均匀介质中随机分布的非相互作用的均匀球形颗粒构成,进而推导出其热导率:

$$\lambda = \lambda_f \frac{\lambda_m + 2\lambda_f + 2\phi(\lambda_m - \lambda_f)}{\lambda_m + 2\lambda_f - \phi(\lambda_m - \lambda_f)} \tag{4}$$

在低填充量条件下,Maxwell 模型能够有效地预测复合材料的热导率。但是,当填充量增加至较高水平,使填料颗粒相互接触时,该模型的预测精度会显著下降。为了解决这一问题,Pissis 提出了一个创新的导热模型,该模型专门考虑了填料在聚合物基质内部的复杂拓扑结构,以期在高填充量情况下更准确地模拟复合材料的热传导性质:

$$F = \frac{V_f}{V_f + 1 - \phi} \tag{5}$$

$$\lg\lambda - \lg\lambda_m = (\lg\lambda_f - \lg\lambda_m)\left(\frac{\varphi}{F}\right)^N \tag{6}$$

其中,V_f 表示填料的最大可能填充量,φ 是临界逾渗阈值(标志填料颗粒开始在复合材料中形成连续网络的点),F 表示填料在复合材料空间中达到完全填充这一极限状态时的填充量。

4)电磁波吸收原理

电磁波是由电场与磁场相互作用产生的振动波,它们可以在无介质的真空环境或者介质中传播,具有定义明确的波长、频率以及传播速率。电磁波的类别繁多,涵盖了从无线电波到伽马射线等多种形式。当电磁波与物质相遇时,主要发生反射、吸收和透射三种过程,这些过程最初在空气和物质的交界面上发生。为实现电磁波的高效吸收,核心策略是最大化电磁波进入物质的总量,同时最小化其在物质表面的反射和在底部的透射。电磁波一旦穿透物质表面,会在物质内部经历能量衰减,这主要是由于其在材料内部发生反复反射和散射,进而导致电磁能转换为热能或其他形式的能量。关于电磁波吸收材料的组成以及其工作机理的详细说明可参考图1。

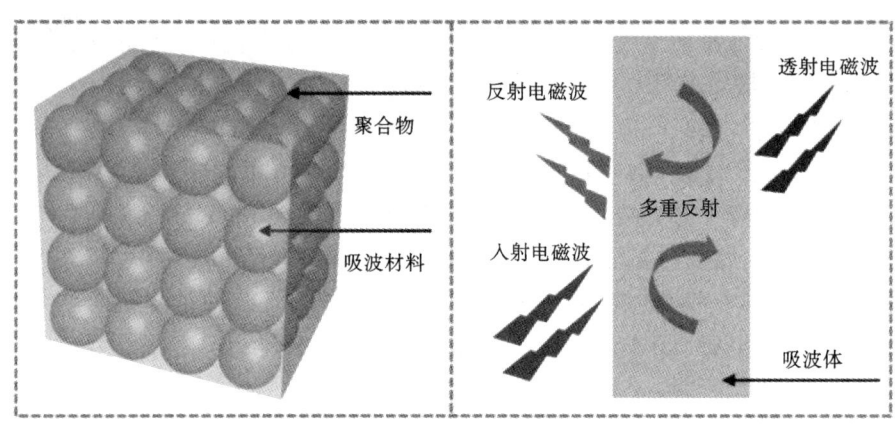

图1 电磁波吸收材料及其工作机理示意图

为了确保电磁波被吸波材料有效损耗和吸收,关键在于满足以下两个基本条件。首先,必须实现电磁阻抗匹配,即吸波材料的阻抗需与自由空间(周围空气)的阻抗相适应。这一点至关重要,因为当电磁波从一个介质传输至另一种具有不同电磁特性的介质中时,若阻抗不匹配,则会产生反射而非吸收。这种反射不仅降低了吸波效率,还可能对周边设备或环境构成潜在风险。因此,通过优化阻抗匹配,可以确保电磁波能够有效地进入吸波材料内部,而不是被反射回环境中。当电磁波在自由空间中传播时,可以通过特定的数学公式来计算其阻抗 Z_0:

$$Z_0 = \sqrt{\frac{\mu_0}{\varepsilon_0}} \tag{7}$$

其中,ε_0 和 μ_0 分别为自由空间的介电常数和磁导率。而对于背板为金属材料的单层吸波材料而言,材料表面与空气的归一化阻抗 Z_{in} 可表示为

$$Z_{in} = Z_0 \tanh\left[j\left(\frac{2\pi f d}{c}\right) \sqrt{\mu_r \varepsilon_r} \right] \tag{8}$$

其中,ε_r 为吸波材料的复介电常数($\varepsilon_r = \varepsilon' - j\varepsilon''$),$\mu_r$ 为复磁导率($\mu_r = \mu' - j\mu''$),c 为光在真空中的速度,f 为电磁波的频率,d 为所使用吸波材料的厚度,j 为虚数单位。为了实现电磁波在材料表面无反射(即反射系数 Γ 为零),材料的输入阻抗 Z_{in} 需与 Z_0 相匹配,这意味着它们的比值应接近或等于1。因此,ε_r 和 μ_r 是决定阻抗匹配及其效率的核心参数。

$$\Gamma = \frac{Z_{in} - Z_0}{Z_{in} + Z_0} \tag{9}$$

其次,吸波材料自身应具备高效的电磁能量衰减能力。这意味着一旦电磁波渗透到材

料内部,该材料应能有效地将电磁能量转换成其他形式的能量,进而实现电磁波能量的损耗,以此减少反射回自然环境的电磁波。关于材料本身的能量损耗能力,衰减常数 α 是一个重要的指标,用以衡量材料对电磁波能量的整体损耗能力。根据传输线理论,α 的表达式可以由材料的电磁参数推导得出:

$$\alpha = \frac{\sqrt{2}\pi f \times \sqrt{(\mu''\varepsilon'' - \mu'\varepsilon') + \sqrt{(\mu''\varepsilon'' - \mu'\varepsilon')^2 + (\mu''\varepsilon'' + \mu'\varepsilon')^2}}}{c} \tag{10}$$

其中,ε' 和 ε'' 分别为吸波材料复介电常数的实部和虚部。ε' 体现了材料对电荷能量的储存特性,而 ε'' 反映了材料对电荷能量的损耗特性。类似地,复磁导率也分为实部 (μ') 和虚部 (μ''),分别表征材料对磁场能量的储存及损耗特性。

电磁波吸收材料的性能主要通过其对电磁波的损耗能力来衡量,这种能力与材料的电磁参数密切相关。通常,是通过反射损耗(RL)来评估的。根据传输线理论,结合前面的公式,可以通过电磁参数计算出 RL 值,如下所示:

$$RL = 20\lg\left|\frac{Z_{in} - Z_0}{Z_{in} + Z_0}\right| \tag{11}$$

一般来说,RL 值越小,表明材料对电磁波的吸收能力越强。当 RL 值降至 -10 dB 及以下时,可以推算出材料的反射率不超过 10%,即至少有 90% 的入射电磁波能被材料所吸收。在这个层面上,该材料通常被认为能够满足大部分电子器件、设备及隐身技术的基本需求。因此,通常将 RL 值为 -10 dB 及更低时对应的频率范围定义为材料的有效吸收频率带宽(EAB)。当 RL 值进一步下降至 -20 dB 及更低时,表明材料具有更高的吸收效率,能吸收高达 99% 的入射电磁波。在设计理想的电磁波吸收剂时,需考虑若干关键特性。首先,吸波剂的重量应尽量轻,以便于携带和应用。其次,理想的吸波材料应具备较薄的厚度,以适应空间受限的应用环境。此外,宽频带的吸收能力是重要的性能指标,它使材料能够有效地吸收不同频率的电磁波。最后,强效的吸收特性是必需的,这确保材料能够高效地吸收入射的电磁波,从而达到优异的隐身效果或有效抑制电磁干扰。

5)电磁波的损耗机制

(1)介电损耗机制。

对于电磁波吸收材料而言,介电损耗是一个关键因素,因为它直接影响材料损耗电磁波能量的能力。介电损耗是指电磁波通过介电材料时,由于材料内部极化机制,部分电磁能量被转化为热能或其他形式能量的现象。介电损耗主要由两种机制构成:电导损耗和极化弛豫损耗。电导损耗的产生涉及自由电子在电磁场作用下在介质材料中的迁移过程。在这一过程中,自由电子的迁移会产生诱导电流,当这种电流在材料中流动时,由于焦耳效应的存在,会导致一部分电磁波能量转化为热能而被材料吸收。

对于极化弛豫损耗而言,在交变电场作用下,材料中的正负电荷中心发生偏离,不再与初始平衡位置重合,从而引发介电极化现象。随着交变电场频率的升高,材料内部极化反应开始滞后于电场变化,导致极化弛豫现象和能量损耗。在讨论材料的极化弛豫损耗时,通常有四种主要机制:偶极极化、界面极化、电子极化和离子极化。这些机制在不同频段的电磁波中呈现出不同特性。具体来说,电子极化和离子极化因涉及较小尺度的电荷重新分布,主要出现在太赫兹及以上的频段($10^3 \sim 10^6$ GHz),在微波频段常被忽略。相比之下,偶极极化和界面极化主要在吉赫兹频段表现显著,这与这些极化过程中较大尺度的电荷排列和材料界面的特性有关,也是当前吸波材料研究的重点。偶极极化和界面极化如图 2 所示,在受到电场或磁场作用时,偶极子因其内部电荷分布不均匀而发生定向排列,进而产生偶极极化现象。这些偶极子在外力作用下会产生转动扭矩,同时受其内部随机热运动的影响,导致相互碰撞,从而引起能量散失。偶极极化主要源于缺陷、空位、杂原子和官能团诱导的本征偶极子。此外,当两种具有不同介电常数的介质材料接触并受到交变电场影响时,电荷重组会被触发。在这种情况下,正电荷和负电荷在两种材料的接触面上重新分布,导致界面极化效应产生。

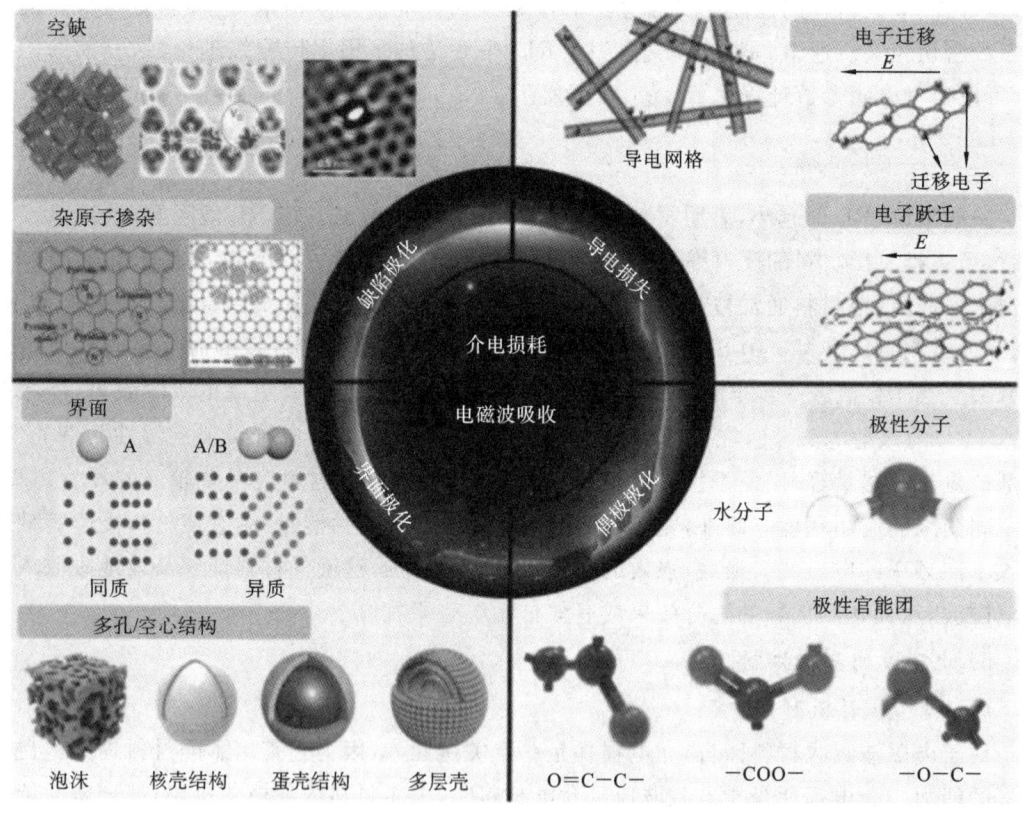

图 2　介电损耗机理示意图

(2) 磁损耗机制。

在交变电磁场作用下,当电磁波穿过具有铁磁性质的介质时,会触发该介质内部的动态磁化过程,进而导致电磁波能量的转换和消耗。此现象称为磁损耗,其强度主要由介质的磁损耗角正切值 $\tan\delta_\mu$($\tan\delta_\mu = \mu''/\mu'$)决定,$\tan\delta_\mu$ 值越大,表明磁损耗能力越显著。磁损耗涉及多种损耗机制,包括磁滞损耗、畴壁共振、自然共振和交换共振以及涡流效应等。其中,磁滞损耗源于不可逆的畴壁移动,通常出现在较弱的磁场环境中。畴壁共振发生于材料畴壁的共振频率与入射电磁波频率一致时,这一现象一般出现在千兆赫兹的低频范围内。因此,磁滞损耗和畴壁共振不是磁损耗的主要机制,通常不予以考虑。在铁磁材料中自然共振和交换共振最为常见,代表了两种不同形式的铁磁共振方式。自然共振发生在 $2 \sim 10$ GHz 的频率下,而交换共振发生在大于 10 GHz 的较高频率范围内。自然共振和交换共振的频率可以通过以下公式获得:

$$f_r = \frac{\omega_0}{2\pi} = \frac{\gamma H_k}{2\pi} \tag{12}$$

$$f_{exc} = \frac{\left(\dfrac{C \cdot \mu_{kn}^2}{R^2 M_s} + H_0 - aM_s + \gamma Ha \right)\gamma}{2\pi} \tag{13}$$

其中,f_r、γ、H_k 代表磁晶体各向异性的固有共振频率、自旋磁化比和等效磁场,H 为磁场强度,f_{exc} 代表交换共振频率,C 是交换常数,μ_{kn} 是球面贝塞尔函数导数的根,R 是磁性粒子或吸收体的半径,M_s 代表饱和磁化强度,H_0 是磁晶各向异性场的常数项参量,a 是退磁因子。根据这些参数和相关方程,可以推断出自然共振的特性与磁性材料的形状和磁晶各向异性紧密相关。与此同时,交换共振的特征主要依赖于表面各向异性和粒子间的交换能。这些因素综合表明,自然共振和交换共振的行为显著受到磁性材料的几何形状、晶粒大小、晶体结构以及晶界特性的影响。上述特性的变化会直接影响磁性材料的共振特性,进而影响其在电磁波吸收领域的性能表现。

6) 三维网络结构的研究现状

三维网络结构在材料科学领域的应用广泛且深入,凭借其独特的三维空间排列、高度有序的孔隙率以及可按需定制的化学和物理性质,为各领域的技术创新提供了有力支持。在纳米技术和材料科学的交叉领域,三维网络结构可以精确设计至纳米级别,从而实现对光、热和电等物理性质的精确调控。这种精确调控在开发高效吸附剂、药物载体、能源转化器件、热管理材料和电磁波吸收材料等方面展现出巨大潜力。

在能源存储和转换领域,三维网络结构的应用具有革命性的意义,尤其是在电池和超级电容器的电极材料设计方面。三维网络结构具备比平面结构更大的表面积,能让更多的活性位点参与储能过程,从而增加了超级电容器的比容量。此外,它优化了电子和离子的传输路径,减小了内阻,从而提高了充放电速率。Zou 等人以酚醛树脂作为碳的前驱体,通过碳化和 KOH 活化的方法制备了应用于高性能超级电容器的分级碳纳米带(CsCNBs)。CsCNBs的制备示意图如图 3 所示。

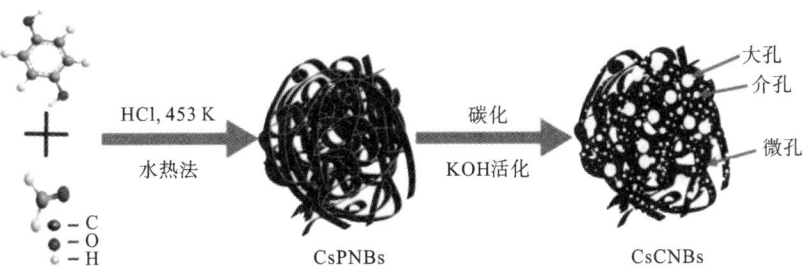

图 3 CsCNBs 的制备示意图

在热管理方面,三维网络结构凭借其优异的热导率和热稳定性,在提高电子设备的散热效率和降低热应力方面发挥着关键作用。特别是在高功率电子设备和微电子机械系统中,三维网络结构为热量提供了广阔的传输路径,这对于维持设备的可靠性和寿命至关重要。An 等人采用表面化学改性和冰模板法制备了具有高度垂直取向三维结构的氮化硼/天然橡胶(BN/NR)热界面复合材料(见图 4)。三维网络结构的引入减少了声子在聚合物内部的散射,因此,在填充量为 25%(质量分数)时,BN/NR 的导热系数达到了 0.79 W·m⁻¹·K⁻¹。

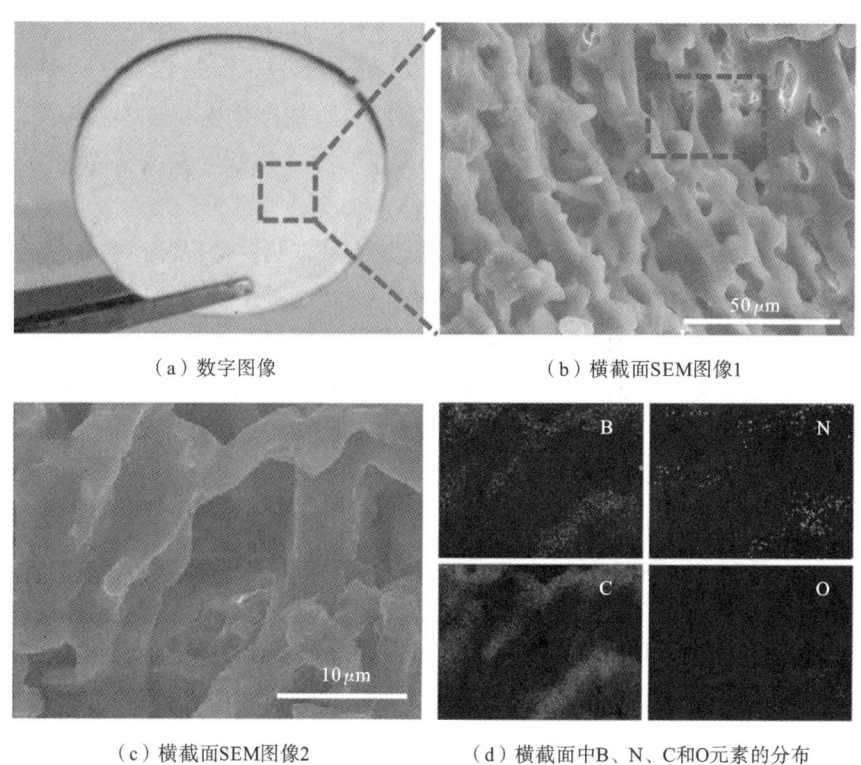

（a）数字图像　　　　　　　　　　（b）横截面SEM图像1

（c）横截面SEM图像2　　　　　（d）横截面中B、N、C和O元素的分布

图 4　BN/NR 热界面复合材料

在电磁波吸收方面,三维网络结构的应用具有显著优势,其独特的空间构造能够有效地捕捉和损耗电磁波。这种结构的多孔性为电磁波与材料提供了更多相互作用的机会,从而提高了吸收效率。此外,通过调整三维网络结构的尺寸、形状和组成材料,可以针对特定的频率范围优化电磁波吸收性能。通过对三维网络结构进行优化设计可以实现电磁波的多重损耗机制,如电磁波的多次反射和散射、介电损耗和磁损耗等,这些机制的协同作用使材料能够更有效地吸收和衰减电磁波。

7) 导热吸波材料的性能评价方法

导热吸波材料的性能参数是评估其工作效能和综合性能的重要指标,其中热导率和反射损耗是衡量其性能优劣的关键参数。在本研究中,用于计算热导率 λ 的公式为 $\lambda = DC_p\rho$。在这里,应用阿基米德排水法的原理,测定了材料的密度 ρ,利用差示扫描量热仪对样品的比热容 C_p 进行了精确测量。至于热扩散系数 D 的测定,则采用了由

NETZSCH 公司制造的 LFA 427 激光法导热仪(见图 5)。这种仪器具有广泛的工作温度范围,从室温至 2000 ℃,且可调的升降温速率在 0.01 K·min^{-1} 至 50 K·min^{-1} 之间,能够精确测量 0.01 mm^2·s^{-1} 至 1000 mm^2·s^{-1} 的热扩散系数和 0.1 W·m^{-1}·K^{-1} 至 2000 W·m^{-1}·K^{-1} 的热导率。

实验中使用的主要设备为美国 Agilent 公司生产的 N5244A 型矢量网络分析仪(见图 6)。

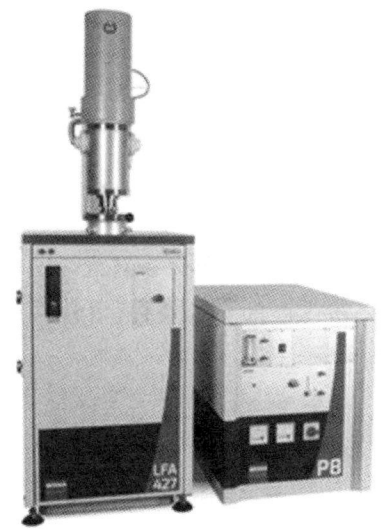
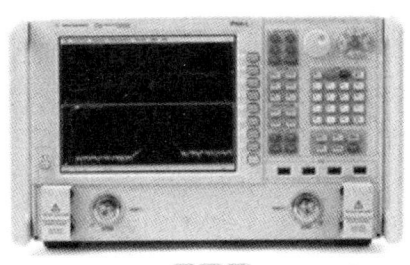

图 5　LFA 427 激光法导热仪　　　图 6　N5244A 型矢量网络分析仪

3. 实验试剂及仪器

1) 实验试剂

三聚氰胺泡沫、环氧树脂(JY-257)、乙醇、高纯氩气、高纯氮气、氯化锆($ZrCl_4$)、对苯二甲酸、N,N-二甲基甲酰胺、六方氮化硼、丙酮、氢氧化钠、浓硝酸、浓盐酸、浓硫酸、冰醋酸、六水合硝酸镍、六水合硝酸铝、氟化铵、尿素等。

2) 实验仪器

电子天平、不锈钢水热合成反应釜、移液枪、高温管式炉、超纯水机、超声波清洗器、加热搅拌器、磁力搅拌器、真空烘箱、电热鼓风干燥箱等。

4. 实验方法与步骤

1) 材料制备

(1) 纯净三聚氰胺泡沫(MF)的制备。

本实验采用超声波辅助洗涤技术制备高纯度的 MF。详细的制备流程如下:首先,将商业级 MF 样品按一定比例加入 500 mL 乙醇和超纯水混合溶液(溶液体积比为 2∶3)中。然后,使用 100 W 的超声波功率对混合物进行 2 h 的超声波处理。此过程完成后,将处理过的 MF 转移至烘箱中,在 80 ℃ 下烘干 24 h,以确保其完全干燥。

（2）三聚氰胺石墨相衍生物（MDCF）的制备。

在实验室环境下，按照以下步骤对 MF 进行高温碳化处理以制备 MDCF。首先，取一定量纯净 MF 置于瓷舟中。随后，将瓷舟移至管式炉内，在充满氩气的流动保护气氛中进行处理。实验过程中，管式炉的温度控制十分关键：首先，以 $3.0\ ℃ \cdot min^{-1}$ 的速率升温至 $300\ ℃$ 并保持该温度 $10\ min$；接着，温度继续升至 $400\ ℃$，在此温度下保温 $10\ min$；最后，以 $2.0\ ℃ \cdot min^{-1}$ 的速率升温至 $900\ ℃$ 并保温 $2\ h$。完成这一系列步骤后，所得的碳化产物命名为 MDCF-900。为了制备对照样品，遵循与 MDCF-900 相同的制备流程，但改变最终的高温碳化温度。具体而言，分别在 $600\ ℃$、$700\ ℃$、$800\ ℃$ 和 $1000\ ℃$ 下进行碳化处理，原材料 MF 用量保持不变。这些不同温度下制备的样品分别命名为 MDCF-600、MDCF-700、MDCF-800 和 MDCF-1000。

（3）MDCF/EP 复合材料的制备。

通过真空辅助浸渍法成功制备了 MDCF/EP 复合材料。详细的制备过程如下：首先，将商用环氧树脂（EP）溶解并充分搅拌，直至获得均匀的溶液。随后，将该溶液转移到特制的模具中，以备后续步骤使用。按照预定的质量比，精确称取 MDCF，并将其完全浸入之前准备好的 EP 溶液中。随后，将含有 MDCF 的样品转移到设定为环境温度的真空干燥箱中。在真空环境下进行 $6\ h$ 的浸渍处理，目的是排除 MDCF 骨架中的空气，并确保 EP 能够充分渗透至 3D MDCF 的网络结构内部。完成浸渍处理后，样品在 $60\ ℃$ 的条件下烘干 $12\ h$。此步骤不仅用于去除残留溶剂，还促进 EP 在 MDCF 结构中的固化，最终形成结构完整、均匀的 3D MDCF/EP 复合材料。在整个过程中，通过调整 MDCF 与 EP 的质量比来获得不同的 MDCF/EP 复合材料。

2）性能测试

（1）热导率。

本实验采用由 NETZSCH 公司制造的 LFA 427 激光法导热仪，实验环境需为惰性或真空环境，以便通过红外探测器以非接触的方式连续跟踪并记录样品上表面中心点的温度变化，从而得出温度 T 与时间 t 的关系曲线。实验的一个关键参数是样品上表面中心点的温度达到峰值一半所需的时间 $t_{1/2}$。基于傅里叶热传导理论，通过这些实验数据可以计算出块状样品的热扩散系数 D：

$$D = \frac{1.38 \times L^2}{\pi^2 \times t_{1/2}} \qquad (14)$$

其中，L 为所测样品的厚度。在实际测量过程中，由于偏离了理想条件，边界热损失和样品表面的辐射散热等因素，会对实验数据的准确性产生影响。因此，为了提高测量结果的精确度，需要考虑这些非理想因素的影响，并通过引入合适的数学模型对测量数据进行必要的修正。

（2）电磁波吸收性能。

实验中使用的主要设备为美国 Agilent 公司生产的 N5244A 型矢量网络分析仪。复合材料样品的准备流程包括以下几个步骤：首先，把实验中合成的三维网络结构复合材料与环氧树脂按照特定质量比混合均匀。接着，将混合物放入特制模具中，压制成外径为 7.00

mm、内径为 3.04 mm、厚度在 2.00 mm 至 3.00 mm 之间的同轴圆环。最后,把这些样品放置在同轴测试夹具中进行测量。依据测得的 ε_r 和 μ_r 数据,对样品在不同厚度下的反射损耗进行了计算与模拟分析。

5. 实验数据记录与处理

(1) 记录所测样品的厚度(cm)、上表面中心点温度变化(℃),以及矢量网络分析仪所测的 ε_r 和 μ_r 数据。

(2) 对所记录的数据进行计算和模拟分析,得到热扩散系数 D 及相应的热导率 λ、反射损耗(dB)及最大有效吸收带宽(GHz)等。

(3) 绘制相应曲线。

6. 注意事项

(1) 在测量前,需根据制造商的指导对激光法导热仪进行校准,以确保数据准确,同时要遵守所有激光安全指南,佩戴适当的防护眼镜,尤其是在使用激光源时。

(2) 矢量网络分析仪需定期进行校准,以确保测量数据的准确性,校准过程包括对 S 参数(反射系数和传输系数)的校准。在使用前让矢量网络分析仪预热一段时间,以稳定其内部电子元件的性能。

(3) 在测量后,需妥善处理样品,特别是如果样品在测试过程中被加热或损坏。

7. 思考题

(1) 如何选择或设计导热吸波材料来实现特定的频率选择性?

(2) 哪些制备技术可以用来制造高性能的导热吸波材料?

(3) 如何确保导热吸波材料在长期使用中的可靠性和稳定性?

(4) 纳米技术和新型材料科学如何推动导热吸波材料的发展?

参考文献

[1] SEFIANE K,KOŞAR A. Prospects of heat transfer approaches to dissipate high heat fluxes:opportunities and challenges[J]. Applied Thermal Engineering,2022,215:118990.

[2] WEN Y F,CHEN C,YE Y S,et al. Advances on thermally conductive epoxy-based composites as electronic packaging underfill materials—a review[J]. Advanced Materials,2022,34(52):2201023.

[3] GUO YQ,RUAN K P,WANG G S,et al. Advances and mechanisms in polymer composites toward thermal conduction and electromagnetic wave absorption[J]. Science Bulletin,2023,68(11):1195-1212.

[4] CHEN Q,MA Z W,WANG Z Z, et al. Scalable, robust, low-cost, and highly thermally conductive anisotropic nanocomposite films for safe and efficient thermal management[J]. Advanced Functional Materials,2022,32(8):2110782.

[5] WANG H,ZHANG Y,NIU H T,et al. An electrospinning-electrospraying technique for connecting electrospun fibers to enhance the thermal conductivity of boron nitride/polymer composite films[J]. Composites Part B: Engineering, 2022, 230: 109505.

[6] ZHAO H Y,YU M Y,LIU J,et al. Efficient preconstruction of three-dimensional graphene networks for thermally conductive polymer composites[J]. Nano-Micro Letters, 2022, 14(1): 129.

[7] ZHAO Z H,SHI B,WANG T,et al. Microscopic and macroscopic structural strategies for enhancing microwave absorption in MXene-based composites[J]. Carbon, 2023, 215:118450.

[8] MAHLTIG B,LEISEGANG T,JAKUBIK M,et al. Hybrid sol-gel materials for realization of radiation protective coatings—a review with emphasis on UV protective materials[J]. Journal of Sol-Gel Science and Technology, 2023, 107(1): 20-31.

[9] XIONG X H,ZHANG H B,LV H L, et al. Recent progress in carbon-based materials and loss mechanisms for electromagnetic wave absorption [J]. Carbon, 2024, 219:118834.

[10] CHENG Z Y,ZHOU J T,LIU Y J, et al. 3D printed composites based on the magnetoelectric coupling of Fe/FeCo@C with multiple heterogeneous interfaces for enhanced microwave absorption[J]. Chemical Engineering Journal, 2024, 480: 148188.

[11] QIAO J,LI L T,LIU J R,et al. The vital application of rare earth for future high-performance electromagnetic wave absorption materials: a review[J]. Journal of Materials Science & Technology, 2024, 176: 188-203.

[12] JIA Z R,LAN D,LIN K J, et al. Progress in low-frequency microwave absorbing materials [J]. Journal of Materials Science: Materials in Electronics, 2018, 29: 17122-17136.

[13] ZOU J Z,TU W X,ZENG S Z, et al. High-performance supercapacitors based on hierarchically porous carbons with a three-dimensional conductive network structure [J]. Dalton Transactions, 2019, 48(16): 5271-5284.

[14] AN D,DUAN X Y,CHENG S S,et al. Enhanced thermal conductivity of natural rubber based thermal interfacial materials by constructing covalent bonds and three-dimensional networks[J]. Composites Part A: Applied Science and Manufacturing, 2020, 135: 105928.

无机纳米气敏材料的制备与灵敏度测试

1. 实验目的

(1) 掌握 SnO_2 的结构组成及制备工艺。

(2) 理解气敏材料的基本特性和关键参数,掌握气敏性能的测试方法及仪器操作。

(3) 测试 SnO_2 样品的晶粒尺寸、禁带宽度、载流子浓度、灵敏度等关键参数,并分析影响其灵敏度的因素。

2. 实验原理

随着工业化进程的加速,空气污染、温室气体排放以及工业生产中的有害气体泄漏问题日益严重。这些气体往往对环境和人体健康造成威胁,因此,开发高性能的气体传感器来进行实时监测变得尤为重要。传统的气体传感器一般依赖有机材料或电化学原理,在稳定性、灵敏度、选择性和耐久性等方面往往存在一定的不足。相比之下,无机纳米气敏材料是一类具有良好气体感应特性的材料,目前已广泛应用于气体传感器、环境监测、工业控制等领域。

简单来说,气体传感器就是一种可以将肉眼看不到气体的种类、浓度以及一系列环境信息转换成可视化信号的传感装置,其在有毒危险气体和人体代谢过程中产生的气体检测领域具有很高的应用价值。随着研究的不断深入,气体传感器已经被应用到很多智能科技领域,使其功能兼具多样化,因而获得了"电子鼻"的美称。

气体传感器自问世以来便备受传感领域研究者的广泛关注。20 世纪 30 年代,Brauer 发现金属氧化物半导体氧化铜对水蒸气呈现出一定的气敏性能,主要是其电导率随水分子的浓度的变化而改变,这是气体传感器的雏形,开启了氧化物半导体材料气敏研究的新篇章。然而,由于当时理论水平和复杂环境的限制,20 世纪 60 年代以前的研究进展相对缓慢。直到 1962 年,Seiyama 首次成功制备出一个基于 ZnO 薄膜的气敏元件并用于检测可燃性气体,且发现吸附气体以后半导体的电阻会发生变化,这是气体传感器首次实际应用于气体检测,为后续理论研究与实际应用的结合打下了坚实基础。随后在 1968 年,Taguchi 将 SnO_2 气体传感器产业化,广泛应用于工厂或家庭以检测可燃性气体和还原性气体,进一步推动了气体传感技术的研究热潮。随着对气体传感器研究的不断深入,电化学式、半导体式和催化燃烧式传感器相继问世,使得其种类更加丰富多样。20 世纪 70 年代,气体传感器相关理论被引入我国,并在国内引起了广泛的关注。1983 年,第一届化学传感器国际会议在日本福冈召开,会议主要阐述了化学传感器的先进性和应用前景,作为信息科学的一个重要分支,化学传感器将会成为国际科学领域备受瞩目的新兴学科。2007 年,Novoselov 等人制备了石墨烯基气体传感器,该传感器具有极高的灵敏度,可以检测到单个气体分子的吸附。2012年,Huang 等人制备了基于石墨烯/ZnO 量子点复合气敏材料的室温甲醛气体传感器,与纯相石墨烯材料相比,其气敏性能更好。从此以后,石墨烯基纳米复合材料在气体传感领域逐渐崭露头角。

金属氧化物纳米材料(如 SnO_2、ZnO、CuO、TiO_2、Fe_2O_3 等)是目前最常用的无机气敏材料。纳米尺度的金属氧化物材料具有极大的比表面积,能与气体分子发生更多的相互作用,从而提高灵敏度。当金属氧化物材料与气体反应时,表面吸附的气体分子会改变材料的电子结构,使材料电导率发生变化,这一变化可以通过传感器进行监测。

目前,金属氧化物纳米材料的研究进展主要集中在以下方面。

(1)提高灵敏度:通过调控纳米颗粒的形态(如纳米棒、纳米线、纳米片等)和尺寸,优化气体的吸附和反应过程。

(2)改善选择性:通过掺杂、设计复合材料,提高其对特定气体(如 NO_2、CO、NH_3 等)的选择性响应。

(3)提高稳定性和重复性:通过表面修饰、合成新型纳米结构,增强材料的热稳定性和抗干扰能力。

(4)本实验采用微波-超声辅助法制备对三乙胺气体具有高灵敏度、高选择性的 SnO_2 气敏材料,并对其气敏机理进行了研究。

1)SnO_2 的晶体结构和理化性质

作为一种半导体金属氧化物功能材料,SnO_2 在各领域有着广泛的用途,这是因为 SnO_2 具有特殊的晶体结构和性质。SnO_2 是锡石矿的主要成分,一般情况下其粉末呈淡黄色、白色或淡灰色,其理化性质见表 1,晶胞结构见图 1。

表 1 SnO_2 的理化性质

指　　标	数　　值
分子量	150.7
密度/$(g \cdot cm^{-3})$	6.95
熔点/℃	1630
沸点范围/℃	1800～1900
禁带宽度/eV	3.6

常见的单晶 SnO_2 为四方相的金红石结构,属于 D_{4h} 空间点群。SnO_2 属于宽带隙 n 型半导体。SnO_2 的带隙跃迁机制取决于两种作用:一种是电子-电子和电子-杂质在价带和导带之间跃迁,从而导致 SnO_2 带隙发生变化;另一种是吸收向短波方向移动而产生 Burstein-Moss(BM)效应。这种效应是在高载流子浓度的半导体内,导带底部区域已经被载流子所填满,使得价带电子需大于禁带宽度的激发能量才能被激发到导带。这两种效应对禁带宽度的影响,可用式(1)和式(2)表示:

$$\Delta E_g^{BM} = \frac{(3\pi^2 N)^{\frac{2}{3}} \left(1 + m_v^* + \frac{1}{m_c^*}\right) h^2}{2} \tag{1}$$

$$\Delta E_g = \Delta E_g^{BM} + h \sum_c (K_F, \omega) - h \sum_v (K_F, \omega) \quad (2)$$

其中,ΔE_g^{BM} 为 BM 效应产生的带隙变化量,N 为自由载流子浓度,h 为普朗克常量,m_c^* 为导带中电子的有效质量,ΔE_g 表示光学禁带宽化的增量,K_F 为费米波数,ω 为入射光子角频率,m_v^* 为价带中空穴有效质量。目前,SnO_2 在太阳能电池、光催化器件和气敏传感器等领域有广泛的应用前景。作为气敏材料,SnO_2 具有灵敏度较高、原材料来源广泛、制备工艺简单、合成成本较低等优点,因而受到研究人员的青睐。

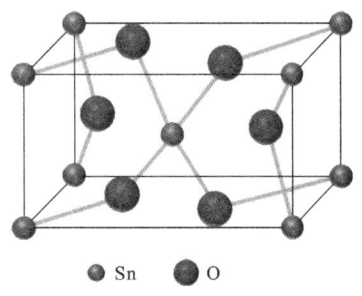

○ Sn ● O

图 1 SnO_2 的晶胞结构

2) SnO_2 微观结构特征

采用 SEM 和 TEM 对 SnO_2 的微观形貌进行表征,可观测到 SnO_2 的形貌呈薄片自组装的球状结构(见图 2(a))。对 SnO_2 进行局部放大,结果如图 2(b)所示,可观测到 SnO_2 的薄片厚度为 50 nm 左右。图 2(c)、(d)所示为 SnO_2 的 TEM 图,从图 2(d)可以观察到球状 SnO_2 边缘具有明显的薄片结构。采用高分辨率透射电子显微镜(HRTEM)观察 SnO_2 的晶格结构,图 2(e)显示了清晰可见的晶格条纹和晶面间距,通过对比可观察到 SnO_2 的(110)和(101)晶面,对应的晶格间距分别为 $d(110)=0.33$ nm 和 $d(101)=0.26$ nm。

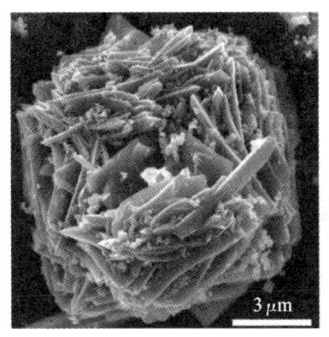

（a）SEM图像

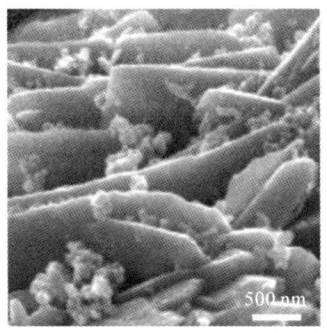

（b）SEM局部放大图像

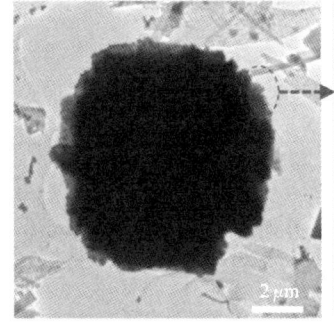

（c）TEM图像

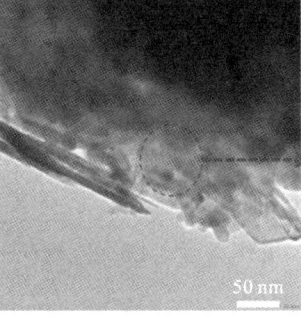

（d）TEM局部放大图像

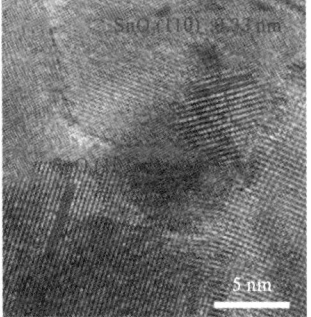

（e）HRTEM图像

图 2 500 ℃煅烧后的 SnO_2 的结构形貌

3）SnO₂ 的传感机理

作为一种常见的 n 型半导体，SnO₂ 的气敏传感机理是，氧原子在 SnO₂ 表面吸附，吸附后与待测气体发生化学反应，进而使整个 SnO₂ 气敏元件的电阻值下降，由此完成传感过程。在适当的温度下，环境中的氧原子首先在 SnO₂ 表面发生物理吸附，吸附一段时间后，氧原子会从 SnO₂ 的导带中捕获电子，发生化学吸附，成为 O^{2-} 和 O^-。当传感器置于充满待测气体（以 CH_4 为例）的环境中时，O^{2-} 和 O^- 会与待测气体发生氧化还原反应，进而影响整个 SnO₂ 气敏元件的电阻值。反应方程式如下：

$$O_2(gas) \longrightarrow O_2(ads) \tag{3}$$

$$O_2(ads) + e^- \longrightarrow O_2^-(ads) \tag{4}$$

$$O_2^-(ads) + e^- \longrightarrow 2O^-(ads) \tag{5}$$

$$CH_4(ads) + 4O^-(ads) \longrightarrow CO_2(gas) + 2H_2O(gas) + 4e^- \tag{6}$$

在实际应用中，对于单一的 n 型半导体，电子通过热激发跃迁到导带之后，价带上的空穴数量逐渐增加，由于导带的能级高于价带，半导体本身呈电中性，电子跃迁到价带与空穴复合，导致导带上的电子数量减少，不利于传感反应的进行。单一的 SnO₂ 气敏材料存在选择性较差、工作温度高等缺点，无法应用于气体的高精度测量。因此，研究人员采用不同的制备方法，将 SnO₂ 与其他材料进行复合，以提升 SnO₂ 气敏传感器的传感性能。SnO₂ 的气敏机理如图 3 所示。

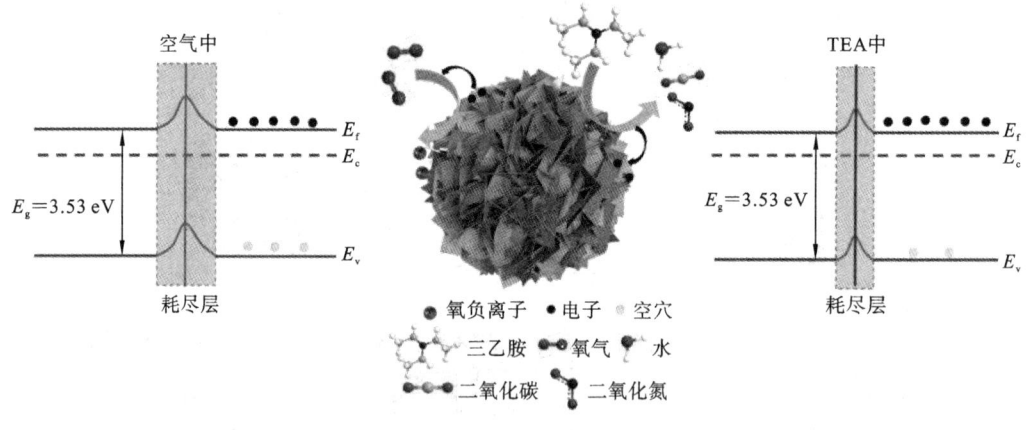

图 3 SnO₂ 的气敏机理

4）金属氧化物半导体气敏材料评价指标

在气敏材料的研制和应用中，工作温度、灵敏度、响应/恢复时间、选择性、长期稳定性是衡量气敏材料性能优劣的重要指标。

（1）工作温度。

基于氧化物半导体的气敏机理，气敏材料的灵敏度、响应/恢复时间等技术指标受气敏材料所处温度的影响极大。一般情况下，人们把气敏材料获得最高灵敏度时的工作温度定义为该气敏材料的最佳工作温度。

（2）灵敏度。

当气敏材料为 n 型半导体时，灵敏度定义为 $S=R_a/R_g$，其中 R_a 为气敏材料在空气中的电阻值，R_g 为气敏材料在目标气体中的电阻值。当气敏材料为 p 型半导体时，其灵敏度定义为 $S=R_g/R_a$。

（3）响应/恢复时间。

响应时间是指传感器暴露在目标气体中时，其电阻变化量达到总变化量的 90% 所需的时间；恢复时间是指传感器接触空气后，在电阻恢复到初始电阻的过程中，电阻变化量达到总变化量的 90% 所需的时间。

（4）选择性。

传感材料选择性检测特定气体的能力与其实际应用密切相关。气敏材料的选择性是指在相同的测试条件和测试环境下，对不同种类但气体浓度相同的气体进行测试，通过材料对不同气体的灵敏度差异来评价其选择性能力强弱。当传感器的选择性较差时，金属氧化物半导体材料对各种气体的灵敏度没有明显差异，可能出现误检的情况，因此提高材料选择性检测特定气体的能力至关重要。

（5）长期稳定性。

稳定性是指在一段时间内气敏材料对环境中各种因素的抗干扰能力。气敏材料的表面吸附、表面酸碱度、温度变化、高温等外部因素会使气敏材料的晶粒长大和纳米结构崩解，从而对材料在空气中的电阻 R_a、灵敏度和选择性产生一定影响。稳定性越高，其对外界环境的抗干扰能力就越强，也就更有利于在生产生活中的应用。

5）SnO_2 的制备方法

合成 SnO_2 常用的方法有多种，如水热法、溶胶-凝胶法、静电纺丝法、化学气相沉积法、热解金属有机骨架法、微波-超声波辅助合成法等。

水热法是在密闭、高压的反应釜中溶解金属盐，使其与溶液中的氢氧根（OH^-）发生反应并形成沉淀物，经过煅烧得到 MOS（metal oxide semiconductor，金属氧化物半导体）产物。

溶胶-凝胶法涉及湿处理过程，它以无机盐为前体，通过一系列化学反应在溶液中形成稳定、透明的溶胶体系。低温加热后，溶胶变成凝胶，金属氧化物或氢氧化物在溶胶中缓慢沉淀，最后在较高温度下加热得到所需材料。

静电纺丝法是指将需要的材料制成前驱体溶液，在电场作用下液滴克服表面张力被收集在导电收集器上，样品经过煅烧处理形成目标产物。在实验室水平上，典型的静电纺丝装置仅需要高压电源（高达 30 kV）、注射器、平针和导电收集器。现在广泛研究的参数包括溶液黏度、电导率、施加的电压、喷丝头尖端到收集器的距离和湿度等。

化学气相沉积法制备材料的过程是首先将原料制成挥发性气体，使气体向基体表面扩散，原料气不断吸附在基体表面并发生化学反应，最终在基体上生成固态沉积物。

微波-超声波辅助合成法因成本低、反应时间短等优点而得到广泛应用。微波可以通过辐射而非传导和对流的方式传输能量，所以它比常规加热方式快得多。由于能量可以直接传递到目标材料，微波与周围环境不发生相互作用，因此可以实现选择性加热；另外，超声波利用湍流和高速射流可以消除传质障碍,使溶液系统中的反应物质充分分散,从而加快反应进行。

3. 实验试剂及仪器

1)实验试剂

二水合氯化亚锡($SnCl_2 \cdot 2H_2O$)、尿素、无水乙醇、三乙胺、去离子水等。

2)实验仪器

电脑微波超声波紫外光组合催化合成仪、气液配气系统、气敏元件测试系统、分析天平、马弗炉、电热恒温鼓风干燥箱、无级调速搅拌器、台式高速离心机等。

4. 实验方法与步骤

1)材料制备

称取 1.5 g 二水合氯化亚锡($SnCl_2 \cdot 2H_2O$)、5 g 尿素溶解于 150 mL 去离子水中得到白色悬浊液。使用微波-超声波辅助合成 SnO_2 前驱体,反应温度为 90 ℃,超声波的功率为 150 W,微波的功率为 300 W,反应时间为 2 h,反应完成后用去离子水和无水乙醇将沉淀交替反复清洗 6 次,在 60 ℃下干燥 12 h。将干燥的前驱体置于马弗炉中,在空气氛围下以 8 ℃ · min^{-1} 的升温速率升温至 500 ℃,煅烧 2 h,冷却至室温后得到 SnO_2 复合材料。SnO_2 的制备步骤如图 4 所示。

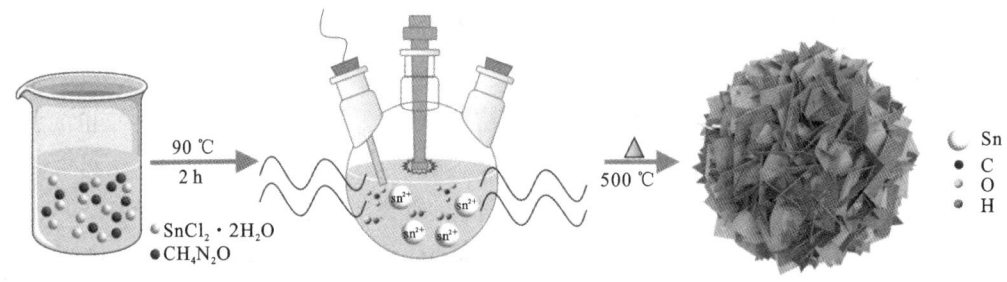

图 4　SnO_2 的制备步骤

2)气敏元件制备

气敏元件的制备流程如图 5 所示。将少量样品放入研钵中加入少量乙醇研磨成糊状,用毛细刷均匀地涂抹在 Ag-Pd 电极衬底上,将其放置于 160 ℃的烘箱中老化 12 h。

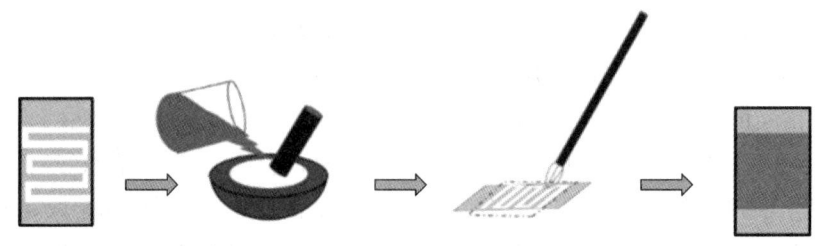

图 5　气敏元件的制备流程

3）气敏性能测试

对传感元件的气敏性能进行测试,测试系统如图 6 所示。

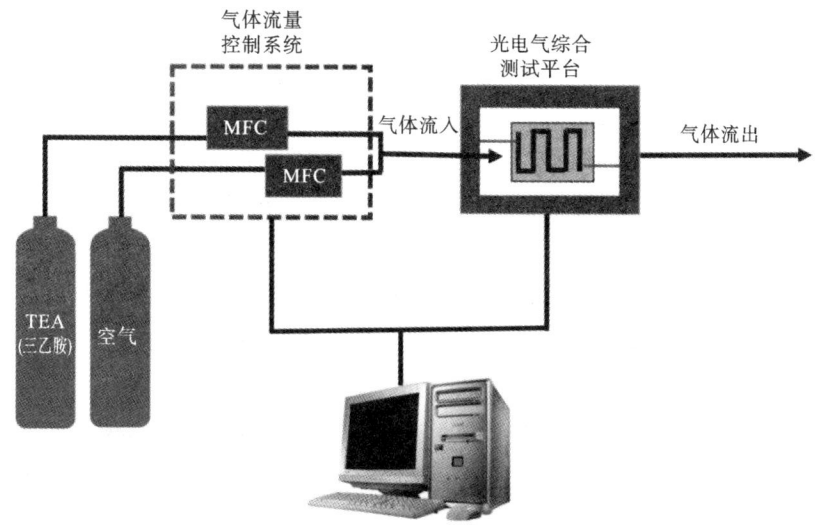

图 6　气敏性能测试系统

在气敏性能测试过程中,设定气敏元件的工作温度为 $100 \sim 350$ ℃,相对湿度为 40%。

5. 实验数据记录与处理

SnO₂				
煅烧温度	晶粒尺寸	对三乙胺气体的灵敏度	响应时间	恢复时间

三乙胺气体浓度：＿＿＿＿＿＿＿＿＿＿＿＿

6. 注意事项

（1）反应完成后的样品应用去离子水和无水乙醇交替反复清洗。

（2）制备气敏元件时要注意涂抹的厚度,太厚会影响气敏元件对目标气体的吸附和脱附,从而影响其气敏性能。

（3）操作时应注意实验室安全,在规定的条件下进行。

7. 思考题

（1）影响样品灵敏度的因素有哪些？

（2）组装好的气敏元件为何要进行老化处理？

（3）SnO₂ 气敏材料的优势有哪些？

（4）SnO₂ 气敏材料的应用和发展仍面临一些亟待解决的问题。请举例分析提升其稳定性、选择性、响应速度、低浓度气体检测能力以及降低生产成本的方法。

参考文献

[1] JIAN Y Y，HU W W，ZHAO Z H，et al. Gas sensors based on chemi-resistive hybrid functional nanomaterials[J]. Nano-Micro Letters，2020，12：1-43.

[2] FALCO A，LOGHIN F C，BECHERER M，et al. Low-cost gas sensing：dynamic self-compensation of humidity in CNT-based devices[J]. ACS sensors，2019，4(12)：3141-3146.

[3] 张锦涛. 多孔氧化石墨烯/金属氧化物基气敏材料的制备及其性能研究[D]. 西安：陕西科技大学，2022.

[4] 黄亦凡. 二硫化锡基复合材料气敏性能研究[D]. 哈尔滨：哈尔滨工业大学，2021.

[5] 马啸，朱信龙，惠双琳，等. SnO_2 气敏材料制备工艺的研究进展[J]. 化工技术与开发，2023，52(Z1)：58-62,66.

[6] PENG S D，WU G L，SONG W，et al. Application of flower-like ZnO nanorods gas sensor detecting SF6 decomposition products[J]. Journal of Nanomaterials，2013，2013(1)：135147.

[7] YANG H，ZHANG Q X，CHEN Y，et al. Ultrasonic-microwave synthesis of ZnO/BiOBr functionalized cotton fabrics with antibacterial and photocatalytic properties[J]. Carbohydrate Polymers，2018，201：162-171.

[8] LIN Z D，SONG W L，YANG H M. Highly sensitive gas sensor based on coral-like SnO_2 prepared with hydrothermal treatment[J]. Sensors and Actuators B：Chemical，2012，173：22-27.

[9] 朱琳娜，孙丽霞，苑雪玲，等. 微波-超声辅助法制备棒状氧化镧及其气敏性能研究[J]. 化工新型材料，2021，49(11)：123-127.

光电二维晶体材料的制备与物理性能测试

1. 实验目的

（1）了解光电二维晶体材料的定义和基本结构。

（2）掌握硒化铟薄膜的制备方法。

（3）掌握晶体管器件光电性能的测试方法。

2. 实验原理

光电二维晶体材料（optoelectronic 2D crystalline materials）是指具有二维结构的晶体材料，这类材料能够同时处理光和电的信号，通常具有优异的光电特性，如光吸收、光发射、光电转换等性能。二维材料只有单层或几层原子那么厚，通常为纳米级别，因此具有极高的比表面积和特殊的电子、光学性质。光电二维晶体材料在光电器件、光传感器、光通信、太阳能电池等领域有着广泛的应用前景。

自 2004 年 Geim 等人从石墨中剥离出石墨烯以来，二维晶体材料逐渐进入人们的视野。石墨烯因其超薄的厚度、平滑的晶格平面和独特的电子状态而受到关注，但其零带隙限制了它在光学和光电领域的应用。集成光子学技术将小型化光学器件集成到芯片中，促进了光学器件在传感和通信领域的应用。二维材料的量子限域效应使其与光发生强烈的相互作用，提高了光学吸收效率；由于没有悬挂键，二维材料可以轻松堆叠，形成高质量的范德瓦耳斯异质结。此外，二维材料的带隙范围广泛，从零带隙的石墨烯到窄带隙的黑磷，再到宽带隙的 h-BN（六方氮化硼），能够用于不同波长的光电探测。这些特性使二维材料在光电探测、发光器件以及集成光学平台中展现出广泛的应用前景。

1）二维材料光电子器件的发展

二维材料具备广泛的光谱响应范围，覆盖从紫外线、可见光到红外线的多个波段。图 1 所示为不同二维材料的光谱响应范围。2013 年，Wang 等人通过集成石墨烯与硅波导，实现了在室温下石墨烯的宽带光谱响应，检测波长可达 2.75 μm。2022 年，Yoon 等人结合二维材料过渡金属硫化物（TMDC）异质结和重构算法，制备了具有高峰值波长精度（约 0.36 nm）、高光谱分辨率（约 3 nm）和宽光谱带宽（405～845 nm）的光电光谱仪，如图 2 所示。

二维材料的光电响应速度极高，这是因为其具有薄层结构和高迁移率，使得载流子的弛豫时间缩短，从而实现高带宽的光信号检测和处理。2023 年，Koepfli 等人基于石墨烯的快

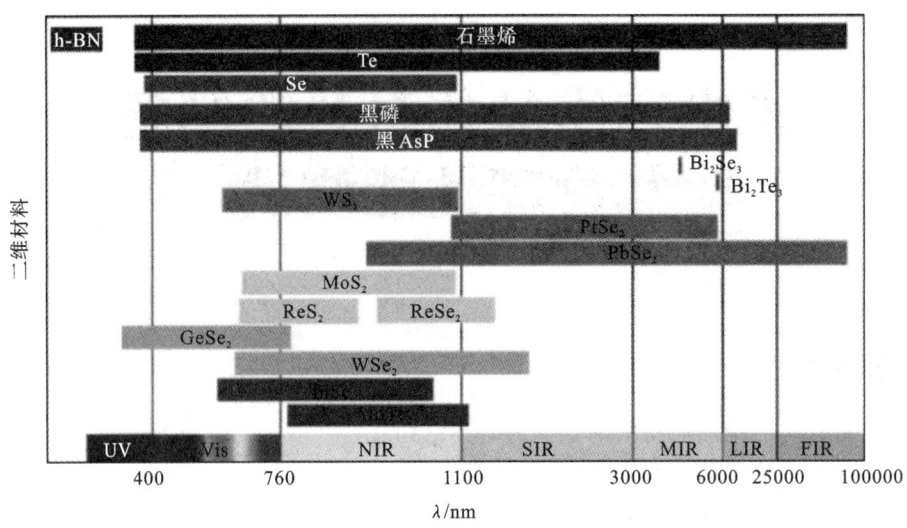

图 1　不同二维材料的光谱响应范围

速光电响应特性,制备了频率带宽高达 500 GHz 的石墨烯光电探测器,如图 3 所示。

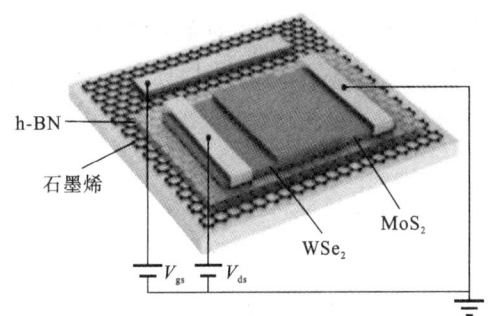

图 2　光电光谱仪

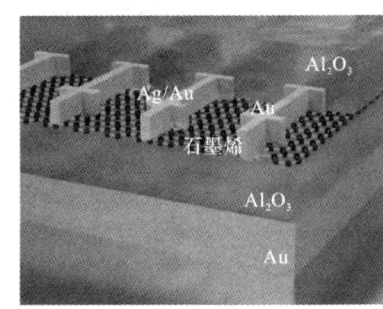

图 3　基于石墨烯-电极区域光伏效应制备的
500 GHz 频率带宽石墨烯光电探测器

通过调控柔性二维材料器件的结构和组分,可以实现对光电器件性能的精密调节和优化,以满足不同应用场景的需求。由于二维材料具有极薄的结构和优异的柔性,可以将其制备成柔性光电探测器,以适应各种复杂的曲面结构和应变环境,如图 4 所示。

二维材料在光电探测器领域具有独特的优势和巨大的应用潜力。其特殊的电子结构和光学性质使其成为制备高性能光电器件的理想选择。通过对二维材料光电性能的深入研究和探索,可以进一步拓展光电探测技术的应用范围,并推动其在科学研究、工业生产和日常生活中的广泛应用。

2）主要特点

（1）低维性:二维材料的原子层数仅为单层或少量几层,其厚度通常在几纳米到几十纳米之间,具有独特的电子结构和光学性质。

（2）光电性能:这类材料能够高效地吸收、发射光,并且光能与电能之间可以进行有效

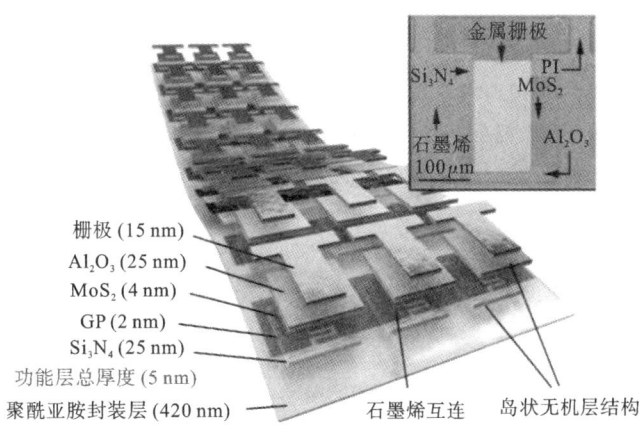

栅极（15 nm）
Al$_2$O$_3$（25 nm）
MoS$_2$（4 nm）
GP（2 nm）
Si$_3$N$_4$（25 nm）
功能层总厚度（5 nm）
聚酰亚胺封装层（420 nm）
石墨烯互连
岛状无机层结构

金属栅极
Si$_3$N$_4$
MoS$_2$
PI
石墨烯
100 μm
Al$_2$O$_3$

图4　柔性二维材料光电器件

转换。很多二维材料在光电转换过程中具有高效的电荷分离和迁移能力。

（3）量子效应：由于量子效应，二维材料在电学、光学、磁学等方面呈现出与传统三维材料不同的性质。例如，许多二维材料的能带结构具有可调性，可以通过电场、温度、应力等外部因素来调节其光电性能。

（4）良好的柔性与透明性：许多光电二维材料具有柔性，可以制成可弯曲的器件，同时具有较好的光透过性，适用于透明电子器件、柔性显示器等领域。

3）常见的光电二维晶体材料

（1）石墨烯：石墨烯是一种典型的二维材料，由单层碳原子构成，具有卓越的导电性、导热性和力学性能。虽然石墨烯本身不能直接发光，但它在光电器件中应用广泛，例如光探测器、光电转换器等。

（2）过渡金属硫化物：二硫化钼（MoS$_2$）、二硒化钨（WSe$_2$）等过渡金属硫化物具有良好的光学和电学性能，能够发光、吸光且在光电转换中表现出高效率。其能带结构在单层和多层状态下存在显著差异，因此在光电器件领域具有巨大的应用潜力。

（3）黑磷：黑磷是一种具有二维结构的材料，具有较强的光电效应，可以作为高效的光电探测器和太阳能电池材料。

（4）氮化硼：氮化硼在二维形态下展现出良好的光学稳定性，常被用作其他二维材料的基底，或者作为提升其他材料光电性能的添加剂。

（5）拓扑绝缘体：拓扑绝缘体材料如 Bi$_2$Se$_3$ 等，具有特殊的表面态和边缘态，适用于光电学中的量子效应研究。

4）硒化铟的结构性质

硒化铟是极具代表性的二维半导体材料之一，属于过渡金属二硫化物（TMDs）家族，具有许多引人瞩目的特性和巨大的应用潜力。它具有多种不同的化学组成，其中研究最为广泛的是 InSe 和 In$_2$Se$_3$。通过不同的层叠顺序，能够得到多种不同类型的二维层状材料。InSe 的原子层结构为 Se-In-In-Se，层与层之间由弱的范德瓦耳斯力连接。其晶体结构有 β、ε 和 λ 三种不同的晶相，如图5所示。在室温条件下，基于少层 InSe 材料的场效应晶体管器件

可表现出高达 $103~\mathrm{cm^2 \cdot V^{-1} \cdot s^{-1}}$ 的场效应迁移率以及超高的开关比。此外,在大气环境下,该器件也观察到了明显的激子效应,进而表现出卓越的光电特性。In_2Se_3 的原子层结构为 Se-In-Se-In-Se,据报道,In_2Se_3 具有多种不同的晶相,如 α、β、γ 和 δ 等。这些晶体结构中,α-In_2Se_3 是最稳定的层状结构。目前,利用化学和机械剥离等方法,可以制备出基于硒化铟的光电探测器。硒化铟的光电探测范围包括可见光到近红外区域,并且光响应性能优于石墨烯。

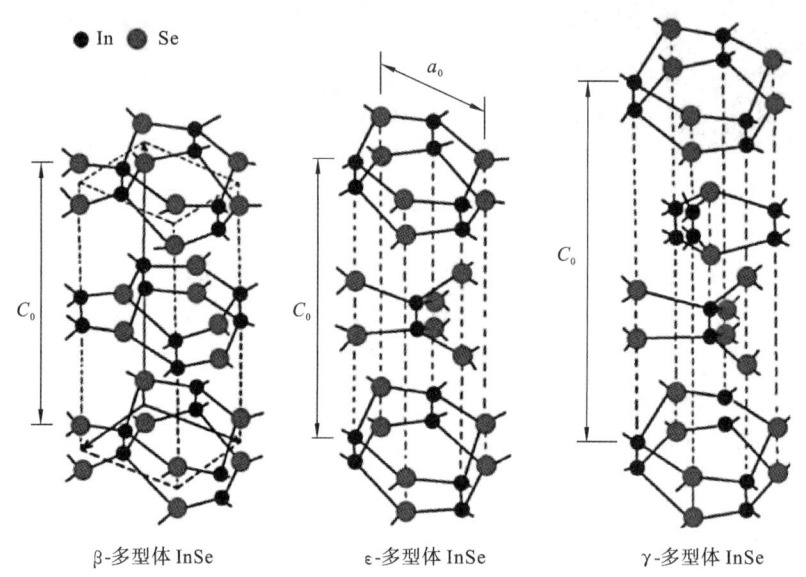

图 5　三种不同的 InSe 几何结构示意图

5)$InSe_x$ 薄膜的制备方法

在广泛的应用场景中,基于 $InSe_x$ 的器件普遍涉及大面积材料阵列的制备,这些阵列可应用于光电子学、纳米电子学、传感器技术和柔性电子学等领域。然而,要实现这些应用,需将 $InSe_x$ 制备成薄膜,才能集成到各种器件和系统中,实现其在多领域的复杂应用。

(1)挤压印刷法。

挤压印刷法是一种典型的液态金属印刷方法。这种新兴的通过挤压进行印刷的方式具有创新性,旨在实现便利与低成本,并保证高质量的薄膜制备。然而,在具体的实验过程中,它存在很大的局限性,在进行具体印刷前,需要进行复杂且严谨的挤压力度测试,以确保薄膜合成的连续性和大面积。

(2)滚动印刷法。

滚动印刷法操作流程简单,相较于用传统的机械剥离法和化学气相沉积法制备铟镓锡氧化物(IGTO),这种新方法可以在空气中简单地印刷液态合金,从而轻松获得高质量的薄膜。该印刷法具有很高的可操作性,并且能够通过反复印刷的方式解决薄膜不连续问题。在具体的滚动印刷过程中,利用聚二甲基硅氧烷(PDMS)即可辅助控制液滴的滚动。然而,这种制备方法需要十分熟练的人工操作技巧,并且由液滴形成的反应表面十分容易被

PDMS 工具破坏,从而影响薄膜的形成和制备质量。此外,滚动印刷法对实验环境的要求也很苛刻,滚动速度和气体浓度控制不当会直接影响印刷结果。

（3）PDMS 转移印刷法。

PDMS 转移印刷法能够快速、便捷地印刷出具有清洁表面以及一定厚度的薄膜。然而,实验所需的高温（200 ℃）超出了大多数胶带的耐受范围,这可能会导致实验材料被污染。其次,PDMS 中富含的氧基在加热时可能会对硫属化合物的制备产生影响,进而严重影响薄膜连续性与薄膜质量。

（4）接触印刷法。

接触印刷法制备简便、效果明显。然而,该印刷法在实验过程中面临一些问题。通过气体的转换来达到特定的实验反应环境,使用 H_2S 等有毒气体可能会对实验者造成危害,并且其易燃性和高活性可能对手套箱内的其他设备产生不可忽视的影响。此外,接触印刷法存在力度和角度等方面的限制,使得大面积连续性薄膜的制备难以实现,薄膜表面的大量金属残留的问题会严重影响薄膜的质量以及后续清洗工作。

（5）刮板印刷法。

刮板印刷法操作简单,成本低廉,无须使用精密的辅助仪器。采用 PDMS 进行刮取印刷不仅能够制备完整的薄膜,还能初步清除金属残留。残留的金属主要分布在薄膜边缘,对薄膜质量几乎没有影响。

3. 实验试剂及仪器

1）实验试剂

无水乙醇（C_2H_5OH）、丙酮（CH_3COCH_3）、双氧水（H_2O_2）、氨水（NH_4OH）、去离子水、氧化硅晶圆片（SiO_2/Si）、金属铟丝（In）、硒粉（Se）、聚二甲基硅氧烷（PDMS）、高纯氮气（N_2）等。

2）实验仪器

超声波清洗器、真空干燥箱、激光二极管/TEC 控制器、X 射线光电子能谱仪、手套箱蒸镀系统、陶瓷加热台、等离子清洗机、半导体分析仪、LED 光源（450～1310 nm）、真空探针台、电子束光刻机、光功率计、ICP-RIE 刻蚀机、原子层沉积系统、电子束蒸镀机。

4. 实验方法与步骤

1）实验预处理

（1）自制真空反应容器。

选择两个 2 mL 玻璃瓶,分别用于盛装金属铟丝和硒粉。实验前,对两个玻璃瓶进行严格清洗,依次用去离子水、丙酮、无水乙醇进行超声波清洗 20 min,确保其内表面没有任何污渍。清洗完成后,将它们放置在真空干燥箱中烘干。接下来,使用耐高温的导电胶将干燥后的两个 2 mL 玻璃瓶粘在 500 mL 烧杯底部边沿。然后,将 2 L 大容量气囊套在烧杯口上,形成一个密封的容器。这样的设置可以有效地隔离实验区域,确保在无氧或控制气体环境下进行原位合成实验。

（2）氧化硅晶圆片的预处理。

首先，将 SiO_2（300 nm）/Si 晶圆片切割成 2×2 cm² 的小块，以便后续处理。随后，分别使用去离子水、丙酮、无水乙醇进行超声波清洗，每次清洗持续 30 min，以确保去除 SiO_2/Si 晶圆片表面的各种污渍。接着准备混合溶液（氨水、双氧水和去离子水三者体积比为 1∶1∶5），将清洗后的 SiO_2/Si 晶圆片在 75 ℃的混合溶液中水浴 30 min。水浴之后，用去离子水反复冲洗残留溶液，用 N_2 枪完全吹干。在等离子清洗机中对 SiO_2/Si 晶圆片清理 5 min，以确保表面清洗干净。

（3）PDMS 工具的组装。

为了完成 $InSe_x$ 薄膜的制备，需要准备一个带有 PDMS 刷头的工具。将 Sylgard 184 有机硅弹性体试剂和基质按 1∶10 的体积比混合。随后，使用注射器将混合溶液转移至预先制备的刷具模具中，插入一个小木棒作为刷柄。将刷具模具在室温环境中放置 2 h，让混合溶液中的气泡自然排出。然后将模具置于真空干燥箱中，在 75 ℃恒温加热 120 min，拆开模具后即可完成 PDMS 工具的制备。制备这一 PDMS 刷子是为了在后续的实验中有效地刮取 In 液滴，从而完成薄膜的制备。

2）$InSe_x$ 薄膜的制备

（1）将干净的氧化硅晶圆片衬底固定在烧杯底部中间，然后在 2 mL 玻璃瓶中分别盛装硒粉和金属铟丝，并封住瓶口。

（2）用耐热双面胶将玻璃瓶固定在烧杯底部边缘，并将所需的工具如 PDMS 刷子、注射器和玻璃滴管等放入 2 L 大气囊中。将气囊套在烧杯口上，留下一个小缝隙以便后续的换气操作。将组装好的密封容器放入手套箱的输送口，反复充气 3 次以确保容器中的空气完全排空，然后在手套箱中将气囊完全套住烧杯口，形成充满 N_2 的密封容器。

（3）将容器取出后放置在陶瓷加热台上，加热到设定温度 210 ℃，并保持 30 min，使容器中充满均匀的 Se 蒸气。

（4）使用注射器针头剔除液态金属 In 的表面层，然后使用玻璃滴管吸取金属液滴，使其悬于氧化硅晶圆片上方数秒。待液滴表面形成一层硒化物反应膜后，缓慢控制液滴移动到衬底表面，使反应膜与衬底完全接触。

（5）使用 PDMS 工具从衬底上刮掉液态金属 In，留下 $InSe_x$ 薄膜。因为 $InSe_x$ 薄膜与氧封端的衬底具有更强的范德瓦耳斯力，所以 $InSe_x$ 薄膜保留在了衬底上。经过反复多次实验，成功制备出了连续性良好的 $InSe_x$ 薄膜。

3）$InSe_x$ 薄膜表面残留物的清理

将无水乙醇倒入干净的玻璃培养皿中，使其约占容器的 3/4。随后，将制备好的 $InSe_x$ 薄膜浸泡在无水乙醇中。将陶瓷加热台的表面温度设定为 100 ℃（此温度高于无水乙醇的沸点 78 ℃）。待加热台表面温度稳定后，将盛有无水乙醇和薄膜的玻璃培养皿合上盖子，放置在加热台上。让无水乙醇溶液在玻璃培养皿中沸腾 5 min。接着，使用一次性医用棉签浸泡在沸腾的无水乙醇中，轻轻地剔除薄膜表面残留的金属。与之前的方法类似，要缓慢、多次地滑动棉签，从薄膜的一侧滑到另一侧，以确保薄膜的表面都被清理到。

4）晶体管器件的制备

（1）按照上文的预处理步骤，将 SiO_2/Si 衬底清洗干净。

（2）采用光刻图形化和电子束蒸发（EBE）技术在衬底表面制备 $5\times25\ nm^2$ 的 Cr/Au 底电极。

（3）通过原子层沉积工艺，在 150 ℃下沉积 30 nm 的 Al_2O_3 电介质层。

（4）在 Al_2O_3 上通过光刻技术对底电极区域进行图案化，利用电感耦合等离子体和 BCl_3 气体来刻蚀出底电极针孔区域。在 Al_2O_3 表面，采用刮板印刷法来制备 $InSe_x$ 薄膜，然后利用光刻机实现四个独立沟道的图案化，并通过反应性离子刻蚀技术，使用 SF_6 气体进行刻蚀。

（5）用光刻机制作出源-漏电极图案，通过 EBE 技术蒸镀出 $10\times80\ nm^2$ 的 Cr/Au 电极层，最后进行剥离，得到源-漏电极。

晶体管器件的制备流程如图 6 所示。

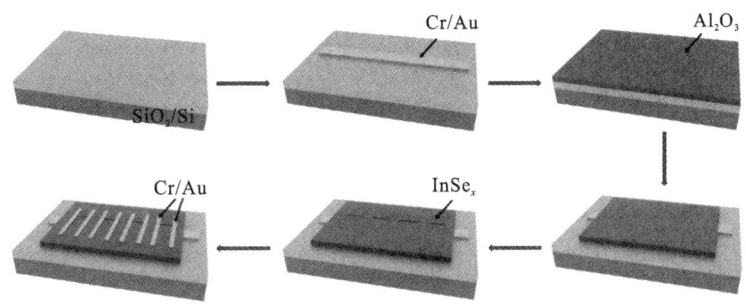

图 6　晶体管器件的制备流程

5）器件性能的测试与分析

采用单色光垂直照射待测器件，测试信号通过真空探针台输出。在测试仪上，对接收到的实验数据进行分析。接着，使用半导体分析仪对实验数据进行采集。为了研究该器件的光学特性，使用开关间隔为 6 s 的红色激光脉冲来检测多个周期下的光学开关响应特性。跨导 g_m 和迁移率 μ_{FE} 是场效应晶体管的重要性能指标，可通过以下方程推导这两个重要参数：

$$g_m = \frac{\partial I_{ds}}{\partial V_{gs}} \tag{1}$$

$$\mu_{FE} = \frac{L}{W} \frac{1}{C_{ox}} \frac{g_m}{V_{ds}} \tag{2}$$

其中，L 和 W 分别表示沟道的长度和宽度，C_{ox} 表示电介质层电容，I_{ds} 表示源-漏电极电流，V_{gs} 表示最大栅源电压，V_{ds} 表示源-漏电极电压。

5. 实验数据记录与处理

（1）记录原始数据。

（2）通过测试并计算晶体管的最大迁移率，分析样品的物理性能。

6. 注意事项

（1）为保证实验样品在整个过程中不受到污染，应对实验样品进行预处理。

（2）制备 InSe$_x$ 薄膜时，应严格控制液滴移动到衬底表面的速度，确保反应膜与衬底完全接触。

（3）在去除薄膜表面的金属残留时，需要缓慢、多次地滑动棉签，以确保薄膜的表面都被清理到。

（4）操作时应注意实验室安全，在规定的条件下进行实验。

7. 思考题

（1）实验过程中影响样品物理性能的因素有哪些？

（2）结合自身所学谈谈实验过程中薄膜的制备方法有哪些？每种制备方法的优缺点是什么？

（3）目前尽管光电二维晶体材料的研究取得了显著进展，但仍面临一些挑战，比如许多二维材料在空气或潮湿环境下容易降解，如何实现材料的高质量大规模生产等仍是重要问题，对此谈谈你自己的见解。

参考文献

[1] NOVOSELOV K S, GEIM A K, MOROZOV S V, et al. Electric field effect in atomically thin carbon films[J]. Science, 2004, 306(5696): 666-669.

[2] XIA F N, WANG H, XIAO D, et al. Two-dimensional material nanophotonics[J]. Nature Photonics, 2014, 8(12): 899-907.

[3] WANG X M, CHENG Z Z, XU K, et al. High-responsivity graphene/silicon-heterostructure waveguide photodetectors[J]. Nature Photonics, 2013, 7: 888 – 891.

[4] YOON H H, FERNANDEZ H A, NIGMATULIN F, et al. Miniaturized spectrometers with a tunable van der Waals junction[J]. Science, 2022, 378(6617): 296-299.

[5] KOEPFLI S M, BAUMANN M, KOYAZ Y, et al. Metamaterial graphene photodetector with bandwidth exceeding 500 gigahertz[J]. Science, 2023, 380(6650): 1169-1174.

[6] AHMED T, KURIAKOSE S, MAYES E L H, et al. Optically stimulated artificial synapse based on layered black phosphorus[J]. Small, 2019, 15(22): 1900966.

[7] LEI S D, WEN F F, GE L H, et al. An atomically layered InSe avalanche photodetector[J]. Nano Letters, 2015, 15(5): 3048-3055.

[8] LEI S D, GE L H, NAJMAEI S, et al. Evolution of the electronic band structure and efficient photo-detection in atomic layers of InSe[J]. ACS Nano, 2014, 8(2): 1263-1272.

[9] BANDURIN D A, TYURNINA A V, YU G L, et al. High electron mobility, quan-

tum Hall effect and anomalous optical response in atomically thin InSe[J]. Nature Nanotechnology，2017，12(3)：223-227.

[10] 郭思嘉,王潇雅,南海燕,等.InSe/石墨烯异质结光学特性的研究与调控[J].人工晶体学报,2018,47(3):544-549.

忆阻材料的制备与可变电阻性测试

1. 实验目的

（1）观察和分析忆阻材料的电阻变化特性，深入理解忆阻效应。

（2）掌握二氧化钛薄膜的制备方法。

（3）测试系统的可变电阻性，评估材料在不同条件下的性能变化。

2. 实验原理

忆阻材料（memristive materials）是一类具有"记忆"特性的材料，它在有电流通过时能够根据历史电流的大小和方向改变自身的电导（或阻抗）值，并且在电源断开后仍可保持该电导值。忆阻器是四种基本的电路元件之一，其他三种分别是电阻器（resistor）、电容器（capacitor）和电感器（inductor），如图 1 所示。与电阻器不同，忆阻器在电源关闭后可以保持状态，仍然具有保存信息的能力，这种非易失性使忆阻器有望应用到更多的电子设备中。

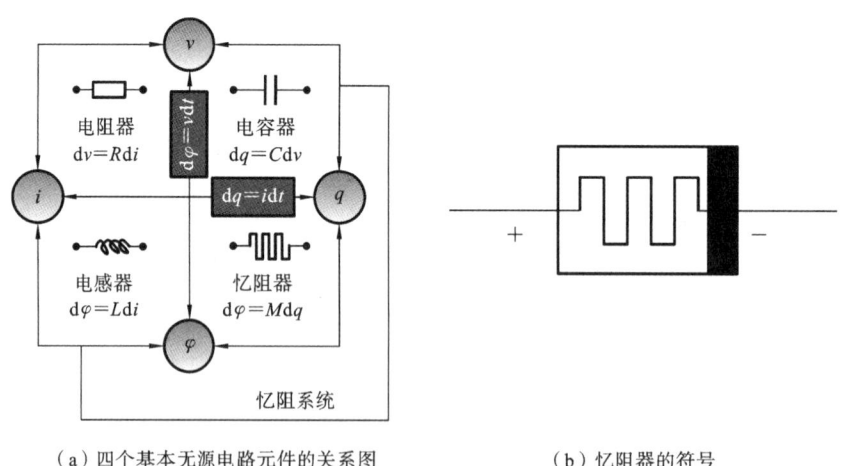

（a）四个基本无源电路元件的关系图　　　　　　（b）忆阻器的符号

图 1　忆阻系统和忆阻器

早在 1967 年，Verderber 就报道了电阻转换现象，但受需求的限制，该现象并未引起重视。1971 年，Leon Chua 根据对称性理论推断存在第四个基本无源电路元件，他称之为忆阻器。

2008 年，惠普实验室公布了基于 TiO_2 的阻抗存储器（RRAM），首次给出了忆阻器的实物模型，证明了忆阻器的存在。目前，包括惠普、SK 海力士、HRL Laboratories 等在内的研究团队正在开发和优化忆阻器技术。研究人员已在多种材料系统中观察到忆阻现象，并尝试将这些材料应用于下一代非易失性存储器中。

忆阻器通常由顶部电极、功能层材料以及底部电极三部分组成,呈"三明治"结构,如图 2 所示。目前已经发现了多种阻变层材料可以应用到忆阻器中。在已经发现的阻变层材料中,一维纳米材料尤其是以半导体、金属氧化物纳米线(纳米棒)为代表的新型纳米材料,因其具有特殊的物理化学性质,在纳米器件、光电子器件等领域具有极其重要的研究价值。目前,人们已经发现了多种具有阻变开关特性的氧化物材料,例如 Al_2O_3、Cu_xO、Fe_2O_3、ZnO、TiO_2 等,这些氧化物材料通常在器件结构中起电介质的作用。

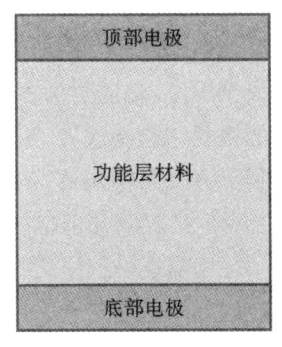

图 2　忆阻器的典型结构

截至 2021 年,忆阻器已经被用作独立存储器,还被嵌入物联网的特定应用集成电路中,其市场价值超过 6.21 亿美元。另外,由多个忆阻单元组成的忆阻阵列还可以执行矩阵向量运算,对数据进行处理。这种集存储和计算于一体(存算一体)的特性,能够显著减小数据传输开销、提高计算的并行度和能效。忆阻器的电学特性与生物神经突触的传输特性相似,可以模拟放电时间依赖可塑性、长时/短时突触可塑性等神经突触功能,使其在构建仿生神经形态器件和人工神经网络方面颇具前景。目前,已经有许多研究工作使用忆阻器构建这种神经形态系统,在逻辑计算、自主学习、语音识别、模式识别以及深度学习等诸多重要领域展现出独特的优势。

1)忆阻器的主要特点

(1)记忆效应:忆阻器的电导值取决于过去通过它的电流历史,而不是当前的电压或电流。例如,当电流通过忆阻材料时,材料的电导会发生变化,并维持这一变化,即使电流已经停止流动。若再次施加电压或电流,材料的电导会根据历史变化进行调整。

(2)非易失性:忆阻材料在断电后仍能保持其电导状态,类似于某些类型的存储介质(如闪存)。这种特性使其在构建非易失性存储器或人工神经网络(类似于人脑的"记忆"机制)方面具有很大的潜力。

(3)可调性:忆阻材料的电导可以根据电压、电流和时间的变化进行调节,具有较强的可调性,适用于众多需要调节电导或电阻的电路应用。

2)忆阻器的工作原理

(1)电流-电压特性。

忆阻器的电流与电压之间的关系与普通电阻不同。在普通电阻中,电流和电压成线性关系(欧姆定律),但在忆阻器中,这种关系是非线性的。忆阻器的电阻值不仅取决于当前的电压,还受之前通过它的电流的影响。简而言之,忆阻器"记住"了电流的历史,从而影响其电阻。

(2)忆阻器的状态。

忆阻器的电阻会随着电流的方向和幅度的变化而改变,并且这种变化是不可逆的。也就是说,在电流反转或改变时,忆阻器的电阻值也会改变,而且这种变化在电流中断后不会恢复,直到重新施加相应的电流。

（3）工作机制。

当电流通过忆阻器时,其电阻会改变,并且该变化取决于电流的方向、强度及历史情况。一般情况下,忆阻器的材料(如氧化钛薄膜等)具有特定的电荷迁移机制,当电流通过时,材料的微观结构会改变,从而导致其电阻值发生变化。这种改变通常是通过离子迁移或电荷累积等方式来实现的。当电流反向流动时,忆阻器的电阻可能会恢复,也可能会继续变化。

（4）忆阻器的记忆效应。

忆阻器能"记住"之前的电流历史,这意味着在没有持续电流的情况下,它可以维持一个特定的电阻值。这种特性使忆阻器可用于存储数据。因为它的电阻值会随着电流历史而变化,所以它有时被用作模拟存储器件。

忆阻器的基本数学模型由 L. Chua 在 1971 年提出,其电流-电压关系为

$$U(t) = R(w)I(t) \tag{1}$$

其中,$U(t)$ 是忆阻器两端的电压,$I(t)$ 是通过忆阻器的电流,$R(w)$ 是与状态变量 w 相关的电阻,w 是与电流历史相关的某种内部变量。

3）忆阻材料的分类

（1）二维材料。

以石墨烯为代表的二维材料因具有原子层厚度而受到越来越多的关注,这种材料具有优异的电学、光学和力学性能等。目前,针对二维材料的研究涵盖了多种类型的材料,包括导体、半导体和绝缘体等,例如石墨烯、过渡金属二硫属化物(包括但不限于 MoS_2、WS_2、$MoTe_2$)、氮化硼等,这些材料已被探索作为忆阻器功能层的潜在材料。一种基于石墨烯/$MoS_{2-x}O_x$/石墨烯的忆阻器如图 3(a)所示,该忆阻器具有可逆的双极电阻开关转换特性,并且具有高热稳定性。如图 3(b)所示,工作温度高达 340 ℃时,器件表现出可重复的电阻开关行为,并成功模拟了生物突触的学习和记忆功能。

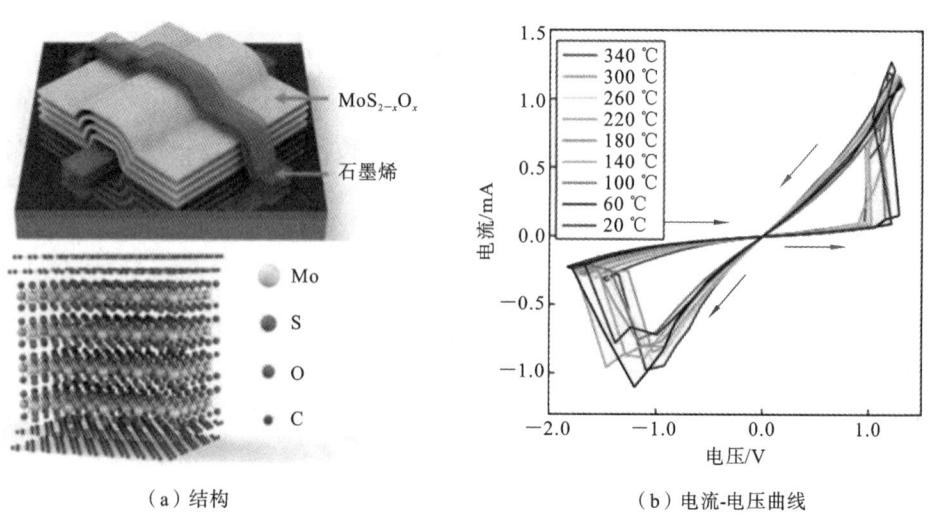

（a）结构　　　　　　　　　　（b）电流-电压曲线

图 3　基于石墨烯/$MoS_{2-x}O_x$/石墨烯的忆阻器

（2）二元金属氧化物。

在功能层材料中,二元金属氧化物占了很大一部分,这是因为其制备工艺简单成熟,材

料组分易于控制,并且性能相对稳定。已报道的具有忆阻特性的二元金属氧化物中的元素如图 4 所示。

元素周期表

表现出双极电阻开关转换特性的相应二元金属氧化物

用于制造电极的金属

1 H																	2 He
3 Li	4 Be											5 B	6 C	7 N	8 O	9 F	10 Ne
11 Na	12 Mg											13 Al	14 Si	15 P	16 S	17 Cl	18 Ar
19 K	20 Ca	21 Sc	22 Ti	23 V	24 Cr	25 Mn	26 Fe	27 Co	28 Ni	29 Cu	30 Zn	31 Ga	32 Ge	33 As	34 Se	35 Br	36 Kr
37 Rb	38 Sr	39 Y	40 Zr	41 Nb	42 Mo	43 Tc	44 Ru	45 Rh	46 Pd	47 Ag	48 Cd	49 In	50 Sn	51 Sb	52 Te	53 I	54 Xe
55 Cs	56 Ba	57 La	72 Hf	73 Ta	74 W	75 Re	76 Os	77 Ir	78 Pt	79 Au	80 Hg	81 Tl	82 Pb	83 Bi	84 Po	85 At	86 Rn
87 Fr	88 Ra	89 Ac	104 Rf	105 Db	106 Sg	107 Bh	108 Hs	109 Mt	110	111	112		114		116		118

	58 Ce	59 Pr	60 Nd	61 Pm	62 Sm	63 Eu	64 Gd	65 Tb	66 Dy	67 Ho	68 Er	69 Tm	70 Yb	71 Lu
	90 Th	91 Pa	92 U	93 Np	94 Pu	95 Am	96 Cm	97 Bk	98 Cf	99 Es	100 Fm	101 Md	102 No	103 Lr

图 4 已报道的具有忆阻特性的二元金属氧化物中的元素

(3) 多元金属氧化物。

多元金属氧化物主要为三元金属氧化物和四元金属氧化物。目前,用于忆阻器的多元金属氧化物有 $Pr_xCa_{1-x}MnO_3$(PCMO)、(Ba,Sr)TiO_3(BST)和 $SrZrO_3$(SZO)等。这一类材料通常具有铁电性和较高的介电常数。Wu 等人报道了 ITO/$LaAlO_3$/$SrTiO_3$忆阻器在室温下的可逆双极电阻切换行为,其结构如图 5 所示,所制备的忆阻器具有高光学透明度、长保留时间和优异的抗疲劳特性。

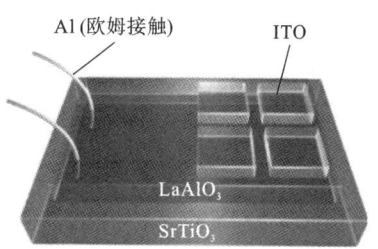

图 5 ITO/$LaAlO_3$/$SrTiO_3$器件的结构示意图

(4) 有机材料。

与无机材料相比,有机材料成膜简单,其作为忆阻器材料具有延展性好、功耗低和成本低的特点。目前应用于忆阻器的有机材料有金属-有机络合物薄膜(如 M-TCNQ,M 为金属 Cu 或 Ag)、聚合物薄膜(如 MEH-PPV)等。

在忆阻器材料中,二元金属氧化物因制备工艺简单成熟、材料组分易于控制、能与 CMOS 工艺兼容,并且性能相对稳定,颇受研究者青睐。其中,TiO_2 具有较宽的禁带宽度(2.9~3.2 eV)、较高的介电常数、优异的物理和化学性能、无毒无害以及良好的环境兼容性等优异特性,成为极受青睐的忆阻器材料之一。本实验采用水热法制备 TiO_2 纳米薄膜材料,并运用 XRD、SEM 等仪器对所制备的样品进行表征和分析。

4) TiO_2 的性质

TiO_2 是一种宽禁带半导体材料,它以结晶和无定形两种形式存在,结晶形式有三种结构,其中金红石晶体结构是最稳定的。TiO_2 的基本结构和性质如表 1 所示。

表 1 TiO_2 的基本结构和性质

性　　质	金　红　石	锐　钛　矿	板　钛　矿
晶系	四方晶系	四方晶系	斜方晶系
禁带宽度/eV	3.0	3.2	2.96
空间群	$I4_1/amd$	$P4_2/mnm$	Pbca
分子数/晶胞	2	2	4
晶格常数/nm	$a=0.4594$ $b=0.4594$ $c=0.2953$	$a=0.3733$ $b=0.3733$ $c=0.9370$	$a=0.5436$ $b=0.9166$ $c=0.5135$

5）主要反应机理

制备 TiO_2 纳米薄膜的水热过程的主要反应机理如下:

$$Ti(OC_4H_9)_4 + 4H_2O \longrightarrow Ti(OH)_4 + 4C_4H_9OH \tag{2}$$

$$Ti(OH)_4 + 4HCl \longrightarrow TiCl_4 + 4H_2O \tag{3}$$

$$TiCl_4 + 2H_2O \longrightarrow TiO_2 + 4HCl \tag{4}$$

由反应方程式可知,$Ti(OC_4H_9)_4$ 遇水发生部分水解反应,生成的 $Ti(OH)_4$ 进一步与盐酸反应生成 $TiCl_4$,最终 $TiCl_4$ 水解生成 TiO_2。

3. 实验试剂及仪器

1）实验试剂

丙酮、无水乙醇、氢氟酸、FTO 导电玻璃、$Ti(OC_4H_9)_4$（钛酸四丁酯）、盐酸、氨水等。

2）实验仪器

艾科浦去离子水系统、磁力搅拌器、超声波清洗器、烘箱、移液枪等。

4. 实验方法与步骤

1）FTO 导电玻璃的处理

将 FTO 导电玻璃按一定尺寸切割,然后依次用去离子水、丙酮、无水乙醇和去离子水进行超声波清洗 15 min,以去除 FTO 上的油脂和杂质,这有利于 TiO_2 薄膜的生长,最后将清洗完成后的 FTO 导电玻璃置于 60 ℃的干燥箱中干燥,最终得到清洁的 FTO 导电玻璃。

2）TiO_2 薄膜的制备

（1）将去离子水与质量分数为 10％的氢氟酸按照 3∶1 的体积比混合后装入反应釜内,在室温下进行超声波处理 2 h;然后将废液倒入废液桶,再加入去离子水,在室温下进行超声波处理 1 h;最后将反应釜放入 60 ℃的烘箱中,烘干后取出。

（2）将质量分数为 36％的浓盐酸与去离子水混合,在室温下磁力搅拌 15 min 以稀释形成稀盐酸,然后在室温磁力搅拌的条件下将钛酸四丁酯溶液缓慢滴入上述溶液中并持续搅拌 15 min,直至溶液变为透明溶液。

(3) 将清洗好的 FTO 导电玻璃衬底的导电面朝下以一定角度斜靠在反应釜内壁上,然后将配制好的 TiO₂ 前驱体溶液沿反应釜内衬内壁缓慢倒入,最后将其放入烘箱进行水热反应。反应完成后从反应釜内取出反应产物,用去离子水多次冲洗,然后密封放置在培养皿中,在 60 ℃的烘箱中烘干以备表征。

制备 TiO₂ 薄膜的工艺流程图如图 6 所示。

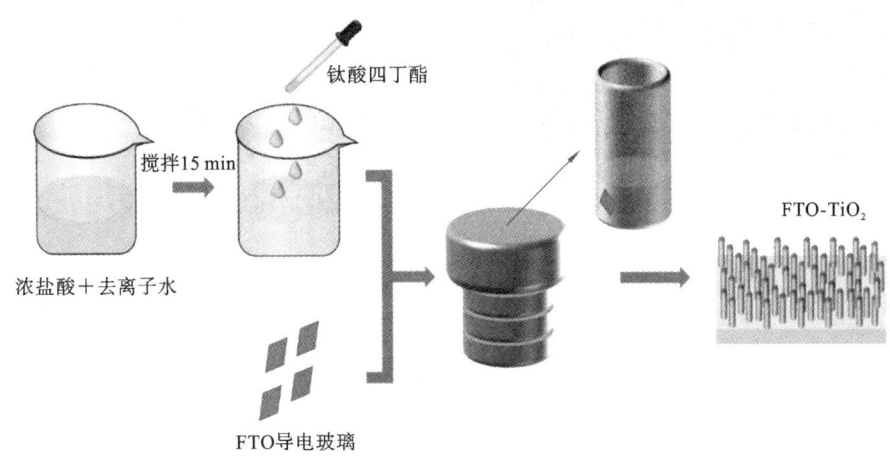

搅拌15 min
钛酸四丁酯
FTO-TiO₂
浓盐酸+去离子水
FTO导电玻璃

图 6　制备 TiO₂ 薄膜的工艺流程图

3) 顶部电极的溅射

通过小型离子溅射仪制备顶部电极 Au。当腔室内达到一定真空度时,给溅射电极施加电压,正离子在电场加速下轰击 Au 靶材,使靶材原子脱离靶材并沉积在样品表面形成厚度均匀的金属电极 Au 膜。实验时,首先在 TiO₂ 纳米薄膜功能层上固定附有不同直径小圆孔的掩模版,然后将其置于小型离子溅射仪腔室内,溅射所需尺寸的电极,溅射室的真空度为 8 Pa,溅射电流为 8 mA。溅射顶部电极所用的掩模版如图 7 所示,电极直径为 0.1~1 mm。实验器件性能均在顶部电极尺寸为 0.1 mm 时进行测试。

利用半导体参数分析仪在室温下对制备的 FTO/TiO₂/Au 忆阻器(见图 8)进行 I-V 特性测试。测试时底部电极接地,顶部电极接直流扫描电源,以此分析其性能及导电机制。测试中设置限制电流为 0.01 A,测试步长为 0.1 V。

5. 实验数据记录与处理

(1) 原始数据记录。

编号	水热温度/℃	水热时间/h	Ti$(OC_4H_9)_4$ 与 HCl 的体积比	盐酸浓度/(mol·L^{-1})	电压/V

(2) 绘制 I-V 曲线图。

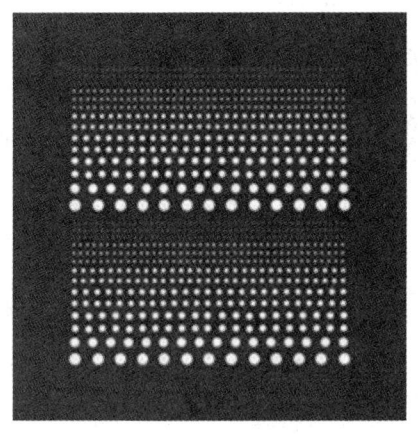

图 7 溅射顶部电极所用的掩模版

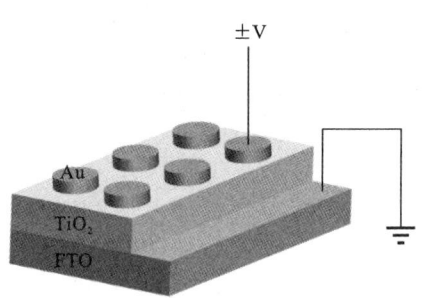

图 8 FTO/TiO$_2$/Au 忆阻器结构示意图

6. 注意事项

（1）在实验过程中，需注意化学品的安全性，佩戴适当的防护装备，确保实验室通风良好。

（2）选择高纯度的前驱体材料，避免杂质对薄膜性能产生影响。

（3）配制溶液时，需在通风柜内进行，避免吸入有害气体。使用量筒和天平等精密仪器，确保配制准确。

（4）在进行薄膜沉积时，严格控制温度、压力和沉积时间，确保薄膜的均匀性和质量。

7. 思考题

（1）实验过程中影响整个器件性能的因素有哪些？

（2）对底部电极 FTO 进行预处理的目的是什么？为什么选取 Au 作为顶部电极？

（3）实验为什么采用水热法制备薄膜？水热法的优点是什么？

（4）忆阻材料作为一种新型材料，具有极大的应用潜力，请结合所学和认识，谈谈忆阻材料目前可应用于哪些领域？

参考文献

[1] LI Y，ZHANG C，SHI Z M，et al. Recent advances on crystalline materials-based flexible memristors for data storage and neuromorphic applications[J]. Science China Materials，2022，65(8)：2110-2127.

[2] YAKOPCIC C，TAHA T M，SUBRAMANYAM G，et al. A memristor device model [J]. IEEE Electron Device Letters，2011，32(10)：1436-1438.

[3] LANZA M，SEBASTIAN A，LU W D，et al. Memristive technologies for data storage，computation，encryption，and radio-frequency communication[J]. Science，2022，376(6597)：eabj9979.

[4] DANESH C D, SHAFFER C M, NATHAN D, et al. Synaptic resistors for concurrent inference and learning with high energy efficiency[J]. Advanced Materials, 2019, 31(18): 1808032.

[5] LV Q S, YAN F G, WEI X, et al. High-performance, self-driven photodetector based on graphene sandwiched GaSe/WS$_2$ heterojunction[J]. Advanced Optical Materials, 2018, 6(2): 1700490.

[6] WANG M, CAI S H, PAN C, et al. Robust memristors based on layered two-dimensional materials[J]. Nature Electronics, 2018, 1(2): 130-136.

[7] WONG H S P, LEE H Y, YU S M, et al. Metal-oxide RRAM[J]. Proceedings of the IEEE, 2012, 100(6): 1951-1970.

[8] WU S X, REN L Z, QING J, et al. Bipolar resistance switching in transparent ITO/LaAlO$_3$/SrTiO$_3$ memristors[J]. ACS Applied Materials & Interfaces, 2014, 6(11): 8575-8579.

[9] SCOTT J C, BOZANO L D. Nonvolatile memory elements based on organic materials [J]. Advanced Materials, 2007, 19(11): 1452-1463.

[10] DIEBOLD U. The surface science of titanium dioxide[J]. Surface Science Reports, 2003, 48(5-8): 53-229.

第二部分

新型器件的制备与性能测试

钙钛矿太阳能电池的制备与光电性能测试

1. 实验目的

(1) 掌握钙钛矿太阳能电池的结构组成及制备工艺。

(2) 了解钙钛矿太阳能电池的基本特性,掌握电池光电性能的测试方法及仪器操作。

(3) 测试钙钛矿太阳能电池的开路电压、短路电流密度、填充因子和光电转换效率等关键参数,并分析其光电性能。

2. 实验原理

能源是推动人类社会发展不可或缺的基础物质。自第二次工业革命以来,传统化石能源一直是人类文明进步和全球经济发展的支撑力量。然而,随着经济的高速发展,不可再生化石能源被快速开采和消费,全球将面临严重的能源危机。与此同时,化石能源在燃烧过程中会产生烟尘等有害物质并释放大量二氧化碳等温室气体,导致全球生态失衡,严重影响人类的生存环境。因此,面对化石燃料燃烧带来的日益严重的环境污染问题和能源危机,开发清洁可再生能源以取代传统化石燃料迫在眉睫。

目前,一些清洁可再生能源相继被开发利用,例如太阳能、水能、潮汐能等。相比于其他可再生能源,太阳能因取之不尽、用之不竭且没有地域限制的特性备受研究关注,因此,开发成本低、效率高的太阳能电池成了近些年的研究热点。太阳能电池基于光伏效应,将太阳能直接转化为电能。自 1839 年 Edmund Becquerel 发现光电效应以来,许多光电材料陆续被开发,同时这些材料的光电性能也得到了不断研究。根据材料的不同,太阳能电池主要分为以下几类:硅基太阳能电池、无机化合物太阳能电池、有机聚合物太阳能电池、染料敏化太阳能电池以及钙钛矿太阳能电池等。

硅基太阳能电池是一种制备技术最为成熟的光伏器件,但由于其制备工艺复杂且对原料纯度要求高,导致生产成本较高,限制了其商业化发展进程。第二代薄膜太阳能电池以非晶硅、碲化镉($CdTe$)、硫化镉(CdS)、铜铟镓硒($CIGS$)、砷化镓($GaAs$)等为代表,具有高光吸收系数和接近最佳理论带隙的优点,在人造卫星和光伏建筑等领域有重要应用。然而,由于镉、铟、镓、碲等元素在地壳中的储量较少,因此这类电池造价昂贵。同时,镉、碲、砷等元素有剧毒,对生物和环境危害较大。第三代太阳能电池如有机聚合物太阳能电池、染料敏化太阳能电池等,因其材料来源广泛、制备成本低、应用范围广而受到业界广泛关注。其中,钙钛矿太阳能电池(perovskite solar cells, PSCs)最为引人注目,其光电转换效率(PCE)从 2009 年首次报道的 3.8% 迅速增长甚至突破 26.7%,这一过程仅用了 14 年时间。如此快速的发展主要归因于钙钛矿材料独特的光伏特性。图 1 展示了近年来各类钙钛矿太阳能电池的 PCE 发展趋势。

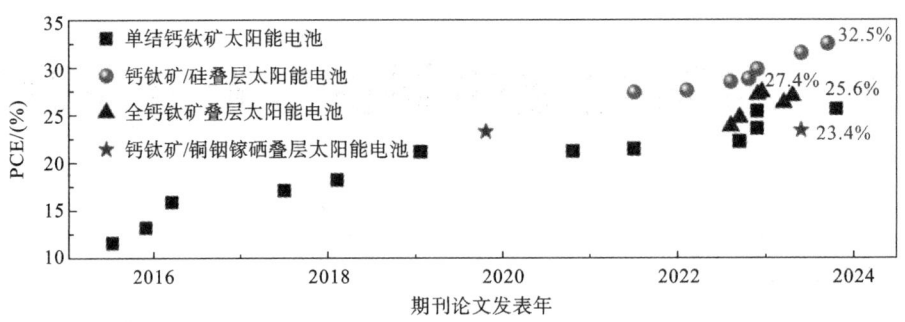

图 1　近年来报道的钙钛矿太阳能电池最高 PCE 汇总图(包括单结和叠层器件)

1) 钙钛矿的晶体结构

钙钛矿已有 180 多年历史,最初它是指一种由无机物钛酸钙($CaTiO_3$)组成的矿物。1839 年,在乌拉尔山脉(亚洲和欧洲分界线之一),德国矿物学家古斯塔夫·罗斯(Gustav Rose)发现了这种天然矿物,他以俄罗斯矿物学家列夫·佩罗夫斯基(Lev Perovski)的名字为这种物质命名。但在光伏领域,"钙钛矿"并非指一种特定材料,而是指具有 ABX_3 结构的化合物家族,其中 A 和 B 分别为不同半径的阳离子。例如,A 位阳离子通常包括甲基氨(CH_3NH^{3+},MA^+)、甲脒基($CH(NH_2)^{2+}$,FA^+)、Cs^+ 及其组合;B 位阳离子主要是Ⅳ族元素中的二价金属阳离子,如 Pb^{2+}、Sn^{2+} 等;X 位则为卤素离子,如 Cl^-、Br^- 和 I^-。钙钛矿化合物的电子性质主要由其无机骨架中的 B-X 键决定,而 A 位阳离子的大小会影响 B-X 键的扭曲,对晶体结构的对称性带来不利影响。钙钛矿晶体的理想结构为立方结构。在 ABX_3 晶体中,六个 X 位阴离子和一个 B 位阳离子形成 BX_6^{4-} 八面体,十二个 A 位阳离子则位于四个 BX_6^{4-} 八面体的中心,如图 2 所示。钙钛矿晶体结构中的 A、B 和 X 位点可以包含一个或多个元素,且其晶格参数可以通过不同的阴、阳离子掺杂来调节。

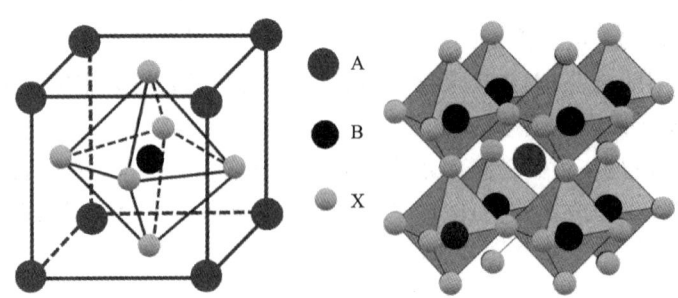

图 2　钙钛矿晶体结构示意图

在理想条件下,钙钛矿晶体中的每种离子都处于各自的平衡位置。与通过强共价键结合的硅原子相比,钙钛矿的组分主要通过离子键、氢键和范德瓦耳斯力等结合在一起。通常,通过容差因子 t 和八面体因子 μ 来预测钙钛矿的可能结构,并评估其晶体稳定性。对于卤化物钙钛矿而言,t 值一般位于 0.85 到 1.11 之间,μ 值则在 0.44 到 0.90 之间。它们的计

算公式分别如下:

$$t=\frac{R_A+R_X}{\sqrt{2}(R_B+R_X)} \tag{1}$$

$$\mu=\frac{R_X}{R_B} \tag{2}$$

其中,R_A、R_B 和 R_X 分别表示 A、B 和 X 位离子的半径。由于强烈的离子键作用,立方对称结构具备最佳的电子性能。当容差因子偏离理想范围时,A 位、B 位和 X 位离子的失配会使八面体倾斜,从而影响电子性能。例如,当 $t<1$ 时,B-X 键会受到压缩,而 A-X 键则会受到拉伸,以补偿多余的空隙,这会导致八面体发生旋转,进而引发晶格畸变并降低 BX_6^{4-} 八面体的对称性。当 $t=1$ 时,晶体结构最为稳定。当 $t>1$ 时,晶体结构可能转变为六角形。此外,钙钛矿晶体结构的维度会根据组分的尺寸而变化。一价阳离子(如 Rb^+、Cs^+、$CH_3NH_3^+$ 和 $HC(NH_2)_2^+$)占据 A 位,形成三维(3D)框架,而较大的阳离子(如 $CH_3CH_2NH_3^+$)则形成二维(2D)或一维(1D)结构。因此,过大的 A 位阳离子会破坏三维框架结构,导致 $t\ll1$,并降低晶体结构的维度(见图 3)。

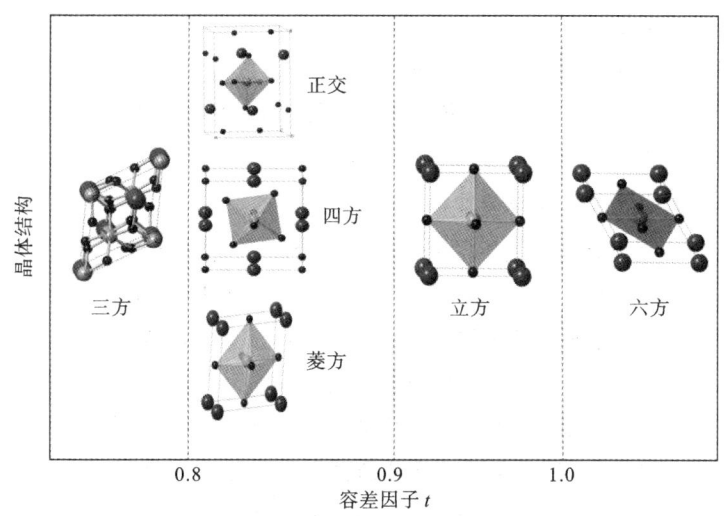

图 3　钙钛矿晶体结构与容差因子 t 之间的相关性

2)钙钛矿材料的特性

钙钛矿之所以能成为太阳能电池、光电探测器、发光二极管等半导体器件领域的明星材料,主要得益于其独特且优异的光电特性。

(1)光吸收系数高。

钙钛矿材料具有较高的光吸收系数,这使其在光能吸收方面具有显著优势。较高的光吸收系数不仅有助于器件的轻薄化和低成本化,还能有效提高太阳能电池的光电转换效率。例如,$MAPbI_3$ 钙钛矿的光吸收系数约为 5×10^4 cm^{-1},是硅材料的近 25 倍。研究表明,$MAPbI_3$ 钙钛矿的带隙由未占据的 Pb 离子的 p 轨道和占据的 I 离子的 p 轨道之间的相互作用产生,其光学跃迁主要为直接带隙的 p-p 跃迁。这一结构特性赋予了钙钛矿材料卓越的光吸收性能,从而使其在光电应用中具有巨大潜力。

(2)禁带宽度可调。

可以通过调整钙钛矿材料的 A、B、X 位离子的种类和比例来调节其禁带宽度 E_g。这一特性使钙钛矿材料在不同应用场景中展现出高适应性。

(3)较低的激子束缚能。

与传统有机太阳能电池相比,钙钛矿材料具有较小的激子束缚能,这有助于光生激子的快速分离,进而形成光生电子和空穴。该特性不仅提高了光电转换效率,还能够降低光活性层的材料成本。钙钛矿中,A 位阳离子的位置灵活,使其结构具有内在的动态无序特性,从而提高了介电常数,形成的 Wannier-Mott 激子具有较小的束缚能。

(4)优异的载流子传输性能。

钙钛矿材料具有出色的双极性载流子传输性能。由于电子和空穴的有效质量相近且较小,钙钛矿材料展现出较高的载流子迁移率和优异的电荷传输能力。此外,载流子的寿命较长,扩散长度可达到 1 μm。这些优势显著减少了载流子在扩散和传输过程中可能发生的复合现象,从而进一步提高了太阳能电池的效率。

(5)优良的发光特性。

钙钛矿材料具有较高的光致发光效率、可调的发光色温和良好的发光稳定性,在发光二极管领域有着广泛的应用前景。这些独特的发光特性使钙钛矿成为下一代显示技术和照明设备的理想材料,拓宽了其在光电领域的应用范围。

3)钙钛矿太阳能电池的结构和工作原理

钙钛矿太阳能电池(PSCs)利用钙钛矿型有机金属卤化物半导体作为光吸收材料,发展至今主要有三种结构类型:介孔 n-i-p 型、平板 n-i-p 型和平板 p-i-n 型(见图 4)。在这些结构中,n 和 p 分别代表电子传输层(ETL)和空穴传输层(HTL),i 表示钙钛矿层。介孔结构的特点是在电池中引入半导体或绝缘介孔材料作为支架,用以调控钙钛矿的结晶形貌。常用的介孔材料有 TiO_2、Al_2O_3 和 ZrO_2。介孔材料不仅起到支撑框架的作用,还能促进钙钛矿的生长,形成钙钛矿/介孔材料混合层。这种结构通常需要高温烧结,尤其是介孔 TiO_2 层的制备,这给其商业化应用带来了一定挑战。平板 n-i-p 型和 p-i-n 型结构不使用介孔层,而是在电子传输层或空穴传输层上直接制备钙钛矿薄膜。由于平板结构工艺简单且可低温制备,因此目前的研究和发展重点逐渐集中于平板结构的钙钛矿太阳能电池。无论采用何种结构,钙钛矿太阳能电池的基本组成均包括透明导电基底、电子传输层、钙钛矿层、空穴传输层和金属电极。其中,透明导电基底作为其他材料的载体,既能让光线透过,又负责将收集到的光生电子传送至外部电路。通常使用的透明导电基底有氧化铟锡和 FTO 导电玻璃。电子传输层主要起选择性传输光生电子的作用,同时阻挡光生空穴通过,从而减少电子与空穴在钙钛矿层的复合,常用材料通常为 SnO_2。钙钛矿层是钙钛矿太阳能电池的核心部分,负责吸收光子并产生光生载流子。空穴传输层的主要功能是提取和传输光生空穴,常用材料包括 Spiro-OMeTAD。金属电极则负责传输电荷并连接外部电路;通常在空穴传输层表面蒸镀一层金属(如金),以确保电荷的有效收集和传导。

钙钛矿太阳能电池的工作原理如图 5 所示,其光电转换过程主要经历三个过程:① 在

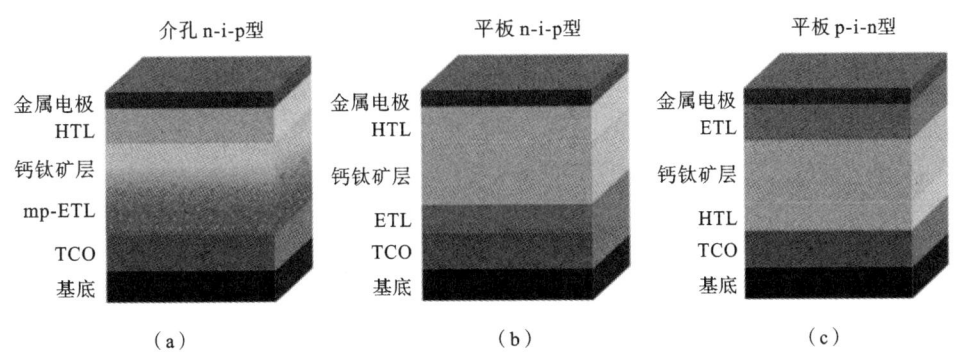

图4 三种典型钙钛矿太阳能电池的结构示意图

注:TCO 是指透明导电氧化物。

太阳光照射到钙钛矿层时,光吸收材料吸收特定光子,导致价带电子跃迁到导带,从而形成电子-空穴对,由于钙钛矿材料激子束缚能仅为(19 ± 3) meV,在室温下这些载流子成为自由载流子;② 钙钛矿材料通常具有高载流子迁移率和长载流子扩散距离,因此钙钛矿层的电子和空穴会分别注入电子传输层和空穴传输层;③ 注入电子传输层和空穴传输层的电子和空穴分别被 FTO 和金属电极收集,最后通过负载构成闭合回路。

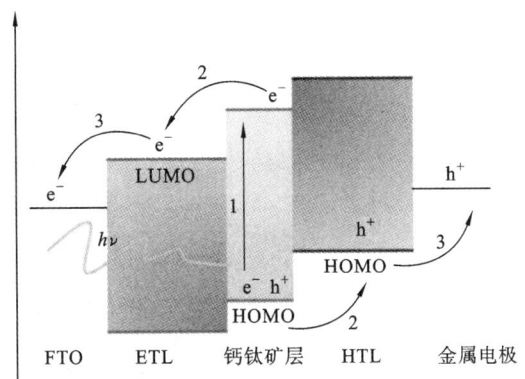

图5 钙钛矿太阳能电池的工作原理

4) 太阳能电池光电性能的评价方法

钙钛矿太阳能电池的性能参数是评估其工作效能和综合性能的重要指标,其中光电转换效率(PCE)是衡量其性能优劣的关键参数。PCE 主要由三个基本性能指标决定,分别是开路电压 V_{OC}、短路电流密度 J_{sc} 和填充因子(FF)。这些参数可以通过测量钙钛矿太阳能电池的伏安特性曲线获得(见图6)。具体来说,V_{OC} 是在太阳能电池输出端口未连接负载时测得的电压,它反映了电池在无负载条件下的最大输出电压;J_{sc} 则是在太阳能电池输出端口短路时测得的单位面积电流,表示电池在短路条件下的最大输出电流密度;FF 是一个表征太阳能电池性能损失程度的指标,其值在 0 和 1 之间,FF 值越接近 1,表明电池的性能越优越。FF 的计算公式为

$$FF = \frac{P_{max}}{V_{OC} \times J_{SC}} = \frac{V_{max} \times J_{max}}{V_{OC} \times J_{SC}} \tag{3}$$

其中，P_{max}是最大输出功率，等于钙钛矿太阳能电池在特定工作点的输出电压V_{max}和电流密度J_{max}的乘积。

PCE 可以通过以下公式计算：

$$PCE = \frac{P_{max}}{P_{in}} = \frac{V_{OC} \times J_{SC} \times FF}{P_{in}} \tag{4}$$

其中，P_{in}是太阳光的入射功率，通常使用的标准入射光功率密度为 100 mW·cm^{-2}，也可表示为 AM1.5G。

本实验中，采用图 7 所示的测量系统来测量钙钛矿太阳能电池的 J-V 曲线。利用美国 Newport 公司的 1000 W 氙灯（型号 91192）模拟太阳光，并装配 AM1.5 滤光片以获取 AM1.5 光谱，光强为 100 mW·cm^{-2}。本实验中，使用 Newport 公司生产的标准硅太阳能电池（1 Sun，AM1.5G，100 mW·cm^{-2}）进行校正。氙灯光谱与太阳光谱的对比如图 8 所示。将组装好的太阳能电池的两极按照规定的顺序与数字源表的各个电极相连，使模拟太阳光源从 FTO 的方向入射，通过数字源表（Keithley 2440）进行测试，在计算机上得到太阳能电池的 J-V 曲线。测量时，采用二电极测试方法，将负电极连接到组装好的钙钛矿太阳能电池的光阳极（FTO）上，正电极连接到电池的对电极（金电极）上，且光阳极在上、对电极在下。

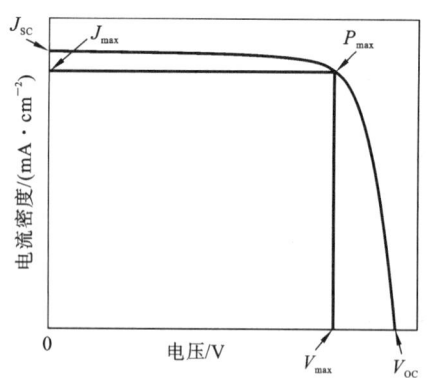

图 6　钙钛矿太阳能电池的伏安特性曲线

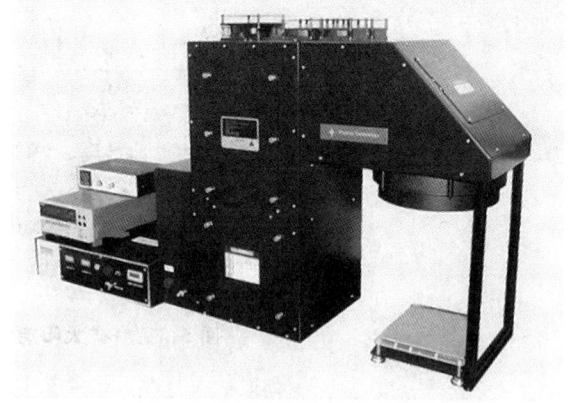

图 7　钙钛矿太阳能电池 J-V 曲线测试系统

3.　实验试剂及仪器

1）实验试剂

FTO 导电玻璃、SnO$_2$ 胶体溶液、碘化铯（CsI）、碘化铅（PbI$_2$）、甲基碘化铵（MAI）、甲脒氢碘酸盐（FAI）、溴化铅（PbBr$_2$）、甲基溴化铵（MABr）、Spiro-MeOTAD、TBP（4-叔丁基吡啶）、Li-TFSI（双（三氟甲磺酰）亚胺锂）、二甲基甲酰胺（DMF）、二甲基亚砜（DMSO）、异丙醇、丙酮、乙腈、氯苯、无水乙醇、去离子水等。

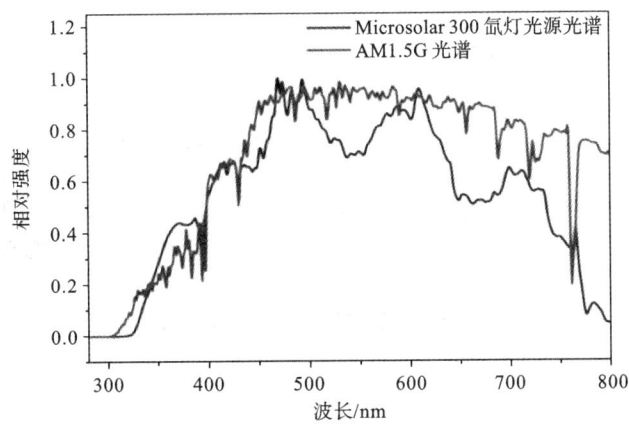

图8 氙灯光谱和太阳光谱的对比

2）实验仪器

手套箱、旋涂仪、超纯水机、紫外臭氧处理机、恒温干燥箱、真空镀膜仪、旋涂仪、加热台、超声波清洗器、钙钛矿太阳能电池 I-V 特性测试系统。

4. 实验方法与步骤

1）材料制备

（1）SnO_2 胶体溶液的制备。

将 SnO_2 胶体原液从冰箱取出，放置至室温。随后取 1 mL SnO_2 胶体原液（质量分数为12%）分散于 3 mL 去离子水中，并进行磁力搅拌或超声波分散 30 min 以上，直至获得无明显颗粒沉降的透明溶液，即 SnO_2 胶体溶液。

（2）制备钙钛矿前驱体溶液。

在手套箱中将碘化铅（PbI_2、507 mg）、溴化铅（$PbBr_2$、73.4 mg）、甲脒氢碘酸盐（FAI、171.9 mg）和甲基溴化铵（MABr、22.4 mg）溶解在 1 mL DMF 与 DMSO 的混合溶剂（体积比为 4∶1）中，在 60 ℃下搅拌数小时，获得钙钛矿前驱体溶液。

（3）配制 Spiro-MeOTAD 溶液。

需在手套箱中进行操作。取 72.3 mg Spiro-MeOTAD 加入 1 mL 氯苯，搅拌使其溶解，再加入 35 μL Li-TFSI 溶液（260 mg Li-TFSI 溶解在 1 mL 乙腈中）和 29 μL TBP。搅拌均匀后，即可得到 Spiro-MeOTAD 溶液。

2）器件组装

依次用丙酮、乙醇和去离子水清洗 FTO 基底 30 min。然后在氮气气流下进行干燥，接着进行 20 min 的紫外-臭氧处理。为了获得基于 SnO_2 的 ETL，将前驱体溶液滴加在 FTO 基底上以 3000 r/min 的速度旋涂 25 s，然后在 150 ℃下退火 30 min。对制备好的 ETL 进行 15 min 的紫外-臭氧处理，然后转移到手套箱中。将 50 μL 钙钛矿溶液以 4000 r/min 的速度旋涂到 SnO_2 层上，接着在最初的 10 s 内将 180 μL 氯苯滴加到旋转的玻璃上。之后将钙钛矿薄膜在 100 ℃下退火 1 h。冷却到室温后，将 Spiro-MeOTAD 溶液沉积在钙钛矿薄膜上（3000

r/min,40 s),随后将这些样品放在恒温干燥箱中保存过夜。最后,用热蒸发法沉积一层 80 nm 厚的 Au 薄膜。一步旋涂法制备钙钛矿薄膜流程图如图 9 所示。

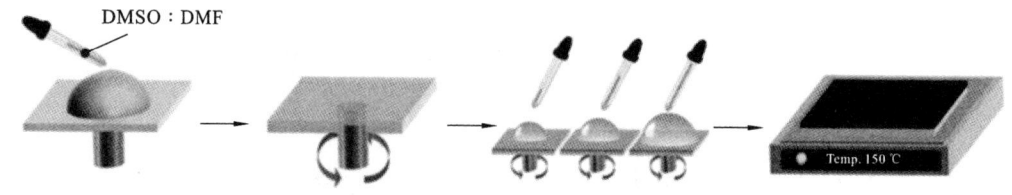

图 9　一步旋涂法制备钙钛矿薄膜流程图

3) 性能测试

采用电化学工作站在一个标准太阳光(AM1.5G,100 mW·cm^{-2})下测量钙钛矿太阳能电池的 J-V 曲线。测试光源为氙灯光源,测试模式为线性伏安扫描模式,测试电压范围为 $-0.1 \sim 1.2$ V,扫描速率为 0.1 V/s,电池有效面积通过遮光板确定。最后利用软件分析测量数据,计算出开路电压 V_{OC}、短路电流密度 J_{sc}、填充因子(FF)以及光电转换效率(PCE)等光伏参数。

5. 实验数据记录与处理

(1) 记录电池的尺寸及样品横截面尺寸(cm^2)。

(2) 测量开路电压 V_{OC}(V)、短路电流密度 J_{sc}(mA·cm^{-2})、填充因子(FF)以及光电转换效率(PCE)。

(3) 绘制 J-V 曲线图。

6. 注意事项

(1) 电化学工作站在测试使用之前应开机预热 30 min。

(2) 使用电化学工作站测量 J-V 曲线时,应反复多次测量,待测试稳定后再取值。

(3) 使用标准光照射太阳能电池进行测试时,应先开启标准光 15 min,待光源稳定后,才可进行数据测量。

7. 思考题

(1) 钙钛矿太阳能电池的钙钛矿层材料是如何产生光电流的?

(2) 什么是迟滞效应? 钙钛矿太阳能电池产生迟滞效应的原因是什么?

(3) 与传统硅基太阳能电池相比,钙钛矿太阳能电池在光电转换效率、制造成本和材料可扩展性方面有哪些优势和挑战?

(4) 钙钛矿材料的稳定性问题一直是其商业化的一个重要障碍。请分析钙钛矿太阳能电池不稳定的原因,并讨论几种可能的改进措施。

参考文献

[1] PENG J, KREMER F, WALTER D, et al. Centimetre-scale perovskite solar cells

with fill factors of more than 86 per cent[J]. Nature, 2022, 601(7894): 573-578.

[2] WANG Y S, MAHMOUDI T, HAHN Y B. Highly stable and efficient perovskite solar cells based on FAMA-perovskite-Cu: NiO composites with 20.7% efficiency and 80.5% fill factor[J]. Advanced Energy Materials, 2020, 10(27): 2000967.

[3] MA Y Z, WANG S F, ZHENG L L, et al. Recent research developments of perovskite solar cells[J]. Chinese Journal of Chemistry, 2014, 32(10): 957-963.

[4] XU D D, MAI R S, JIANG Y, et al. An internal encapsulating layer for efficient, stable, repairable and low-lead-leakage perovskite solar cells[J]. Energy & Environmental Science, 2022, 15(9): 3891-3900.

[5] ALI W, QIN W, TIAN H, et al. Tuning lattice structure of ferroelastic twin-domains achieving efficient perovskite solar cells[J]. ACS Energy Letters, 2023, 8(12): 5070-5078.

[6] JIANG Y, WANG X, PAN A. Properties of excitons and photogenerated charge carriers in metal halide perovskites[J]. Advanced Materials, 2019, 31(47): 1806671.

[7] WEHRENFENNIG C, EPERON G E, JOHNSTON M B, et al. High charge carrier mobilities and lifetimes in organolead trihalide perovskites[J]. Advanced Materials, 2014, 26(10): 1584-1589.

钠离子电池的组装与循环性能测试

1. 实验目的

（1）掌握钠离子电池的结构组成及制备工艺。

（2）了解钠离子电池的基本特性，掌握电池循环性能的测试方法及仪器操作。

（3）测试钠离子电池的容量保持率、循环寿命、库仑效率和能量效率等关键参数，并分析其循环性能。

2. 实验原理

随着经济的高速发展，能源短缺和环境污染问题日益严峻。石油等化石能源正在快速减少，人类正面临着可开采资源即将耗尽的严峻现实。可再生资源的研究、开发、储存与利用迫在眉睫。为了提高可再生资源的利用效率，大规模储能系统是最佳的利用工具。它可以消除风能和太阳能在时间上供应的不稳定因素，使能源分配更加合理。其中，电化学二次电池具有高效、便携、安全等优势，是最佳解决方案。随着我国对绿色低碳新能源的大力扶持，市场对二次电池有了更高期待，也带来了更大挑战。

与物理储能相比，电化学储能具有便携、能快速响应、能量密度高、效率高的优点。锂离子电池（LIB）技术是现阶段应用范围最广且商业化最为成功的电池技术之一。锂离子电池循环寿命长、自放电效应小、工作电压较高、能量密度高和功率密度高，因而成为众多移动设备的首选。然而，地壳资源分布不均，加上市场需求不断增加，导致锂资源的使用成本大幅增加。科学家们一直致力于研究使用更具创新性的方法来降低锂电池成本，并且探究其他低成本且性能较为优异的电池作为替代。

然而，锂作为锂离子电池中最重要的能量传输载体，其在地壳中的储量并不丰富。锂在地壳中的总含量约为 0.0065%（质量分数），而可开采的锂资源储量预估仅为 410 万吨。基于有限的资源总量和急剧增长的市场需求，锂及锂盐的价格不断攀升，这将导致锂离子电池的大规模生产和应用在未来会受到极大的限制。与之相反，钠是地壳中第六丰富的金属元素，其在地壳中的储量约为 2.74%，是锂储量的约 420 倍。此外，钠盐还可以从海水中提炼制备，资源更为丰富。因此，钠及钠盐的利用成本远低于锂及锂盐。加之，钠作为锂的同主族"邻居"，二者具有相似的理化特性，使钠离子在替代锂离子用于二次电池方面具有可行性。基于此，钠离子电池被认为是锂离子电池最具前景的替代者之一。

理论上，钠离子电池主要在两个方面比锂离子电池更具优势。其一，虽然两者具有非常相似的能量储存机理，但相比于锂离子，钠离子在电池充放电过程中与铝箔不会发生合金化反应，所以钠离子电池的两个电极均可采用比铜更加便宜的铝作为集流体，这能大幅降低电池的制造成本;其二,由于钠的标准电极电势为-2.71 V,比锂的-3.02 V高一些,所以钠离子电池电解液具有更宽的电化学稳定窗口,使电解液的可选择种类更多。

1) 钠离子电池的内部结构

钠离子电池的内部结构主要由四个部分组成,即正极、隔膜、负极和电解液。这四个部分通常被固定包裹在电池内部,以防止它们在电化学反应过程中与外界环境介质接触。以2032型纽扣电池为例,这四个部分就被包裹在不锈钢电池壳内。正、负极分别由一定比例的电极活性材料、导电剂和黏结剂等经过混合制浆、涂覆和干燥制成。钠离子电池主要组成如图1所示。

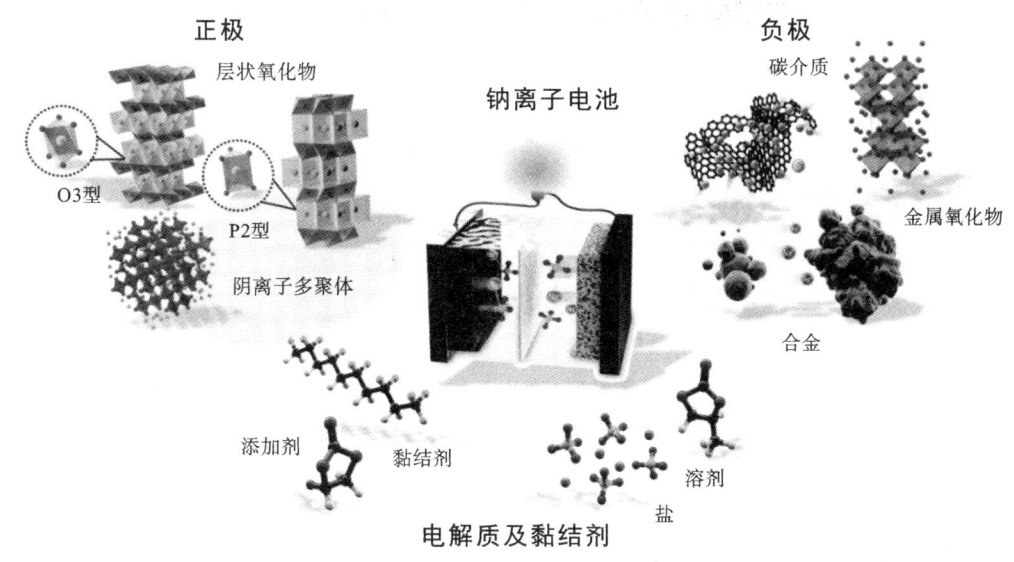

图1 钠离子电池主要组成

钠离子电池的电解液一般是由钠盐、溶剂和添加剂等构成。其中,钠盐主要包括高氯酸钠($NaClO_4$)、三氟甲磺酸钠(CF_3NaO_3S)、六氟磷酸钠($NaPF_6$)等;溶剂通常为碳酸二甲酯($C_3H_6O_3$,DMC)、碳酸丙烯酯($C_4H_6O_3$,PC)、碳酸乙烯酯($C_3H_4O_3$,EC)和乙二醇二甲醚($C_4H_{10}O_2$,DME)等的一种或者多种的混合物。

钠离子电池的隔膜是一种膜材料,它能够让电解液中的钠离子通过,而阻止电路中的电子通过。其主要作用是分隔正、负两极,防止两极因接触而短路。常用的钠离子电池隔膜主要包括无机玻璃纤维膜和其他有机多孔膜(如PP(聚丙烯)、PE(聚乙烯)和PTFE(聚四氟乙烯)隔膜等)。

2) 钠离子电池的工作原理

钠离子电池具有和锂离子电池相似的工作原理,也可以称作"摇椅式电池"(即碱金属离子可以在正负极之间来回脱出/嵌入),如图2所示。一个完整的钠离子电池工作系统一般由正极、负极、电解液、电子绝缘隔膜和金属集流体等组成。

正极反应为

$$Na_{1-x}MO_2 + xNa^+ + xe^- \longrightarrow NaMO_2 \tag{1}$$

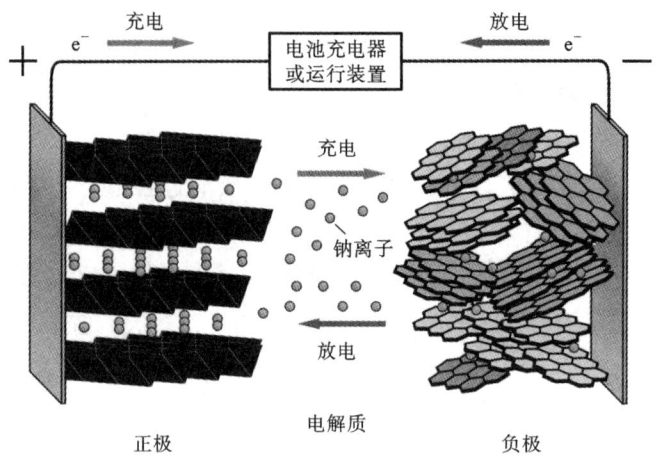

图 2　钠离子电池的工作原理示意图

负极反应为

$$Na_xC_6 - xNa^+ - xe^- \longrightarrow 6C \qquad (2)$$

总反应为

$$Na_{1-x}MO_2 + Na_xC_6 \longrightarrow 6C + NaMO_2 \qquad (3)$$

工作电极材料通常选取具有较高离子和电子导电率的材料,电解液普遍选取具有优异 Na 传导性的物质。钠离子二次电池实质上就是一种离子浓差电池。在理想情况下充电时,Na 从正极侧脱出,经过离子导通的电解质嵌入负极侧,此时负极处于富钠状态,正极处于贫钠状态,同时电子经导体传递到负极侧,以维持整体电荷的平衡。放电时,过程几乎相反,Na 从负极侧脱出,经过离子导通的电解质嵌入正极侧中,正极处于富钠状态。因此正极材料通常选择电位相对较高(vs. Na^+/Na)且能够稳定脱出/嵌入钠离子的无机或有机化合物等。负极材料则一般选择电位高于金属钠析出电位且能够可逆脱出/嵌入钠离子的材料,如硬碳(hard carbon,HC)。电解液一般为以钠盐(如 $NaPF_6$ 和 $NaClO_4$ 等)为溶质的有机碳酸酯溶液。隔膜材料一般为可导通离子的电子绝缘材料。在锂离子电池中正极侧的金属集流体一般选铝,负极则用铜。由于钠和铝不会像锂与铝一样发生反应形成锂铝合金,因此可以选用铝为钠离子电池正、负极的集流体,这可以显著降低钠离子电池辅材的使用成本。

3)钠离子电池的特点

钠离子电池的特点主要如下:

(1)与锂离子电池相比,钠离子电池不需要使用锂、钴等高价稀有金属;

(2)电解质材料主要是钠盐,在自然界中含量非常丰富,堪称"取之不尽"的物质;

(3)钠离子电池的工作机制与锂离子电池相同,可以沿用现有的生产工序和设备,不需要额外进行设备投资;

(4)钠离子电池的电化学性能相对稳定、热稳定性良好,安全运行表现优于锂离子电池;

(5)钠离子电池具有较好的倍率性能,能够用于响应型储能和大规模供电;

（6）钠离子电池应用领域广泛，未来有望应用于储能和动力两个领域，涵盖两轮车和电动汽车等多个方面；

（7）钠离子电池集流体可以使用铝集流体和铝极耳，相比于锂离子电池的铜集流体和镍极耳，铝集流体和极耳更轻便且成本更低。

4）钠离子电池主要构成要素的概述

（1）钠离子电池正极材料概述。

正极材料的性能直接关乎钠离子电池的综合性能。已报道的正极材料可以归纳为：过渡金属氧化物、聚阴离子型化合物、普鲁士蓝类化合物等。不同种类的正极材料具有不一样的化学结构组成和电化学行为：过渡金属氧化物的钠离子脱嵌容量大，因此放电比容量较高；由于聚阴离子型化合物的三维骨架稳固，工作电压较高且倍率性能好（能够大电流充放电）；具有开放骨架的普鲁士蓝类化合物的工作电压和充/放电比容量都较为适中。这三类材料各有优势，能在钠离子储能体系中发挥不同作用。

总的来说，理想正极材料应具备如下特点：

① 钠离子脱嵌电位高和脱嵌容量大；

② 电极过程动力学温和适中；

③ 嵌脱可逆性高，储存稳定性好，反应过程不易产生相变；

④ 材料电子和离子电导率良好；

⑤ 在电压窗口内与电解液相容性良好；

⑥ 原料易得，成本低廉，制备简单等。

各种钠离子电池正极材料及其对应的容量电位图如图 3 所示。

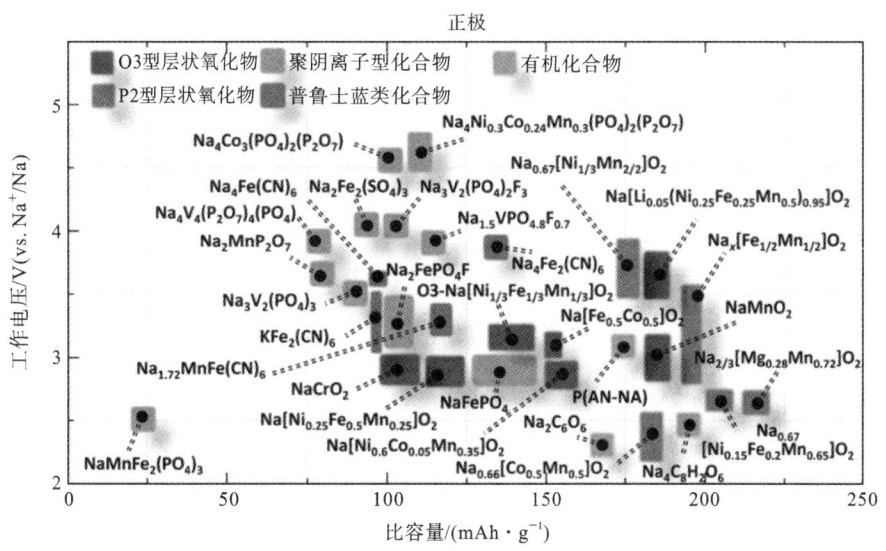

图 3　各种钠离子电池正极材料及其对应的容量电位图

（2）钠离子电池负极材料概述。

由于钠离子的还原电位较高且离子半径较大，其难以插入石墨层内，因此锂离子电池常用的石墨负极材料不能很好地应用于钠离子电池。因此,开发高容量、长寿命的新型负极材料是钠离子电池材料进一步发展的迫切需求。目前,研究较多的负极材料主要包括:

① 插层类材料,如硬碳;

② 合金基材料(单质 Sn、Sb、P);

③ 转换类材料,如金属硫族化合物;

④ 有机负极材料,如羰基化合物、席夫碱、有机自由基化合物和有机硫化物。

各种钠离子电池负极材料及其对应的容量电位图如图 4 所示。

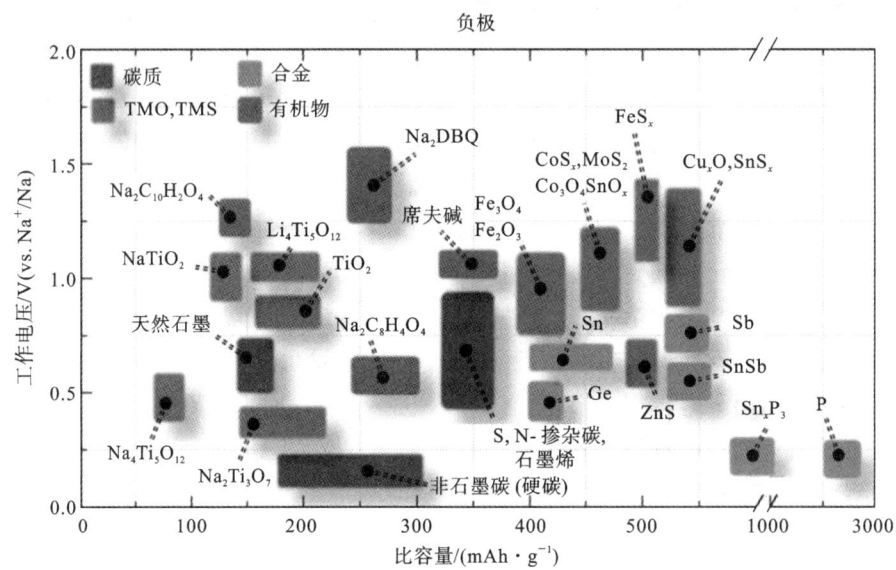

图 4　各种钠离子电池负极材料及其对应的容量电位图

(3) 钠离子电池电解液概述。

钠离子电池的电解液是连接正极和负极的桥梁,负责载流子在正、负极之间的传输。电解液的组成对电池的能量密度、循环寿命和倍率性能等都有重要的影响。钠离子电池的电解液主要由溶质、溶剂和添加剂等组成。电解质一般为 $NaPF_6$、$NaClO_4$、$NaCF_3SO_3$ 等钠盐;溶剂一般为 EC、DMC、EMC(碳酸甲乙酯)、DEC(碳酸二乙酯)和 PC 等溶剂的两种及以上混合体系。常见的钠离子电池电解液使用情况,如图 5 所示。由于原材料(特别是钠盐)资源丰富,钠离子电池电解液实现规模化供应后,成本会比锂离子电池低很多。

(4) 钠离子电池隔膜概述。

隔膜是钠离子电池中的重要非活性材料。它的作用是对正、负极进行物理分隔,避免二者直接接触反应,同时要确保溶剂分子能够浸润和渗透,允许溶剂化钠离子快速通过。理想的隔膜材料应具有良好的电子绝缘性和离子导电性、较高的机械强度且厚度尽量薄、较好的化学惰性(既不与电解液发生反应,也不与正、负极材料发生反应)和优异的热稳定性。隔膜的性能对电池性能有重要的影响,例如隔膜的厚度会影响电池的能量密度,过厚会使电池的能量密度降低,而过薄则会影响电池的安全性能。此外,隔膜的导电性能也会影响电池的倍率性能。

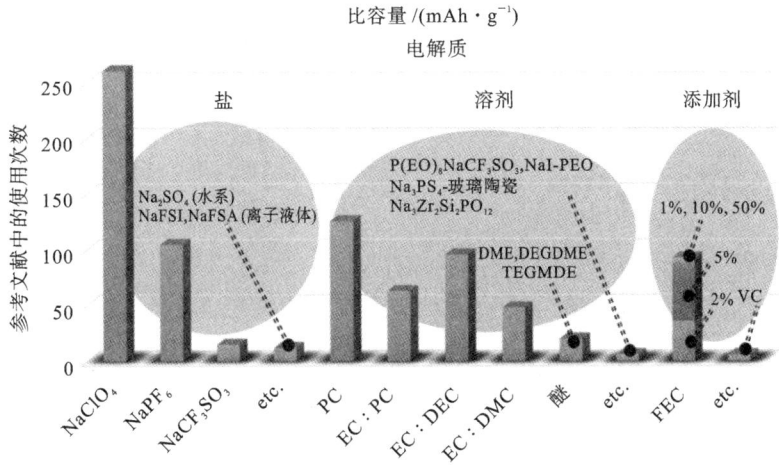

图 5　各种钠离子电池的电解液

钠离子电池的隔膜材料与锂离子电池的隔膜材料类似。但由于钠离子电池的电解液具有高碱度和高电压等特点,这使其对隔膜材料的要求更高,隔膜材料必须能够承受高电压,并且要具有足够好的化学稳定性以避免与电解液或正、负极材料发生反应。总之,对钠离子电池隔膜的基本要求如下:

① 隔膜必须能够有效地隔离正、负极,防止短路和其他安全问题的发生;

② 隔膜应具有足够高的离子电导率,以便离子能够通过它,从而形成稳定的钠离子流,同时应具有足够好的电子绝缘性;

③ 由于钠离子的直径比锂离子大,隔膜的孔径应该比锂离子电池的隔膜更大以确保钠离子能够通过;

④ 隔膜应具有足够好的稳定性,其在电池中长时间运行时不会分解或损坏,以避免电池短路及其他安全问题发生。

目前市场上常用的隔膜有 PP、PE、PP/PE、PP/PE/PP 隔膜、陶瓷隔膜等。隔膜的孔径一般为 $0.03 \sim 0.12~\mu m$,孔径分布较窄且孔径大小均匀。另外,还有一些高性能的新型隔膜,如 PEI/PVP、PES-PVDF-HFP、CP@PPC 等。

(5) 钠离子电池黏结剂概述。

黏结剂在钠离子电池中起着重要的作用,它可以将电极材料和集流体牢固地黏结在一起,从而提升电池的循环寿命和性能。理想的钠离子电池黏结剂应具有如下特性:良好的溶解性、较大的分子量、适中的黏度、较强的黏结力、稳定的电化学性质、耐电解液腐蚀、良好的柔韧性、优异的导电性和导离子能力、广泛的来源、低廉的成本。但实际上理想的黏结剂并不存在且各种特性无法同时兼得,实际应用的黏结剂只能满足部分性能要求。因此,在实践中通常会在正、负极上使用不同的黏结剂或者将多种黏结剂混合使用,以发挥各种黏结剂的优势。

正极材料如 $Na_3V_2(PO_4)_3$ 等使用水性黏结剂可以显著提高其性能。负极材料在充放电过程中会产生明显体积变化,因此需要使用性能优异的黏结剂。研究表明,构建一种能够适应巨大形变、在工作电压窗口内具有电化学稳定性且对电解液有良好润湿性的黏结剂，可以有效地解决合金类负极的体积膨胀问题。几种常见的钠离子电池黏结剂如图 6 所示。

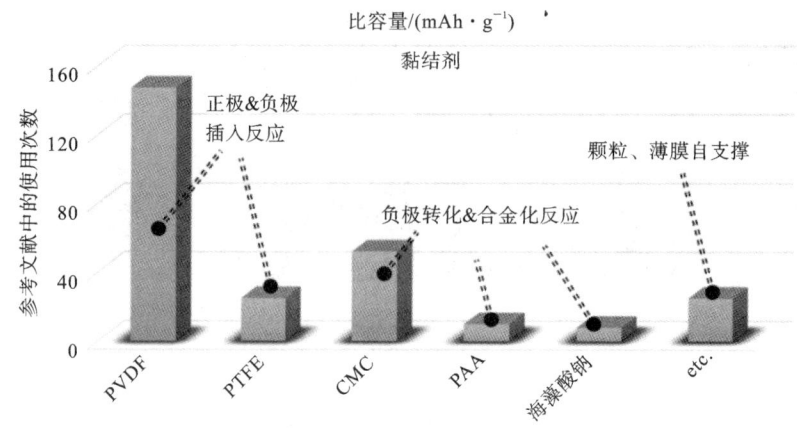

图 6　常见钠离子电池黏结剂对比

5）钠离子电池循环性能的评价方法

钠离子电池循环性能的评价方法是衡量其长期稳定性和实际应用价值的重要手段。循环性能主要取决于以下几个关键参数：容量保持率、循环寿命、库仑效率（CE）和能量效率。具体来说，容量保持率是指钠离子电池在循环过程中，实际可用容量与初始容量的比值。其计算公式为：容量保持率＝（实际可用容量／初始容量）×100%。循环寿命是指钠离子电池在达到一定容量衰减程度（通常为初始容量的80%）时所经历的循环次数。循环寿命越长，表明电池的稳定性越好。库仑效率是衡量钠离子电池在充放电过程中电荷转移效率的指标。其计算公式为：CE＝（放电容量／充电容量）×100%。能量效率是指钠离子电池在充放电过程中能量输出与能量输入的比值。其计算公式为：能量效率＝（放电能量／充电能量）×100%。

本实验中，采用图 7 所示的测量系统来测量钠离子电池的循环性能。使用 CR2032 纽扣电池进行测试，将组装好的钠离子电池两极按照规定连接起来，通过电池测试系统进行测试，从而在计算机上得到钠离子电池的充放电曲线与循环曲线。

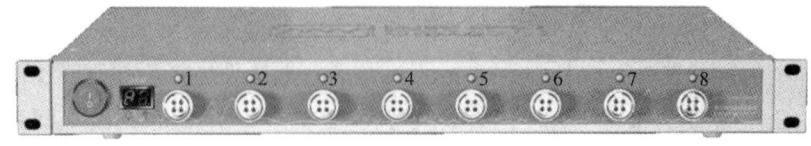

图 7　钠离子电池测试系统

3. 实验试剂及仪器

1）实验试剂

CR2032 纽扣电池壳、商用镍铁锰酸钠（$NaNi_{1/3}Fe_{1/3}Mn_{1/3}O_2$）、导电炭黑（Super P）、N-

甲基-2-吡咯烷酮（NMP）、聚偏氟乙烯（PVDF）、铝箔（Al）、玻璃纤维隔膜、$NaPF_6$、钠片（Na）、无水乙醇、去离子水等。

2）实验仪器

手套箱、研钵、磁力搅拌器、分析天平、真空干燥箱、电池压片机、电池冲片机、自动涂布机、超声波清洗器、超纯水机、电池测试系统。

4. 实验方法与步骤

1）极片制备

（1）正极材料浆料的制备。

正极材料浆料由80％商用镍铁锰酸钠、10％导电炭黑和10％聚偏氟乙烯组成，通过分析天平，分别称取0.4 g商用镍铁锰酸钠、0.05 g导电炭黑和0.05 g聚偏氟乙烯，与1700 mL的N-甲基-2-吡咯烷酮混合，放置在磁力搅拌器上搅拌12 h，获得正极材料浆料。

（2）正极极片的制备。

将所得混合物通过自动涂布机均匀地涂敷在铝箔上，然后将涂敷好的铝箔放置在真空干燥箱中，在80 ℃下真空干燥12 h。干燥完成后用冲片机将其冲成直径为14 mm的5个极片，通过分析天平称取每个极片的质量并记录，随后转移到手套箱里。

2）电池组装

本实验采用CR2032纽扣电池作为测量用电池，以金属钠箔作为负极，使用$NaPF_6$作为电解液添加剂，使用玻璃纤维作为隔膜。在手套箱中按正极壳、弹片、垫片、裁好的电极极片、150 μL电解质、隔膜、钠片、负极壳的顺序装配成电池（见图8）。随后使用电池压片机组装电池。装好后搁置8 h，以便电解液与极片和隔膜之间能更好地接触浸润。

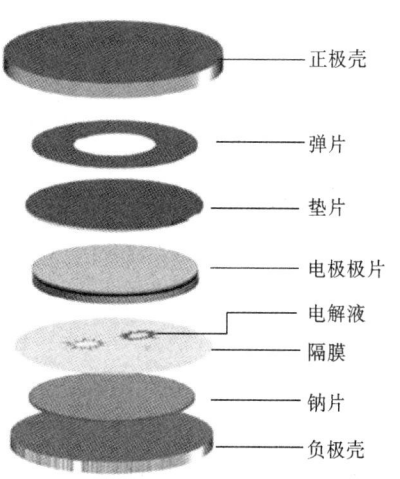

图8 钠离子半电池组装示意图

3）性能测试

本实验采用电池测试系统进行测试。通过对充放电的电流密度、电压区间等进行设置，恒电流充放电测试能检测电极材料在电池中的循环性能、倍率性能、充放电容量、电压随时间的变化规律等。在本实验中，选用的充放电电压区间为2～4 V，并选用0.5 C来测试其循环性能。

5. 实验数据记录与处理

（1）记录正极极片的质量（mg）。

（2）测量容量保持率、循环寿命、库仑效率（CE）和能量效率。

（3）绘制循环性能图。

6. 注意事项

（1）在进行循环性能测试前，应先确认装配完成的电池的电压是否为正常值，避免短路。

（2）使用电池测试系统测量循环性能时，应确认系统设备上电池的正负极安装是否正确，即红正黑负。

7. 思考题

（1）钠离子电池的正极材料在充放电过程中是如何实现钠离子的嵌入和脱出的？请描述这一过程并解释其对电池性能的影响。

（2）钠离子电池在循环过程中常常出现容量衰减现象，请分析导致钠离子电池容量衰减的主要原因，并讨论如何减缓这一现象。

（3）与传统锂离子电池相比，钠离子电池在能量密度、成本和环境友好性方面有哪些优势和挑战？请结合材料特性和实际应用场景进行分析。

（4）钠离子电池的电极材料稳定性是影响其商业化的关键因素之一。请分析导致钠离子电池电极材料不稳定的原因，并探讨几种提高电极材料稳定性的可能途径。

参考文献

[1] WANG L, LU Y H, LIU J, et al. A superior low-cost cathode for a Na-ion battery [J]. Angewandte Chemie International Edition, 2013, 52(7): 1964-1967.

[2] DAVID L, BHANDAVAT R, SINGH G. MoS_2/graphene composite paper for sodium-ion battery electrodes[J]. ACS Nano, 2014, 8(2): 1759-1770.

[3] DING J, WANG H L, LI Z, et al. Carbon nanosheet frameworks derived from peat moss as high performance sodium ion battery anodes[J]. ACS Nano, 2013, 7(12): 11004-11015.

[4] LIU Y L, XU Y H, HAN X G, et al. Porous amorphous $FePO_4$ nanoparticles connected by single-wall carbon nanotubes for sodium ion battery cathodes[J]. Nano letters, 2012, 12(11): 5664-5668.

[5] LUO W, SHEN F, BOMMIER C, et al. Na-ion battery anodes: materials and electrochemistry[J]. Accounts of Chemical Research, 2016, 49(2): 231-240.

[6] BALOGUN M S, LUO Y, QIU W T, et al. A review of carbon materials and their composites with alloy metals for sodium ion battery anodes[J]. Carbon, 2016, 98: 162-178.

[7] WU S P, GE R Y, LU M J, et al. Graphene-based nano-materials for lithium-sulfur battery and sodium-ion battery[J]. Nano Energy, 2015, 15: 379-405.

[8] CHAE S, LEE T, KWON W, et al. Longitudinally grown pyrolyzed quinacridones for sodium-ion battery anode[J]. Chemical Engineering Journal, 2023, 453: 139805.

超级电容器的制备与电性能测试

1. 实验目的

（1）了解超级电容器的基本原理与构造。
（2）掌握超级电容器电极材料的制作过程。
（3）测试并分析超级电容器的电化学性能，包括充放电特性、循环稳定性等。

2. 实验原理

科学技术的发展使社会现代化达到前所未有的高度。能源作为人类社会赖以生存和发展的物质基础，其需求随着社会现代化程度的提高而日益增加。目前，化石燃料仍是全球能源供给的主要来源，但是其快速消耗以及污染物的排放正使全球环境污染和能源危机日益加剧。开发和利用可再生清洁能源（如太阳能、风能、潮汐能）成为解决能源与环境问题的有效方案之一。然而，这类可再生能源大多存在供应间歇性、环境依赖性、地理分布不均等问题，限制了其广泛应用。因此，开发一种高效、稳定且环保的储能设备显得很重要。

图 1 所示为常见储能设备的 Ragone 图，其中横、纵坐标分别表示各类储能设备的功率密度和能量密度。通过对比发现，传统静电电容器虽然具有较高的功率密度，但能量密度极

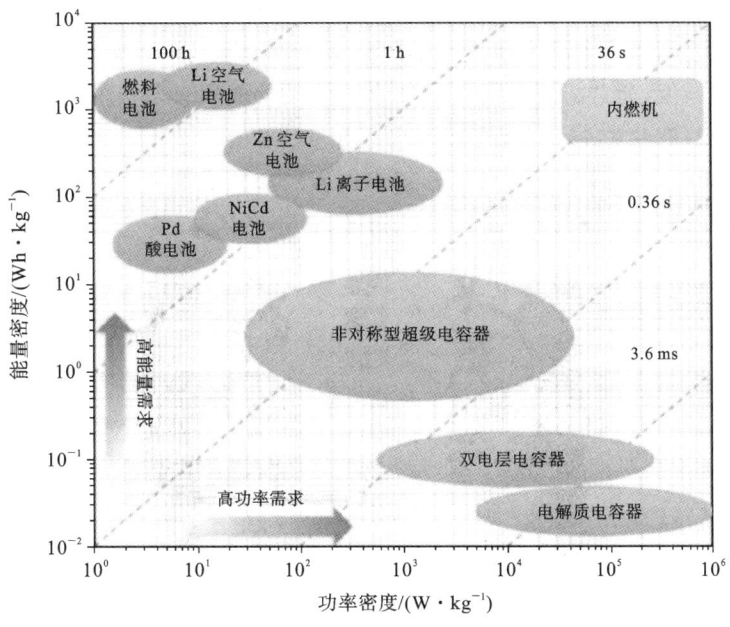

图 1　常见能源存储设备的 Ragone 图

低;电池类储能设备具备高能量密度,但功率密度较低。超级电容器的性能介于两者之间,在获得较高能量密度的同时,能够保持较高的功率输出。电池、传统电容器和超级电容器的储能性能具体数值详见表1。目前,超级电容器主要应用于小型电子设备,或作为大功率设备的启动补充电源。然而,超级电容器作为长续航储能设备的瓶颈在于其能量密度较低。因此,为实现超级电容器的广泛应用,提高其能量密度至关重要。当前关于超级电容器的研究重点是在不牺牲其高功率密度和长循环稳定性的前提下,实现可与二次电池媲美的电荷存储能力。

表 1　常见能源存储设备的储能性能对比

性 能 参 数	电　　池	传统电容器	超级电容器
能量密度/(Wh·kg^{-1})	$10\sim100$	<0.1	$1\sim10$
功率密度/(W·kg^{-1})	<0.1	>10000	$500\sim10000$
放电时间	$0.3\sim3$ h	$10^{-6}\sim10^{-3}$ h	1 s~10 min
充电时间	$1\sim5$ h	$10^{-6}\sim10^{-3}$ h	0.1 s~30 min
库仑效率/(%)	$70\sim85$	约 100	$85\sim98$
循环寿命/cycles	约 1000	>106	>105

1)超级电容器的组成与分类

超级电容器(SCs),也称为电化学电容器或双电层电容器,是一种储能设备,它利用电极与电解液界面的电双层结构或电极材料的赝电容效应来存储电荷。在能量存储方式上,它与传统电容器和电池有显著不同,超级电容器通过物理吸附的方式存储电荷,或通过材料的表面或近表面的氧化还原反应储存电能。如图2所示,超级电容器主要由两个电极、电解液、允许离子在电解液中移动的分离器和密封材料组成。其核心部分由两个浸泡在电解液中的电极和电极之间的一个离子渗透性隔膜组成,该隔膜应具有离子渗透性、高电阻、高离子导电性和低的厚度,通常将滤纸与电解质水溶液结合使用。电极的制备主要是在金属集电极上涂覆一层厚度约为 100 μm 的由活性物质与黏结剂混合形成的浆液。根据使用的正负电极的类型,超级电容器可分为对称型超级电容器和非对称型超级电容器。根据储能机

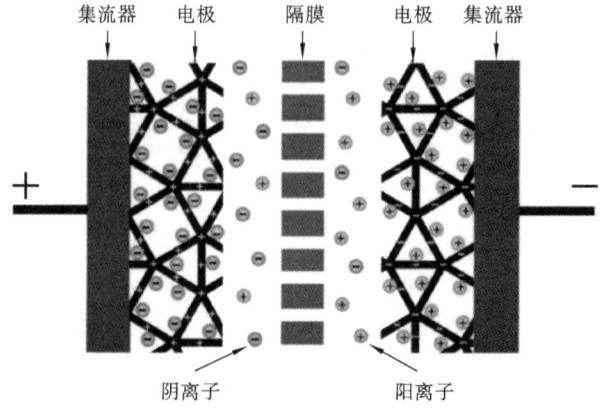

图 2　超级电容器装置示意图

制的不同,超级电容器可分为双电层电容器、赝电容电容器和混合超级电容器。双电层电容器通过在电极-电解液界面上形成一个电双层来储存电荷。赝电容电容器通过离子从电解液快速扩散到电极表面引发的可逆氧化还原反应来储存能量。混合超级电容器是双电层电容器和赝电容电容器的组合。由于混合超级电容器结合了双电层电容器和赝电容电容器的电荷储存机制,因此它具有卓越的性能。

2) 超级电容器的工作原理

(1) 双电层电容器。

双电层电容器的工作原理(见图3(a))主要基于电极材料对电解液中离子的吸附和脱附作用,从而实现能量的储存和释放。在外电场作用下,电解液中的阴、阳离子分别向正、负极移动,从而在电解液和电极的分界面上形成双电层,完成能量储存;在外界负载的情况下,电子沿着外部负载由负极流向正极,电极材料之间的电势差逐渐降低,吸附在表面的离子发生脱附向电解液中扩散,完成能量释放。双电层电容器虽然能在极短的时间内完成充放电过程,但是其能量密度较小。双电层电容器的循环伏安法(CV)曲线在理想状态下呈矩形,充放电曲线呈等腰三角形。双电层电容器的电荷存储能力在很大程度上取决于电极材料的比表面积。双电层电容器中电极材料比表面积较大的特性,使得双电层电容器相较于传统的介电电容器,能够存储更多的电能。基于双电层电容器电极材料的商用超级电容器的能量密度可以达到 $3\sim10$ Wh·kg^{-1}。但是,双电层电容器的能量密度有限,这也是当前双电层电容器研究主要聚焦于提高其能量密度的原因。

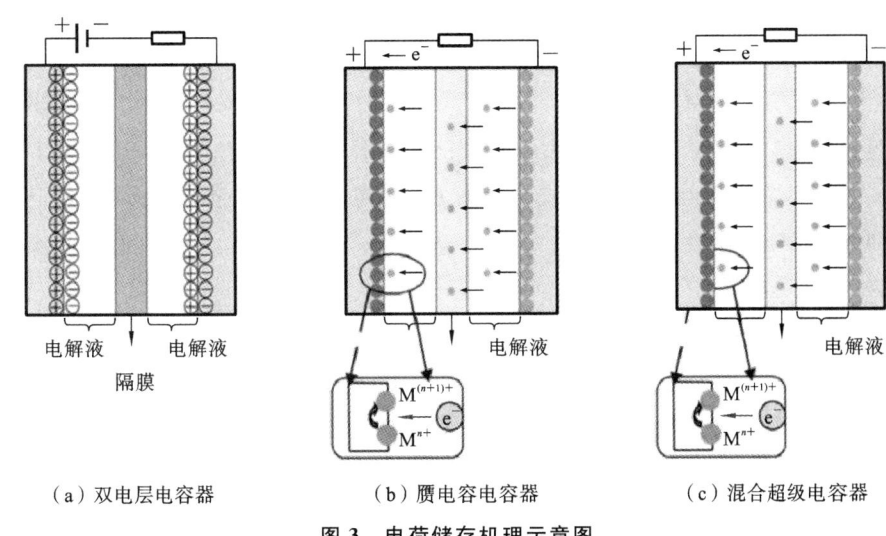

(a) 双电层电容器　　　(b) 赝电容电容器　　　(c) 混合超级电容器

图3　电荷储存机理示意图

(2) 赝电容电容器。

赝电容电容器与双电层电容器最大的不同在于,其能量的储存和释放并非起源于静电,而是源于电化学电荷迁移过程(见图3(b))。赝电容电容器通过电极材料表面快速发生的氧化还原反应来存储和释放电荷,进而完成能量的储存和释放,因此具有更高的能量密度和更高的功率。对电容器施加电压时,电极上发生氧化还原反应,所产生的电荷穿过双电层的通道,最终导致感应电流通过赝电容。这些法拉第电化学过程不仅拓宽了赝电容电容器的工作电压,同时提升了储能设备的电荷存储能力。在赝电容电容器中,电化学反应过程在电极材料的表面和近表面都有发生。所以,一般赝电容电容器比双电层电容器具有更高的能量密度。但是与双电层电容器相比,赝电容电容器功率密度较低、循环稳定性较差。这主要是由于法拉第反应速度较慢且在充放电循环过程中赝电容电极容易发生膨胀和收缩。

(3)混合超级电容器。

赝电容电容器克服了双电层电容器所面临的限制,但赝电容电容器在循环稳定性和功率密度方面无法达到双电层电容器的水平。因此,为了克服这些缺点,研究人员提出了一种由双电层电容器和赝电容电容器组成的超级电容器,即混合超级电容器(见图3(c))。这种组合克服了其他两种超级电容器所面临的限制,并提高了比电容。混合超级电容器融合了两种电荷存储机制:一种是赝电容型电极中的插层或脱插层,另一种是双电层型电极中的吸附或解吸。这两种机制的协同效应导致高能量和高功率密度。传统上,根据所使用的电极材料的组合,混合超级电容器有三种类型:不对称型、电池型和混合型。电池型和不对称型混合超级电容器在电极排列上有相似之处,但是两种电极材料不同。另一方面,在不对称型超级电容器中,典型的负极包括代表双电层电容器贡献的碳质材料。正极由代表赝电容电容器贡献的赝电容材料组成。此外,需要注意的是,即使两个电极由相同的材料组成,例如,在电极中插入具有不同官能团的碳质材料,它仍被归类为不对称型超级电容器。对于电池型和混合型,一个电极是由电池型或者赝电容型的电极材料组成,另一个是基于双电层型的电极材料。这类超级电容器的特点是具有高的功率密度和高的能量密度。因为电池型或赝电容型材料能实现高能量密度;同时,双电层型材料会产生高功率密度。简言之,混合超级电容器成功地克服了双电层电容器和赝电容电容器面临的限制。

3)超级电容器的电极材料

作为超级电容器的核心部件,电极材料直接影响着器件的电化学性能,亦是科研人员的研究重点。目前,常见的电极材料主要分碳材料、导电聚合物和金属化合物(氧化物、硫化物、氮化物等)三大类。

(1)碳材料。

作为双电层电容器最早使用的一类电极材料,碳材料具有来源广泛、成本低廉、结构多孔、比表面积大、电化学稳定性高等优点,主要通过离子表面吸附来储存能量,常被用作负极材料。常见的碳材料有活性炭、碳纳米管、石墨烯、碳纤维及碳气凝胶等。

(2)导电聚合物。

导电聚合物,又称导电高分子,具有由掺杂带来的金属和半导体的特性。其主链骨架上具有单双键交替形成的共轭大 π 键,大 π 键通过氧化还原反应实现离子的掺杂/脱掺杂,从而积累电荷并储存能量,且过程高度可逆。导电聚合物结合了传统聚合物的优势和不同于金属化合物的电子特性,具有电导率高、生产成本低、机械柔韧性好、比重小等优点,在传感器、二次电池及超级电容器等领域极具应用前景。常用的导电聚合物有聚苯胺(PAn)、聚吡咯(PPy)、聚噻吩(PTh)及其衍生物。

(3)金属化合物。

金属化合物是一类通过快速氧化还原反应来储存电荷的电极材料,由于其比电容高于碳材料,且循环稳定性优于导电聚合物,近年来备受科研人员的关注。特别是低成本的多价态过渡金属元素,如 Ni、Co、Mn、Fe、V 等,可与羟基和 O、S、P 等元素配合,形成一系列金属氢氧化物、金属氧化物、金属硫化物等。表 2 显示了不同存储机制的典型金属基电极材料。

表 2　不同存储机制的典型金属基电极材料

储 能 机 制	典型的电极材料
赝电容储能 (表面氧化还原反应)	RuO_2,Mn_3O_4,MnO_2,$MnOOH$,$FeOOH$,Fe_3O_4
赝电容储能 (插入式)	V_2O_5,WO_3,Nb_2O_5,TiO_2,$Na_2Ti_2O_{5-x}$,MoS_2,WS_2
电池型储能	基于 Ni、Co、Cu 和 Cd 等金属元素的氧化物、氢氧化物、硫化物、硒化物和磷化物:$Ni(OH)_2$,NiS,$ZnFe_2O_4$,$NiCo_2S_4$,Ni-Mn 硫化物、Co-Mn 硫化物、Zn-Co 硫化物、$NiCoP$ 等

三种类型的电极材料都可以应用于超级电容器,虽然它们有不同的充放电机制,但实际应用对它们的要求是相似的。

① 较大的比表面积。较大的比表面积能够保证固液组分的有效接触,从而促进固液界面的离子吸附和脱附。同时,较大的电化学活性表面积可以提供足够的电荷与质量交换界面,有助于提高超级电容器的能量密度。

② 适当的孔隙结构。适当的孔隙结构可以加速电极材料内部的离子迁移,从而提升超级电容器的倍率性能。对于双电层电容器来说,其孔径直接影响电容。因此,孔隙结构是电极材料合成过程中的一个重要考察点。

③ 良好的电子导电性。良好的电子导电性意味着电极材料具有较高的电导率,即电子在材料内部的迁移速率较高,从而降低电极的内阻。此外,在集流体表面涂覆高导电性的电极材料时可以采用更大的厚度,同时还可以减少导电剂(如乙炔黑)的使用量,这在实际应用中具有重要的应用价值。

④ 优异的循环稳定性。超级电容器储存的能量通常比电池少,然而它可以提供较大的充放电电流。超级电容器通常用于需要快速充放电的场景,这意味着在相同的使用时间内,超级电容器会经历更多的充放电循环。因此,电极材料应具有较高的循环稳定性。

提升电极材料的比电容是进一步提高材料导电性和增加活性位点的关键。在众多高性能电极材料中,层状双金属氢氧化物(LDHs)由于其具有二维层状结构和较高的理论容量等优点,已成为电化学储能领域中应用最广泛的电极材料之一。在本实验中,通过调节镍离子的含量,合成了不同的 Ni_xCo_2Al-LDHs@CC。

4)超级电容器的评价方法

在能源储存和转换系统的性能评估中,功率密度 P 和能量密度 E 是两个关键指标,因为它们与最终用途直接相关。功率密度用于衡量设备吸收或输送能量的速率,以 $W \cdot kg^{-1}$ 或 $W \cdot L^{-1}$ 为单位;能量密度用于衡量设备存储或可释放的电能量,以 $Wh \cdot kg^{-1}$ 或 $Wh \cdot L^{-1}$ 为单位。

（1）能量密度。

能量密度可以通过分析双电层电容器或赝电容电容器的充放电曲线来评估。存储的电能可以从充电曲线中获得，而可释放的能量则可以从放电曲线中计算得出。两者的比值称为设备的能量效率，反映了充放电曲线之间的差异。对于具有线性充放电曲线的双电层电容器或赝电容电容器，其能量密度的计算公式为

$$E = \frac{1}{2}UQ \tag{1}$$

其中，U 为器件的电压，Q 为器件的电荷量。

为了将能量单位从 J 转换为 Wh，需要将式（1）除以 3600π：

$$E_D = \frac{1}{2 \times 3600\pi}UQ \tag{2}$$

（2）功率密度。

最大功率密度 P_D 的计算公式如下所示：

$$P_D = \frac{U^2}{4R_{ES}\pi} \tag{3}$$

这种最大功率的传递只有当负载具有与等效串联电阻器相同的电阻 R_{ES} 时才能实现，通常称为匹配的负载条件。然而，在实践中，负载电阻通常不匹配 R_{ES}。因此，采用其他方法来计算实际功率容量。三种广泛采用的方法是 DOE-FreedomCar（50％ P_D）、IEC 62576（48％ P_D）和脉冲能量（11.25％ P_D）效率方法。根据不同的测试程序和 Burke 公布的数据，得出最大功率密度 P_D。尽管 P_D 被广泛用于比较，但它通常不代表实际可交付的功率密度。因此，必须根据相应的实际应用选择适当的百分比进行计算。原则上，进一步提高 P_D 总是有益的，但由于超级电容器已经有了相对较高的 P_D，因此对其的研究目前相对较少。

在本实验中，将制备的样品在电化学工作站（CHI660E）上测试电化学性能。采用三电极体系，以制备好的样品（电解液中有效面积为 $1 \times 1~cm^2$）为工作电极，Hg/HgO 为参比电极，Pt 片为对电极，在 3 mol/L KOH 电解液中测定循环伏安法（CV）、恒流充放电（GCD）和电化学阻抗谱（EIS）曲线。在 0～0.5 V 电压范围内测试电极的 GCD 曲线和循环性能；在扫描速度为 10～100 mV·s^{-1} 的条件下测试 CV 曲线。

活性炭电极制备如下：将活性炭（质量分数为 80％）、乙炔黑（质量分数为 10％）和 PVDF 黏结剂（质量分数为 10％）在 NMP 溶液中搅拌 24 h，涂敷于泡沫镍上，并在 60 ℃ 真空环境中干燥 24 h。

电极材料的面积比电容的计算公式为

$$C_a = \frac{I\Delta t}{A\Delta U} \tag{4}$$

其中，I 为放电电流，A 为电极与电解液的有效接触面积，Δt 为放电时间，ΔU 为电压变化量。

器件的能量密度和功率密度的计算公式分别为

$$E = 0.5\frac{CU^2}{3.6} \tag{5}$$

$$P = 3600\frac{E}{\Delta t} \tag{6}$$

其中,C 为超级电容器的比容量。

3. 实验试剂及仪器

1) 实验试剂

实验试剂如表 3 所示。

表 3　实验试剂

试　剂	规　格	生　产　厂　家
去离子水	—	实验室制备
无水乙醇	分析纯	国药集团化学试剂有限公司
NH_4F	分析纯	国药集团化学试剂有限公司
$Ni(NO_3)_2 \cdot 6H_2O$	分析纯	国药集团化学试剂有限公司
$Co(NO_3)_2 \cdot 6H_2O$	分析纯	国药集团化学试剂有限公司
$Al(NO_3)_3 \cdot 9H_2O$	分析纯	国药集团化学试剂有限公司
尿素	分析纯	国药集团化学试剂有限公司
碳布	W0S1009	国药集团化学试剂有限公司
N-甲基吡咯烷酮	分析纯	国药集团化学试剂有限公司
炭黑	分析纯	国药集团化学试剂有限公司
聚偏氟乙烯	分析纯	国药集团化学试剂有限公司

2) 实验仪器

实验仪器如表 4 所示。

表 4　实验仪器

设 备 名 称	型　号	生 产 厂 家
反应釜	1 L	山东鄄城华鲁电热仪器有限公司
X 射线衍射(XRD)仪	Empyrean	荷兰 PANalytical 公司
透射电子显微镜(TEM)	JEM-2100	日本 JEOL 公司
X 射线光电子能谱(XPS)仪	ESCALAB 250Xi	赛默飞世尔科技(中国)有限公司
气体吸附仪	Autosor-iQ	美国 Quantachrome 公司
原子力显微镜(AFM)	MFP-3D Infinity	英国牛津仪器公司

4. 实验方法与步骤

1) 材料制备

首先,将 x ($x=0,0.5,1,2,3$) mmol $Ni(NO_3)_2$、3 mmol $Co(NO_3)_2$ 和 1.5 mmol $Al(NO_3)_3$ 在室温下溶解于 30 mL 去离子水中。随后,向上述溶液中加入 16 mmol NH_4F,将所得溶液记作 A 溶液。接着,将 19 mmol 尿素溶解于 30 mL 去离子水中,记作 B 溶液。

将 B 溶液缓慢加入 A 溶液中,并搅拌 10 min。之后,将尺寸为 1×3 cm^2 的碳布浸入上述混合溶液中。将所得混合溶液转移到 80 mL 的反应釜中,并在 120 ℃ 下加热 5 h。反应完成后,用蒸馏水和乙醇对产物进行反复洗涤,然后在 60 ℃ 的烘箱中干燥 24 h。通过上述方法制备的产物分别为 $Ni_{0.5}Co_2Al$-LDHs@CC、$NiCo_2Al$-LDHs@CC、Ni_2Co_2Al-LDHs@CC 和 Ni_3Co_2Al-LDHs@CC。对于 CoAl-LDHs 的制备,其方法与上述相同,但在制备过程不加入镍离子。Ni_xCo_2Al-LDHs@CC 电极的制备示意图如图 4 所示。

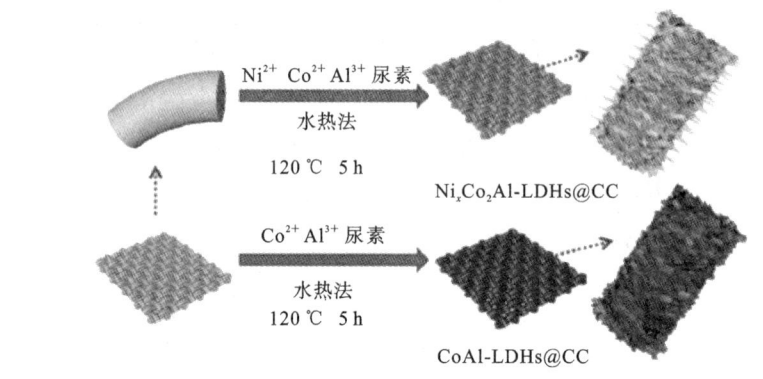

图 4 Ni_xCo_2Al-LDHs@CC 电极的制备示意图

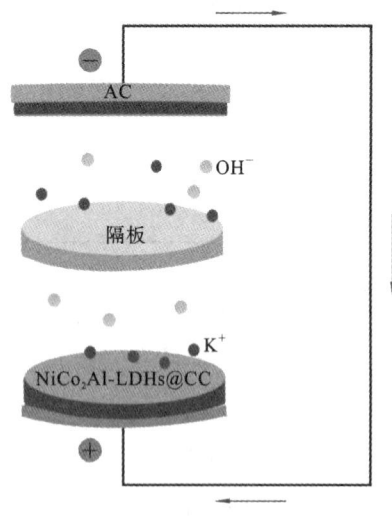

图 5 由 $NiCo_2Al$-LDHs@CC 阳极和 AC 阴极构成的混合超级电容器示意图

2)器件组装

为了进一步评估 Ni_xCo_2Al-LDHs@CC 的实用性,在 3 mol/L KOH 电解液中,以 $NiCo_2Al$-LDHs@CC 为阳极,以活性炭(AC)为阴极,构建了一个混合超级电容器 $NiCo_2Al$-LDHs@CC//AC,如图 5 所示。

3)储能性能测试

在 CHI660E 电化学工作站上采用标准三电极系统测试所有样品的电化学行为。在 3 mol/L KOH 电解液中,以碳布上负载的合成样品为工作电极,以 Hg/HgO 为参比电极,以铂片为对电极,测试电化学性能。采用循环伏安法、恒流充放电法和电化学阻抗谱法对合成材料的电化学性能进行研究。在 0~0.6 V 的电压范围内,在不同扫描速率(2~20 mV·s^{-1})下得到 CV 曲线。在 0~0.5 V 电压范围内,在不同的电流密度(1~5 A·g^{-1})下得到 GCD 曲线。此外,在 0.01~100 kHz 的频率范围内对 EIS 曲线进行测试。合成的 Ni_xCo_2Al-LDHs@CC 电极作为混合超级电容器的正极。负极的制备过程如下:将介孔碳(80%)、聚偏氟乙烯(10%)和乙炔黑(10%)加入 N-甲基吡咯烷酮溶液中制成混合物涂在泡沫镍上,然后烘干。

5. 实验数据记录与处理

（1）根据 $Ni_xCo_2Al-LDHs@CC//AC$ 的 GCD 曲线计算不同电流密度下的比电容。

（2）计算器件的能量密度（E，$Wh \cdot kg^{-1}$）和功率密度（P，$W \cdot kg^{-1}$）。

6. 注意事项

（1）每次使用反应釜前，应当仔细检查反应釜是否存在裂纹或破损。

（2）在操作过程中，不得打开反应釜的上盖，不得触及板上的接线端子，以免触电。升温和加压应缓慢进行，搅拌只允许缓慢升速。当釜体被加热到较高温度时，不要和釜体接触，以免烫伤。实验完成后，应该先降温，不得速冷，以防过大的温差和压力差造成仪器损坏。

（3）严禁超温超压使用反应釜，反应内杯实际容量不得超过额定容量的 80%，一般限制在额定容量的 50% 以下。避免在反应釜中进行大量产热或产气反应，防止烘箱温度过高，实际温度远大于设定温度时，存在爆炸风险。

7. 思考题

（1）电极材料的微观结构（如孔隙率、比表面积）如何影响超级电容器的性能？

（2）循环伏安法（CV）测试中扫描速率的变化会对 CV 曲线形状产生怎样的影响？

（3）在长时间充放电循环后，电容性能为什么会衰减？应如何延缓衰减？

（4）在实际应用中，如何权衡超级电容器的能量密度与功率密度？

（5）探讨设计混合超级电容器以提升其综合性能的策略。

参考文献

[1] SHARMA S, CHAND P. Supercapacitor and electrochemical techniques：a brief review[J]. Results in Chemistry，2023，5：100885.

[2] CHENG H H, LI J P, MENG T, et al. Advances in Mn-based MOFs and their derivatives for high-performance supercapacitor[J]. Small，2024，20(20)：2308804.

[3] GAIKWAD P, TIWARI N, KAMAT R, et al. A comprehensive review on the progress of transition metal oxides materials as a supercapacitor electrode[J]. Materials Science and Engineering：B，2024，307：117544.

[4] ASHAN M, ALYOUSEF H A, ALROWAILY A W, et al. Maximizing the electrochemical efficiency of Ce doped $SnFe_2O_4$ through hydrothermal route for supercapacitor applications[J]. Electrochimica Acta，2024，504：144840.

[5] WANG Y X, XU T, LIU K, et al. Nanocellulose-based advanced materials for flexible supercapacitor electrodes[J]. Industrial Crops and Products，2023，204：117378.

[6] RAY P K, MOHANTY R, PARIDA K. Recent advancements of NiCo LDH and graphene based nanohybrids for supercapacitor application[J]. Journal of Energy Storage,

2023，72：108335.

[7] ZAHRA T，ALANAZI M M，ABDELMOHSEN S A M，et al. Fabrication of MnAl$_2$O$_4$/g-CN nanohybrid as an advantageous electrode for supercapacitor applications[J]. Ceramics International，2024，50(9)：14469-14479.

[8] THALJI M R，ALI G A M，SHIM J J，et al. Cobalt-doped tungsten suboxides for supercapacitor applications[J]. Chemical Engineering Journal，2023，473：145341.

[9] KHAN S，USMAN M，ABDULLAH M，et al. Facile synthesis of CuAl$_2$O$_4$/rGO nanocomposite via the hydrothermal method for supercapacitor applications[J]. Fuel，2024，357：129688.

燃料电池的工作原理与测试方法

1. 实验目的

(1) 掌握燃料电池的结构组成及制备工艺。

(2) 理解燃料电池的基本特性和关键参数,掌握电极性能的测试方法及仪器操作。

(3) 测试燃料电池的关键参数,并分析其电极性能。

2. 实验原理

能源作为推动人类文明不断向前发展的动力,历史上能源形式的变革与人类文明的发展密切相关。人类探索、开发和利用新能源技术的脚步从未停止。人类面临多次重大的能源变革,每一次对新能源的开发利用和技术突破,都极大地促进了生产力的发展和文明的进步。在近代,煤炭和石油的发现与利用使人类告别了农业文明,步入了工业文明。但是,自工业革命以来,人类向大气中排放了过多的温室气体,温室效应不断加剧,全球平均气温呈波动性上升,导致冰川和极地冰盖融化、海平面上升、洋流异常,引发极端天气气候灾难。人类在面临不可再生能源紧缺与环境问题加剧的双重危机下,能源转换的需求与日俱增。

人类迫切需要摆脱对传统化石能源的依赖,发展和构建新型清洁能源利用方式。氢能作为一种脱碳能源,使用氢能可以实现完全零排放。因此,氢能有可能是人类能源的终极选择。1970 年,约翰·博克里斯(John Bockris)在美国通用汽车公司(General Motors)技术中心演讲时首次提出"氢经济"(hydrogen economy)一词,描绘了未来氢气取代石油、煤炭等化石能源成为支撑全球经济的主要能源后,氢能生产、配送、储存及使用的整个市场运作体系。该过程大致分为:上游制氢、中游储运、下游加注、终端氢燃料电池装置和其他应用。图 1 所示为基于电催化技术的可持续能源景观示意图。

目前,氢能受到了广泛的关注。世界多国政府宣布并支持了许多氢能发展方案,制定法规和相关认证计划,还执行了一些计划项目的投资决策。例如,将支持措施与条例(如配额或授权)相结合,要求各类企业积极开发氢能并在现有的设备中使用氢能。这些积极的政策措施可以在短期内扩大氢能的发展规模。

在利用氢能时,若采用传统燃烧方式,仍不能摆脱卡诺循环的限制。因此,需将燃料电池用作氢经济中的能源转换装置。理论上,燃料电池可实现化学能 100% 转化为电能。目前燃料电池的实际效率为 $60\%\sim70\%$,而普通内燃机的效率为 $20\%\sim35\%$。相较于储能电池,如锂离子电池、钠离子电池等,燃料电池具有快速加注、续驶里程长等优点,在远距离、不间断供电的使用场景中,燃料电池具有更好的适用性和可持续性。

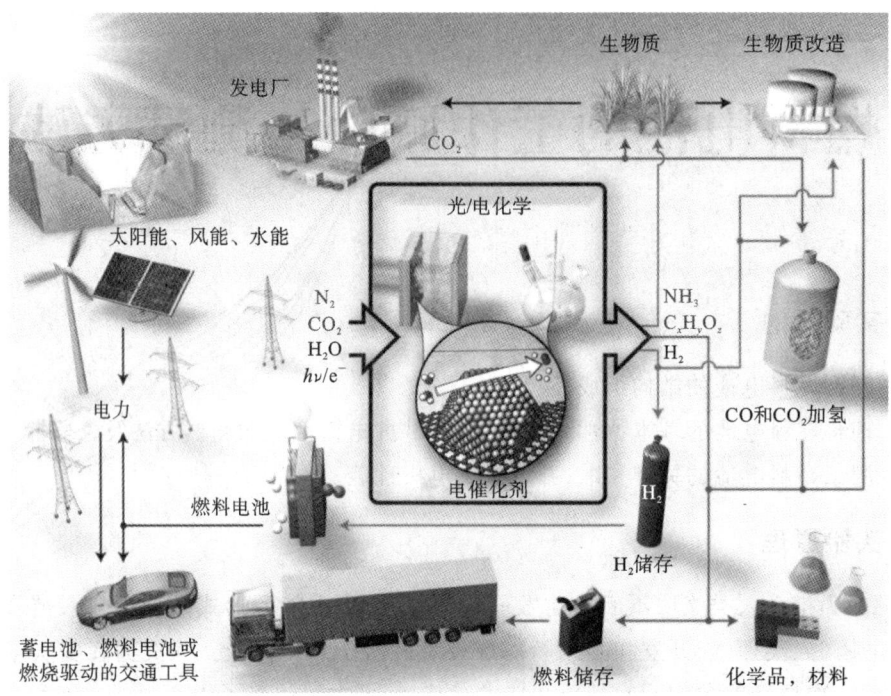

图 1　基于电催化技术的可持续能源景观示意图

1) 燃料电池的优势

迄今为止,燃料电池技术的发展已历经近两个世纪。目前,燃料电池汽车在动力输出、补给时间、续驶里程和驾驶舒适性等方面可与电动汽车相媲美,正处于商业化推广的早期阶段。燃料电池的具体优点如下。

(1) 高效性:燃料电池的能量转换过程不受卡诺循环的限制,理论能量转换效率可达85%以上。在实际工况下,虽然受到极化现象的限制,但燃料电池的能量转换效率仍可达到40%~60%,在热电联供系统中,燃料的总利用率甚至能达到80%。

(2) 比能量高:液氢燃料电池的比能量显著高于传统电池。其比容量是传统镍铬电池的约800倍,与能量密度较高的锂离子电池相比,液氢燃料电池的比能量要高出10倍以上。尽管目前燃料电池的实际比能量仅为理论值的10%,但仍优于一般电池的实际比能量。

(3) 环境友好:燃料电池的能量转换过程不涉及热机过程,因此与传统热机过程相比,燃料电池的能量转换过程中 CO_2 排放量减少40%以上,几乎不排放氮和硫的氧化物(NO_x 和 SO_x),减少了对大气的污染。

(4) 可靠性和灵活性高:目前碱性燃料电池和磷酸燃料电池的运行状况表明,燃料电池可以作为传统能源的高度可靠替代品。在工业应用中,它们被广泛用作应急电源和不间断电源。

(5) 安静:燃料电池内部运动部件较少,工作时噪声低。实验结果显示,在 11 MW 级的燃料电池发电厂附近,噪声水平低于 55 dB。

(6) 易于建设:燃料电池采用组装式结构,对辅助设施的依赖程度较低。此外,燃料电池电站的设计和制造相对较为简便。

2) 燃料电池的分类与工作原理

燃料电池是一种通过电化学反应,将储存在燃料分子中的化学能转化为电能的能源转换器件。它不受卡诺循环效应和内燃机冲程的限制,可以连续稳定地产出电能。同时整个燃料电池器件中没有机械传动部件,使用寿命长。其放电后的产物主要为水,因此排放出的有害物质极少,是最有发展前途的发电技术装置。

燃料电池器件通过离子交换膜隔离为两个电极端。电池工作时,燃料发生氧化反应,产生电子(e^-)并在阳极侧积累,形成低电势(负极);阴极的氧化剂需要得到电子才能发生还原反应,因此具有高电势(正极);燃料电池受阴阳两极电势差的作用而形成电压。正、负极一旦经外电路连通构成回路,阳极(负极)侧所产生的电子(e^-)会通过外电路流动。电子经过负载做功后,再流回到阴极(正极)侧,从而构成完整的电子回路;在燃料电池内部,电化学反应生成的离子通过电解液进行传递。带正电的离子移向正极,带负电的离子移向负极,从而形成离子循环回路。燃料电池的种类繁多,虽然主体相仿,但具体在电极上发生的电化学反应与使用的电解质类型有所差异。

燃料电池的种类具体可依据阳极(负极)侧所用燃料的不同进行划分,据此可以将燃料电池分为氢燃料电池、氨燃料电池、一氧化碳燃料电池等。或者将电解质类型作为分类依据,将燃料电池分为质子交换膜燃料电池(proton exchange membrane fuel cell,PEMFC)、碱性交换膜燃料电池(hydroxide-exchange membrane fuel cell,HEMFC)、固体氧化物燃料电池(solid oxide fuel cell,SOFC)等。

近年来,以 H_2 作为燃料、O_2 作为氧化剂的氢氧燃料电池受到广泛关注并得到应用,特别是以 PEMFC 和 HEMFC 为代表的氢氧燃料电池。

燃料电池器件有阳极和阴极两个电极,除阴阳两极的催化剂不同外,装置整体结构呈轴对称形态,由端板、集流板、气体流场板/双极板、垫片、催化剂层(catalyst layer,CL)、气体扩散层(gas diffusion layer,GDL)和离子交换膜组成。双极板一般由较高耐蚀性、高导电性和较低成本的金属板材或石墨材料制成,双极板表面中心雕刻有流道场,为气体提供传输和对流的场所,其主体结构为电池提供支撑和导电作用;催化剂层由催化剂和离聚物混合而成,内部的三相界面(triple phase boundary,TPB)是电催化反应发生的关键区域;气体扩散层主要分为两层结构,包括微孔层(micro-porous layer,MPL)和扩散层,其主要作用是保障气体传质和疏水效果,同时收集并传导电子。图 2 所示为固态电解质交换膜燃料电池结构图。

在燃料电池器件中使用的固态电解质隔膜(离子交换膜)可以有效地对阴阳两极的气体进行隔离,实现良好的密封效果。电池中由双侧 GDL、双侧 CL 和离子交换膜共同构成的"三合一/五合一"结构,称为膜电极组件(membrane electrode assembly,MEA)。MEA 作为燃料电池的核心部件,是发生电化学反应的场所,为离子(H^+/OH^-)、电子(e^-)、反应气体(H_2/O_2)和水(H_2O)的传输提供了连续通道。

PEMFC 是目前应用最为广泛的一种燃料电池,其电解质的载流子是质子,目前广泛使用的电解质材料是杜邦公司生产的全氟磺酸膜(Nafion$^{©}$)。利用全氟磺酸膜上的磺酸基($R—SO_3H$,其中 R 为烃基),将反应产生的质子传递到阴极(正极)。PEMFC 的工作原理如

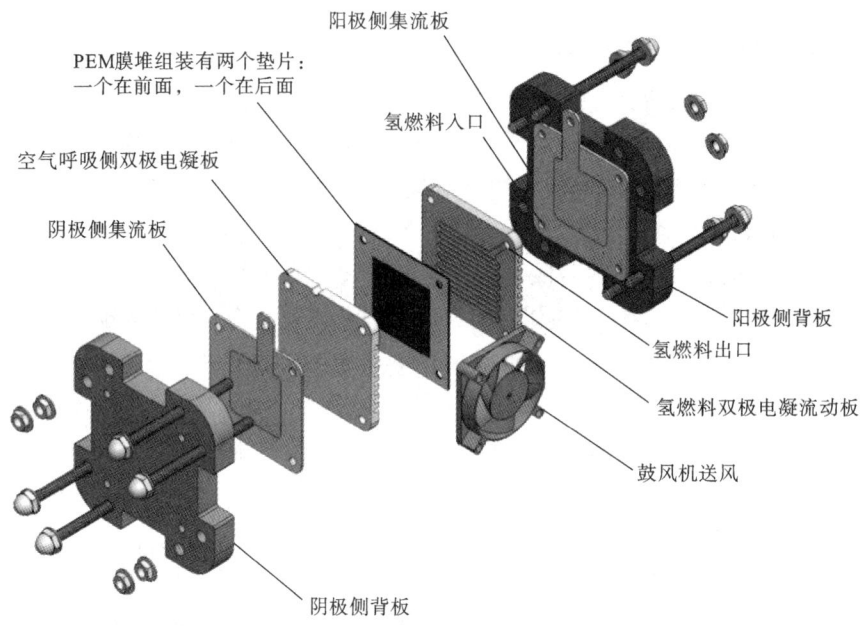

PEM膜堆组装有两个垫片：
一个在前面，一个在后面

阳极侧集流板

空气呼吸侧双极电凝板

氢燃料入口

阴极侧集流板

阳极侧背板

氢燃料出口

氢燃料双极电凝流动板

鼓风机送风

阴极侧背板

图 2　固态电解质交换膜燃料电池结构图

下：阳极（负极）的 H_2 在催化剂和过电位的作用下生成质子（H^+）并释放出电子。质子透过质子交换膜到达阴极，电子在外电路中从阳极（负极）出发，经过负载做功后，传递到阴极（正极）。阴极（正极）的 O_2 在催化剂和过电位的作用下得到电子并与质子结合生成水，气态水透过 GDL 并经由流场排出。在整个反应过程中，需要对反应气体进行加湿，以保证质子交换膜处于充足的水化状态以满足离子传输的需求。

由于 PEMFC 的电极反应会在阴极生成水，这容易将电极淹没，进而造成 MEA 堵塞，因此需要对阴极侧水的排出进行密切监控。目前，PEMFC 已经在汽车行业得到了广泛应用。例如，日本丰田汽车公司生产的氢燃料电池汽车 Mirai 已于 2014 年 12 月 15 日在日本正式上市。2024 年，本田技研工业株式会社在美国发布了 2025 款 CR-V e:FCEV 氢动力汽车，其在 EPA 工况下的续驶里程为 270 mi（约 434 km）。

HEMFC 是低温燃料电池技术领域的新兴代表，其结构与 PEMFC 相似，固体电解质的载流子是氢氧根（OH^-），使用碱性交换膜（HEM）。HEMFC 一般采用含有季铵盐（—R_4NX，X＝F^-、Cl^-、Br^- 和 I^-）或哌啶（$C_5H_{11}N$）结构官能团的有机高分子聚合物作为关键材料。此外，用于 HEMFC 的气体燃料需要经过适当提纯，以去除 CO_2 等其他气体杂质。这是因为 CO_2 在碱性环境下生成碳酸盐沉淀，从而影响 OH^- 的传输。由于 HEMFC 在温和的碱性工作环境下工作，因此可以使用相对廉价的金属双极板替代更高成本的石墨双极板，并且可以采用非贵金属催化剂。这些材料的替换和应用使得 HEMFC 相较于 PEMFC 具有更低的成本。

HEMFC 工作时，阳极（负极）的 H_2 在催化剂和过电位的作用下分解生成质子，同时释放出电子，OH^- 透过 HEM 到达阳极（负极），并与质子结合生成水。电子则通过外电路由阳极（负极）出发，经过负载做功后传递到阴极（正极）。阴极（正极）的氧气在催化剂和过电位的作用下得到电子,并与水结合生成 OH^-。由于 HEMFC 中阳极(负极)侧生成水,容易导致电极被水淹没;而阴极(正极)侧会消耗水,易造成电极干燥。因此,与 PEMFC 相比,HEMFC 的水管理过程更为复杂,需要操作人员同时对阴阳两极的水管理情况进行严格监控。

图 3 展示了 PEMFC 与 HEMFC 的电极反应与离子传导方向。虽然这些反应过程可能存在多个中间步骤,还可能伴随一些副反应,但上述反应已能较为准确地描述氢氧燃料电池中的主要电化学过程。

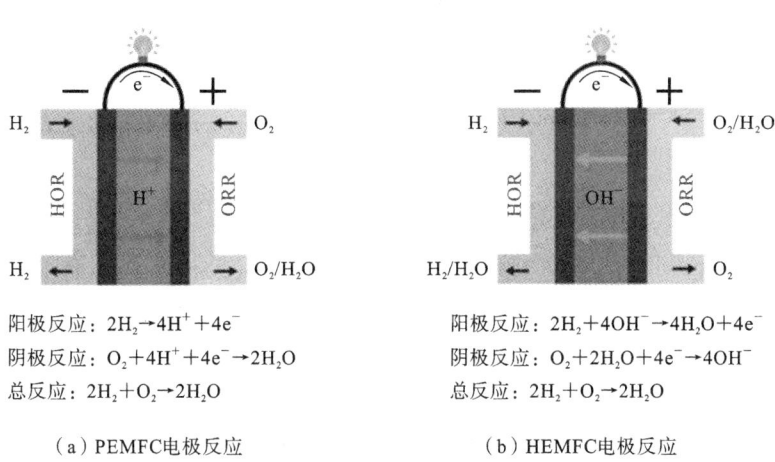

阳极反应:$2H_2+4H^+ +4e^-$
阴极反应:$O_2+4H^+ +4e^-\rightarrow 2H_2O$
总反应:$2H_2+O_2\rightarrow 2H_2O$

(a)PEMFC电极反应

阳极反应:$2H_2+4OH^-\rightarrow 4H_2O+4e^-$
阴极反应:$O_2+2H_2O+4e^-\rightarrow 4OH^-$
总反应:$2H_2+O_2\rightarrow 2H_2O$

(b)HEMFC电极反应

图 3 燃料电池电极反应与离子传输示意图

尽管 HEMFC 在电池控制和条件管理方面的要求比 PEMFC 更加苛刻,但其碱性温和的工作环境为材料器件转型和成本节约提供了一条潜在途径,也代表着未来燃料电池发展的一个重要方向。目前,多国已制定了 HEMFC 的发展规划,例如,美国能源部针对 HEMFC 的研发,制定了阶段性目标,旨在促进在发展低铂族金属(PGM)和无 PGM 的膜电极组件(MEA),提升 HEMFC 在大功率运行下的稳定性,提高其对 CO_2 等杂质气体的耐受性,以及规划了在氢气/空气条件下运行的额定功率目标。

3)燃料电池性能的影响因素

在燃料电池运行中,电池性能不仅受工作电流、温度、湿度和压力等条件的影响,还受所用材料的特性等因素的影响,这些因素会极大地影响电池的整体性能。因为 PEMFC 的性能是由三个主要的过电位决定的,所以需要检查每个过电位方程,以确定 PEMFC 组件的形态和结构因素是如何影响 PEMFC 性能的。工作电池电压的管理方程为

$$E_{cell}=E_{rev}-\eta_{kinetic}-\eta_{ohmic}-\eta_{mass} \tag{1}$$

其中,E_{cell} 是工作电池电压,E_{rev} 是可逆电压,$\eta_{kinetic}$ 是动力学过电位,η_{ohmic} 是欧姆过电位,η_{mass} 是质量传输(或浓度)动力过电位。

在电池运行过程中,电池电压会受到电损耗的影响,因此会随着电负载的变化而变化。用于制造 PEMFC 的材料会对电池电阻产生影响,从而降低电池的整体性能,同时传质损失等其他损耗也会降低燃料电池性能。电池中不同类型的损耗如图 4 所示。

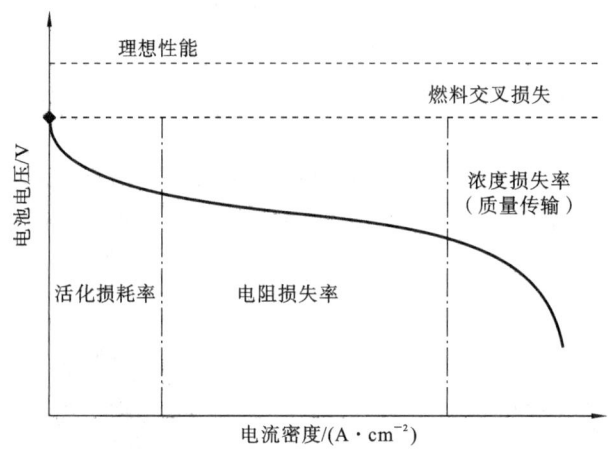

图4 PEMFC电损耗区域的极化曲线

活化损耗：活化极化是因电极表面上发生的电化学反应的动力学限制而产生的，其与电化学反应速率直接相关。这表明，PEMFC中，需要特定的能量来通过外部电路激发电子，而这一过程主要取决在低电流下占主导地位的催化剂材料的负载量和利用率。通常认为，活化损耗是由氧还原反应（ORR）活性较低的催化剂造成的较慢的ORR动力学，因此减小活化极化可以有效提高ORR的交换电流密度。在电池工作中，可以通过提高电池的运行温度、采用较高催化活性的催化剂、增加电极内部的粗糙度（即大幅增大电极反应的真实反应活性面积）、增大反应气体的浓度或压力等方式有效提高电池工作中的交换电流密度。

电阻损失：欧姆极化主要由燃料电池内部电荷传输路径的阻抗引起。电阻损失是由电子或质子的流动引起的，并且取决于MEA材料，更具体地说是聚合物膜的电导率和厚度。该区域是一个理想的工作区，因为这里存在PEMFC的最大输出功率。对于大多数燃料电池材料来说，选用导电性较好的材料来制备电极和集流体，可以有效降低界面处的接触电阻，从而忽略电子电阻造成的影响。另外，加强电池工作中的"水管理"不仅可以有效提高催化层和膜内的质子电导率，还可以降低电池中各组件的接触电阻，这些方法都能有效降低电阻损失。

传质损失：传质极化的产生原因是在反应界面上反应气体传质速度无法满足电极反应的需要，其特征是在高电流下出现较大的压降。这些损失主要取决于气体扩散层（GDL）的孔隙率以及质子交换膜和GDL的疏水特性。在饱和增湿的PEMFC中，当电流密度较大时，电化学反应速度加快，反应气体的消耗也随之增加，易造成反应气体供应不足。同时，PEMFC中会产生大量液态水，可能会堵塞气体扩散层中的气体孔道，阻碍反应气体的传递。因此，在PEMFC中，合理的孔道结构、表面具有适当的亲/疏水性的GDL是降低传质损失的关键。

尽管PEMFC具有许多优点，但其商业化进程仍面临与传统内燃机竞争的挑战。作为一种绿色电源，PEMFC已经在燃料电池电动车、叉车、无人驾驶航空器和建筑用发电机等特定市场实现了产业化。然而，一些技术问题严重制约了PEMFC的性能和寿命，进而降低了其在市场上的经济可行性。这些问题包括电极材料和结构的限制、贵金属催化剂的高昂成本、缓慢的 ORR 动力学等导致的燃料电池性能有限、电阻损失和传质损失严重等问题。上述现象归因于未优化的 PEMFC 组件，包括催化剂、电解质膜、电极和传输层及其界面，这些组件在通过电化学反应发电和输送反应气体、离子和水的过程中起着关键的作用。为了解决上述问题，研究人员在开发低成本、可靠、稳定和高性能的电催化剂、膜电极组件和传输层方面付出了大量努力。

目前，研究人员着重于研究开发 PEMFC 的先进制备材料和各种制造技术，以期提高 PEMFC 的电池性能及耐久性。

4）燃料电池效率与性能的评价方法

内燃机是一种热力发动机，它通过在机器内部燃烧燃料，将燃料中的化学能转化为热能，再将热能转化为机械能，因此也被称为热机。热机在高温热源和低温热源之间工作，其效率受卡诺循环的限制。

热机的工作效率可表示为

$$\eta_{\text{engine}} = 1 - \frac{T_2}{T_1} \tag{2}$$

其中，T_1 为高温热源温度，T_2 为低温热源温度。

燃料电池不受卡诺循环的限制，可持续稳定地输出电能。但是，燃料电池在通过电化学反应将燃料的化学能释放时，其焓变 ΔH 会与环境发生热量交换，从而存在部分损失。电池效率可用反应焓变 ΔH 与吉布斯自由能变 ΔG 之比表示：

$$\eta_{\text{cell}} = \frac{\Delta H}{\Delta G} \tag{3}$$

燃料电池的效率理论上最高可以达到 100%，但根据热力学原理，其实际最大能量转换效率只能达到 83% 或者 95% 左右。例如，当单个燃料电池在 0.65 V 的工作电压下放电，且生成物为液态水时，其能量转换效率为 40%～50%。

燃料电池的性能测试通常通过记录电池在放电过程中的极化曲线（也称伏安特性曲线）和功率密度曲线进行。利用闭合电路的欧姆定律可以得到电池的极化曲线方程：

$$U = E_{\text{theory}} - Ir \tag{4}$$

其中，U 为燃料电池的电压，E_{theory} 为燃料电池的理论电动势，I 为电路中的电流，r 为电池的内阻。

功率密度曲线可以根据欧姆定律与物理学上功率的定义共同推导得出。欧姆定律为

$$I = \frac{U}{R} \tag{5}$$

功率的定义如下：

$$P = \frac{U^2}{R} = I^2 \cdot R \tag{6}$$

其中，I 为电路中的电流，R 为外电路的电阻。

对燃料电池电化学性能进行评价一般在燃料电池正常工作状态下进行。具体而言，需要记录放电过程中电池的极化曲线与功率密度曲线。同时，利用电流中断法采集电池的欧姆阻抗。这一过程可以通过燃料电池全功能测试系统附带的高频电阻（HFR）测量获得，在

不同电流密度下测试 HFR,可以获得欧姆阻抗随电流密度变化的相关信息。欧姆阻抗相当于电池的内阻,是电池的固有属性。在得到 HFR 即欧姆阻抗随电流密度变化的关系曲线后,可根据实际 MEA 的有效面积,将 HFR 换算成面积比电阻(ASR)。

HFR 与 ASR 的换算公式为

$$ASR = HFR \times S \tag{7}$$

其中,S 为 MEA 中催化剂层的有效面积。

燃料电池性能的比较通常选取某一固定电压下的电流密度或者峰值功率密度(PPD)来进行。其中,0.65 V 是燃料电池的一个典型工作电压,能够平衡功率密度和能量转换效率;PPD 是指燃料电池在单位面积或单位体积内能够输出的最大功率 P_{max}。功率密度曲线呈抛物线形状,PPD 是功率密度曲线纵坐标的最大值,也就是 P_{max}。

3. 实验试剂及仪器

1) 实验试剂

57.3% Pt/C 催化剂、碳黑、质子交换膜、PTFE 膜、全氟磺酸离聚物溶液、无水乙醇、异丙醇、氢氧化钾、硝酸银、硝酸钾等。

2) 实验仪器

精密电子天平、超纯水机、UV 纯水蒸馏器、超声波清洗器、电化学工作站、循环水式真空泵、燃料电池热压机、单电池夹具、燃料电池测试系统、鼓风干燥箱、旋转蒸发仪等。

4. 实验方法与步骤

1) 膜电极制备

(1) 催化剂油墨制备。

催化剂油墨由 57.3% Pt/C 催化剂(TEC10E60TPM)、全氟磺酸离聚物溶液(Aquivion D79-25BS)混合制备而成。催化剂油墨在冰水浴中超声波分散 1 h,以确保油墨中各组分充分混合。其中,离聚物与碳载体的质量比为 0.9。

(2) 催化剂涂覆膜制备。

首先,选择具有适当间距的刮刀并设定涂布速度,将催化剂油墨涂覆到 PTFE 膜表面,随后烘干溶剂,从而得到实验所需的阴极 CL 和阳极 CL。其中,阴极 CL 的 Pt 载量为 0.4 mg·cm^{-2},厚度约为 10 μm;阳极 CL 的 Pt 载量为 0.2 mg·cm^{-2},厚度为 5 μm。然后,在一定温度和压力条件下,采用贴花移印工艺法,将上述阴极 CL 和阳极 CL 转移至 PEM(M788.12)的两侧表面,以形成三合一组件,即催化剂涂覆膜(CCM)。CCM 的有效活性区域呈矩形,面积为 2 cm^2(长 1 cm,宽 2 cm)。

(3) 气体扩散层制备。

自制的 GDL 是通过在碳纤维纸(TGP-H-060)上涂覆一层由致密导电碳粉(Vulcan-XC72)和疏水剂 PTFE 组成的混合物层制备而成的,厚度为 220 μm。在使用碳纤维纸前,先将其预浸入 PTFE 分散液中进行疏水处理,并使 PTFE 负载量保持约 10%。在 MPL 中,导电碳粉与 PTFE 的质量比为 1:3,总载量为 1.5 mg·cm^{-2}。

（4）膜电极制备。

将上述 GDL 分别对应贴合于 CCM 两侧，并在一定温度和压力下对其进行处理，以确保组件之间贴合紧密。此时，实验所需的 MEA 制备完成。表 1 列出了 MEA 参数。

表 1　MEA 参数

组　　分	阳　　极	阴　　极
催化剂	57.3% Pt/C	57.3% Pt/C
离聚物	D79-25BS	D79-25BS
离聚物与碳载体的质量比	0.9	0.9
Pt 载量/(mg·cm^{-2})	0.2	0.4
PEM	M788.12	—
SL(隔膜层)	TGO-H-060	TGP-H-060
MPL	自制 MPL	自制 MPL
活性面积/cm²	2×1	2×1

2）单电池组装

实验所用的单电池固定装置如图 5(a)所示。阳极和阴极气体流场均选用经典的单通道蛇形流场结构（见图 5(b)）。流场的中央区域共设计了 30 个通道，每个通道的宽度、高度和肋条宽度均为 0.85 mm。在 MEA 和流场之间，选择合适厚度的聚四氟乙烯密封垫片进行叠加，并将螺栓拧紧至约 4.52 N·m，以完成单电池固定装置的组装。本实验中，单电池的装配压缩率控制在约 20%。

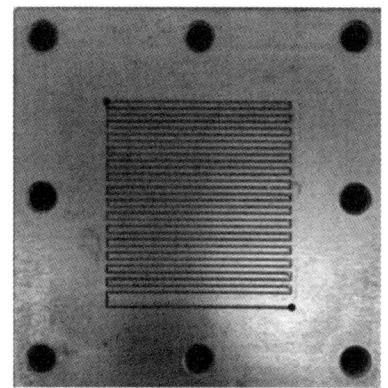

（a）标准单电池固定装置　　　　　　（b）单通道蛇形结构流场

图 5　标准单电池固定装置和单通道蛇形结构流场

3）性能测试

采用电池测试系统测试电池性能。在 MEA 活化结束后，便可进行极化性能测试。根据测试要求设置极化性能的测试条件（即电池的运行条件），包括电池温度、相对湿度、气体流速和气体压力等。通常，阳极燃料为纯 H$_2$，阴极氧化剂为空气或者 O$_2$。在电池的温度、湿度和气体背压条件稳定下来,且电池的开路电压也稳定在 0.95 V 以上后,方可进行极化性能测试。具体测试过程如下:初始电流密度为 0 mA·cm^{-2},保持 10 s。以一定的梯度加载电流,每次增加 50~100 mA·cm^{-2},每个电流密度点稳定保持 30 s。记录每个电流密度下电池的输出电压稳定值。电池的输出电压随电流密度变化的极化曲线即电池性能的测试曲线。

5. 实验数据记录与处理

(1) 根据记录的数据,绘制电池的极化曲线,分析电池的性能。

(2) 计算电池的最大功率密度和能量效率。

(3) 分析不同测试条件对电池性能的影响,为优化电池设计提供依据。

6. 注意事项

(1) 将催化剂油墨涂覆到 PTFE 膜表面时,要选择适当间距的刮刀和涂布速度,以保证涂层的均匀性和预定的 Pt 载量。采用贴花移印工艺法将阴极 CL 和阳极 CL 转移至 PEM 时,需严格控制温度和压力,以确保 CCM 的质量和性能。

(2) 在进行单电池组装时,要确保聚四氟乙烯密封垫片的厚度适中,并且将螺栓拧紧至规定力矩(4.52 N·m),以实现适当的装配压缩率(约 20%)。在组装过程中,要小心操作,避免对 MEA 和流场造成损坏。

(3) 在性能测试过程中,必须先确保 MEA 完全活化,并且在电池的温度、湿度和气体背压条件稳定,开路电压稳定在 0.95 V 以上后,才能进行极化性能测试。测试时,按照规定的梯度增加电流密度,并在每个电流密度点稳定保持 30 s,准确记录输出电压稳定值,以获得可靠的极化曲线。

7. 思考题

(1) 燃料电池中的质子交换膜是如何实现氢离子传递并完成电路闭合从而产生电流的?

(2) 燃料电池在长时间运行过程中性能衰减的原因是什么?如何减缓这种衰减?

(3) 与传统内燃机相比,燃料电池在能量转换效率、环境影响和运行成本方面有哪些优势和挑战?

(4) 燃料电池的催化剂腐蚀和膜材料老化是影响其寿命的关键因素。请分析导致这些问题产生的原因,并探讨几种可能的改进措施以提升燃料电池的稳定性和寿命。

参考文献

[1] LIU H, LOGAN B E. Electricity generation using an air-cathode single chamber microbial fuel cell in the presence and absence of a proton exchange membrane[J]. Environmental Science & Technology, 2004, 38(14): 4040-4046.

[2] STEELE B C H, HEINZEL A. Materials for fuel-cell technologies[J]. Nature, 2001,

414(6861): 345-352.

[3] CHAN C C. The state of the art of electric, hybrid, and fuel cell vehicles[J]. Proceedings of the IEEE, 2007, 95(4): 704-718.

[4] WANG C Y. Fundamental models for fuel cell engineering[J]. Chemical Reviews, 2004, 104(10): 4727-4766.

[5] LIU H, RAMNARAYANAN R, LOGAN B E. Production of electricity during wastewater treatment using a single chamber microbial fuel cell[J]. Environmental Science & Technology, 2004, 38(7): 2281-2285.

[6] BORUP R, MEYERS J, PIVOVAR B, et al. Scientific aspects of polymer electrolyte fuel cell durability and degradation[J]. Chemical Reviews, 2007, 107(10): 3904-3951.

[7] STRASSER P, KOH S, ANNIYEV T, et al. Lattice-strain control of the activity in dealloyed core-shell fuel cell catalysts[J]. Nature Chemistry, 2010, 2(6): 454-460.

[8] ANTOLINI E. Palladium in fuelcell catalysis[J]. Energy & Environmental Science, 2009, 2(9): 915-931.

锂硫电池的制备与性能测试

1. 实验目的

(1) 掌握锂硫电池的原理、结构组成及制备工艺。

(2) 理解锂硫电池的工作原理及关键参数,掌握电池性能的测试方法及仪器操作。

(3) 测试锂硫电池的比容量、倍率性能、循环寿命等关键参数,并分析其电化学性能。

2. 实验背景

近年来,随着全球经济的快速发展以及科学技术的不断进步,能源需求逐渐增加,气候变化和环境问题也日益成为制约人类生存和发展的重要因素。为实现经济、能源和环境的协调发展,开发可再生、清洁、高效的新型能源系统已变得至关重要。

目前,风能、水能、地热能和太阳能等清洁能源已逐渐得到广泛研究与应用,这些可再生清洁能源在减少环境污染、保证能源可持续供应、缓解常规能源供给不足和增强能源安全方面具有不可比拟的优势。然而,上述能源容易受到环境、地域和气候等因素的限制。因此,开发清洁能源能量的存储器件和设备,使电能具备一定时间和空间的转移能力,是可持续发展的目标之一。锂离子电池作为新型储能设备的典型代表之一,在电动汽车、便携式电子设备、航空航天等领域得到广泛研究与应用。2023 年发布的《储能产业研究白皮书》显示,截至 2022 年底,全球的新型储能累计装机规模达到 45.7 GW,年增长率为 80%。其中锂离子电池占比 94.4%,年增长率超过 85%。中国的新型储能累计装机规模达到 13.1 GW,功率规模和能量规模年增长率分别达到 128% 和 141%,其中锂离子电池占比 97%。此外,钠离子电池、超级电容器、液流电池等其他技术路线的应用也逐渐增多。到 2027 年中国新型储能累计规模将达到 97.0 GW,因此新型储能技术具有巨大的发展潜力。

锂离子电池主要依靠正负极材料中的锂离子嵌入/脱嵌来存储和提供能量。目前商业化的锂离子电池正极材料主要为橄榄石结构的磷酸铁锂($LiFePO_4$)、尖晶石结构的锰酸锂($LiMn_2O_4$)、层状结构的钴酸锂($LiCoO_2$)以及三元镍钴锰(NCM)材料。然而,由于锂离子电池正极材料结构的局限性,典型的正极材料组装的锂离子电池能量密度均小于 300 $Wh \cdot kg^{-1}$,这在一定程度上限制了锂离子电池的发展。随着全球对战略资源重视程度的不断增加,急需开发一系列新型储能系统,以解决资源稀缺及成本上升等问题。相对于传统的锂离子电池,锂硫电池具有更高的理论比容量和能量密度,因此被广泛认为是下一代高性能储能系统的有力竞争者。锂硫电池的理论比容量高达 1675 $mAh \cdot g^{-1}$,远高于锂离子电池的理论比容量(200~300 $mAh \cdot g^{-1}$),理论能量密度可达到 2600 $Wh \cdot kg^{-1}$,是目前锂离子电池能量密度的十倍以上。此外,锂硫电池采用的是相对廉价、丰富的硫,因此成本更低。

同时,硫的回收利用率较高,可以减少对环境的污染。基于上述优势,锂硫电池在电动汽车、无人机、电子产品、航空航天领域和军事等领域具有广泛的应用前景,因此,锂硫电池的发展有望突破电池技术的瓶颈,并推动清洁能源的发展和应用。

1) 锂硫电池的组成及工作原理

锂硫电池主要由含硫的正极材料（S 或者 Li_2S）、隔绝正/负极的隔膜、锂金属或锂合金负极以及含锂盐的电解质组成。不同于锂离子电池通过锂离子嵌入和脱出进行迁移和氧化还原来提供容量的作用机制,锂硫电池主要是正极的硫与从负极脱出到达正极的锂离子进行氧化还原反应,利用硫元素所具备的高容量特点来提供和储存能量。锂硫电池概念最早可以追溯到 1962 年,当时 Herbert Danuta 和 Ulam Juliusz 在其专利中首次提到了使用单质硫或其化合物作为干电池正极材料的想法。然而,由于锂硫电池在当时存在循环寿命和安全性等方面的问题,并没有引起太多关注。随着 21 世纪绿色高效能源需求的迫切增加,锂硫电池重新受到关注。2009 年,Nazar 等人利用高度有序的介孔碳（CMK-3）包覆硫（见图 1）,CMK-3 的导电框架为绝缘的硫提供了充分的电子接触位点,同时也抑制了多硫化物的扩散,实现了 $1320\ mAh \cdot g^{-1}$ 的高比容量,引发了研究人员的广泛关注,自此锂硫电池开始进入快速发展阶段。

图 1　CMK-3 介孔碳包覆硫示意图

以基于锂（Li）负极和硫（S）正极的锂硫电池为例,其工作原理如图 2 所示。总体而言,放电时,负极的 Li 失去电子转化为 Li^+,正极的 S 被还原形成 Li_2S。

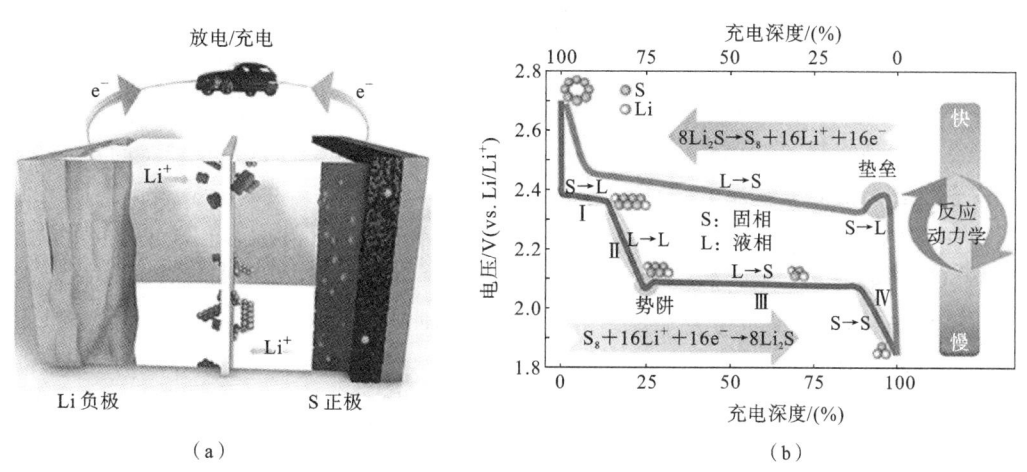

（a）　　　　　　　　　　（b）

图 2　锂硫电池充放电示意图

充电时,正极的 Li_2S 被氧化成 S,Li^+ 在负极得到电子后还原成 Li。因此,在单质硫得到两个电子的理想情况下,根据电池理论比容量公式 $C=n\times F/(3.6M)$(n 为得失电子数,F 为法拉第常数,M 为相对原子质量)。当硫的相对原子质量取 32 时,计算可得锂硫电池的理论比容量为 1675 mAh·g^{-1},锂硫电池的反应方程式如下。

负极反应为

$$Li \longleftrightarrow Li^+ + e^- \tag{1}$$

正极反应为

$$S_8 + 16Li^+ + 16e^- \longleftrightarrow 8Li_2S \tag{2}$$

总反应为

$$16Li + S_8 \longleftrightarrow 8Li_2S \tag{3}$$

硫正极的反应并不是简单的氧化还原过程,而是要经过多步反应生成 Li_2S,同时伴随固-液-固相变等过程,锂硫电池放电过程可分为两个阶段。首先,在 2.1~2.4 V 电压平台上,硫、锂离子与电子反应生成可溶性长链多硫化物(L_2S_x,$x=4\sim8$)。其次,当电压下降到 2.1 V 左右时,长链的多硫化物还原生成溶解度低的短链多硫化物并最终形成 Li_2S。放电时整个硫正极的分步反应方程式如式(4)~式(8)所示。在锂硫电池的充电过程中,首先在 2.2~2.4 V 电压平台上,放电产生的 Li_2S_2 和 Li_2S 转化为可溶性的多硫化物,随后在 2.4~2.7 V 的电压平台上,相应的多硫化物最终转化生成元素硫。因此,锂硫电池各个组分具有重要的研究价值,尤其是存在固-液-固相变等过程的硫正极。

$$S_8 + 2Li^+ + 2e^- \longleftrightarrow Li_2S_8 \tag{4}$$

$$3Li_2S_8 + 2Li^+ + 2e^- \longleftrightarrow 4Li_2S_6 \tag{5}$$

$$2Li_2S_6 + 2Li^+ + 2e^- \longleftrightarrow 3Li_2S_4 \tag{6}$$

$$Li_2S_4 + 2Li^+ + 2e^- \longleftrightarrow 2Li_2S_2 \tag{7}$$

$$Li_2S_2 + 2Li^+ + 2e^- \longleftrightarrow 2Li_2S \tag{8}$$

2)锂硫电池需解决的问题

作为一种新型的高能量密度电池,锂硫电池具有重量轻、成本低、环境友好等优点,然而在实际应用中仍存在一系列亟待解决的科学问题,主要体现在以下几个方面。

(1)锂枝晶的生长。在电化学反应中,当实际氧化还原反应所交换的电荷不平衡,即锂金属产生不可逆损耗,且锂离子无法均匀沉积、传输效率较低时,锂枝晶将会不断生长,对电池的安全性造成威胁。在充电状态下,锂离子从正极移动到负极,并在负极表面还原成金属锂。然而,由于负极表面最初与电解液形成的固态电解质界面(SEI)存在缺陷和不均匀性,一些金属锂可能会在不均匀的位置沉积并生长成为锂枝晶,如图 3 所示。这些锂枝晶有可能穿过电解液和隔膜,与正极发生接触,从而引发电池内部短路等安全问题,进而降低电池的性能并缩短其使用寿命。

(2)正极活性物质硫和放电终产物 Li_2S 的绝缘性。室温下,硫的电导率仅为 5×10^{-30} S·cm^{-1},而放电终产物 Li_2S 的电导率为 1×10^{-13} S·cm^{-1}。在电池充放电过程中,硫和 Li_2S 会逐渐在电极表面堆积形成绝缘层,从而阻碍电荷和离子的传输,导致电池性能下降。此外,锂离子在 Li_2S 中的扩散系数为 10^{-15} cm^2·s^{-1},这意味着锂离子在绝缘层中的扩散速率较慢,限制了锂离子与多硫化物的反应速率。这不仅会降低电池的放电效率,还会加速电池的老化过程。同时,也会造成反应动力学缓慢和极化严重的现象,从而使锂硫电池的库仑效率降低,并且倍率性能下降。

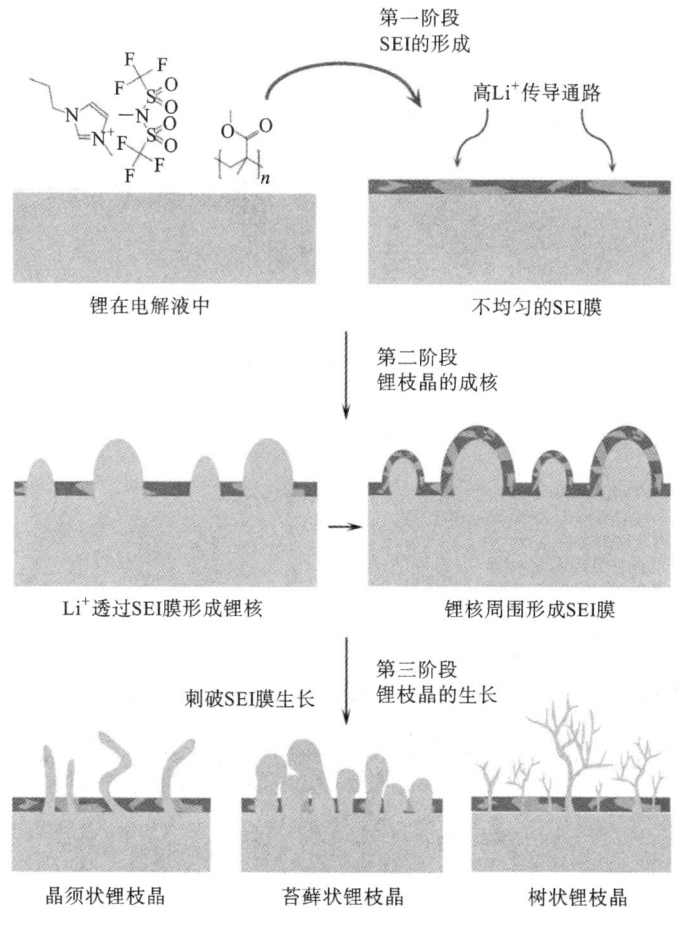

第一阶段
SEI的形成

高Li⁺传导通路

锂在电解液中

不均匀的SEI膜

第二阶段
锂枝晶的成核

Li⁺透过SEI膜形成锂核

锂核周围形成SEI膜

刺破SEI膜生长

第三阶段
锂枝晶的生长

晶须状锂枝晶

苔藓状锂枝晶

树状锂枝晶

图 3　锂枝晶的生长过程

（3）活性物质硫的体积膨胀。硫的密度为 $2.03 \text{ g} \cdot \text{cm}^{-3}$,而放电终产物 Li_2S 的密度是 $1.66 \text{ g} \cdot \text{cm}^{-3}$,当硫全部参与反应生成 Li_2S 时,其体积膨胀高达 78%。巨大的体积膨胀会导致硫与电极和导电添加剂之间接触不良,减小活性物质的接触面积,从而影响电荷和离子的传输效率。同时,体积膨胀会导致正极材料的粉化和松散,进而削弱原有的结构稳定性和电化学性能,最终导致电池容量下降和循环寿命缩短。

（4）多硫化物在电解液中的穿梭效应（见图4）。充放电过程中产生的长链多硫化物在有机电解液中极易溶解,并且会由于浓度差扩散至锂负极。扩散的多硫化物与正极失去有效接触,导致活性物质和可逆容量永久损失。同时,穿梭至负极的多硫化物会与锂金属发生反应,导致锂金属快速腐蚀,且反应生成的放电产物 Li_2S_2 和 Li_2S 沉积在电极表面,使阻抗显著增加,影响电荷和离子的传输效率,从而降低电池的循环性能。此外,穿梭效应还会加剧电池的自放电行为,即电池在未使用时的容量损失,导致库仑效率下降。

总的来说,如图 5 所示,从锂负极保护、隔膜材料改良、硫正极改性和多硫化物的催化转

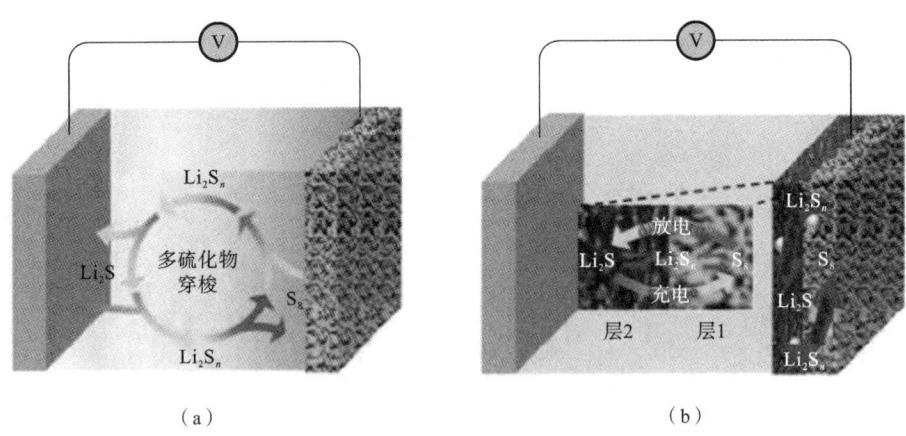

（a）　　　　　　　　　　　　　　　　（b）

图 4　多硫化物的穿梭效应

化等方面入手,研发具有高稳定性和可逆性的材料,对于推动锂硫电池的应用与发展具有实际意义。

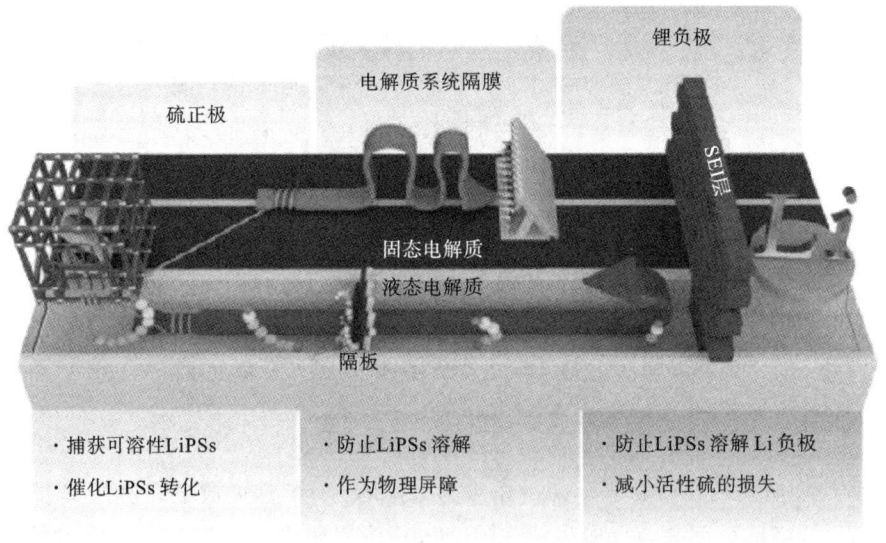

图 5　锂硫电池性能提升策略

3) 锂硫电池的研究进展

近年来,锂硫电池的研究涉及许多方面,包括材料设计、电池结构优化、电极界面调控等,主要的研究进展概述如下。

(1) 锂负极保护。锂硫电池中锂负极易出现锂枝晶生长和极化等问题。为了解决这些问题,研究者采用添加抑制剂和构建保护膜等措施,以提升锂负极的机械稳定性,促进锂离子的均匀沉积,并在其表面形成稳定的固体电解质界面。这些方法有效地抑制了枝晶生长,显著延长了电池的循环寿命,并提高了电池的安全性。

(2) 隔膜材料改良。鉴于锂硫电池隔膜中存在如穿孔、机械强度低等问题,研究者们通过材料改良来提高隔膜性能。一些新型隔膜材料,如多孔纳米纤维、聚合物纳米复合材料、二维材料等被广泛研究。改性隔膜通常具有良好的离子传导性,能够实现锂离子在正极和负极之间的有效迁移,同时具备足够的机械强度,可防止电池充放电过程中出现机械损伤或穿孔。此外,良好的热稳定性也能抵抗高温下的膨胀和分解,从而确保电池的稳定性和安全性。

(3)正极材料改性。为了提高锂硫电池的能量密度和循环性能,研究者通过多种途径对正极材料进行改性。其中包括设计新型催化剂(如氧化物和硫化物,用于多硫化物的吸附与转化)、制备复合材料(如碳材料的复合改性、异质结构的构筑及单原子掺杂)、构建纳米结构(如减小材料的尺寸、增大比表面积)等。这些方法可有效地抑制多硫化物的溶解,从而提高电池的电化学性能。

4)锂硫电池性能的评价方法

锂硫电池作为一种具有高理论能量密度、低成本和环境友好等优势的新型电池,近年来备受关注。为了评估锂硫电池的性能,需要测试其一系列关键参数。

(1)放电电压平台和容量。电压平台是指放电过程中电压变化曲线的稳定区间,反映电池的能量输出能力。容量是指电池在特定放电条件下的放电电量,通常以毫安时(mAh)为单位。

(2)循环寿命。循环寿命是指电池充放电循环次数与其容量衰减的关系,反映电池的耐用性。

(3)倍率性能。倍率性能是指电池在不同充放电速率下的容量保持率,反映电池的快速充放电能力。

(4)电池内阻。电池内阻是指电池内部的电阻,影响电池的充放电效率和功率输出。

本实验采用 CHI660E 电化学工作站对电池进行循环伏安法(CV)测试。通过测量电压和电流的变化,可以得到 CV 曲线(见图 6)。CV 曲线通常包含一个或多个峰,每个峰对应一个电化学反应。峰位置、峰高、峰形等可以提供电化学反应的动力学信息,峰的数量和峰形可以提供电化学反应的机理信息。通过分析 CV 曲线,可判断电极材料是否具有可逆的氧化还原峰以及其具体峰位置,通过对比不同扫描速率下的 CV 曲线,可得到材料的锂离子扩散系数。锂离子扩散系数由 Randles-Sevcik 公式(见式(9))计算得出。在本实验中,扫描速率为 $0.1\sim1.0\ \text{mV}\cdot\text{s}^{-1}$,电压窗口为 $1.7\sim2.7\ \text{V}$。

$$I_{\text{p}}=2.69\times10^5 n^{3/2}AD_{\text{Li}}^{1/2}v^{1/2}C_{\text{Li}} \qquad (9)$$

其中,I_{p} 为峰电流,n 为反应中电子转移的个数、A 为电极面积、D_{Li} 为锂离子扩散系数、v 为扫描速率,C_{Li} 为电解液中锂离子的浓度。在给定条件下,n、A、C_{Li} 为常数。式(9)表明,峰电流与扫描速率的平方根成正比,这意味着随着扫描速率的增加,峰电流也会增加。以 I_{p} 为 y 轴、以 $v^{1/2}$ 为 x 轴作图,拟合所得直线的斜率用

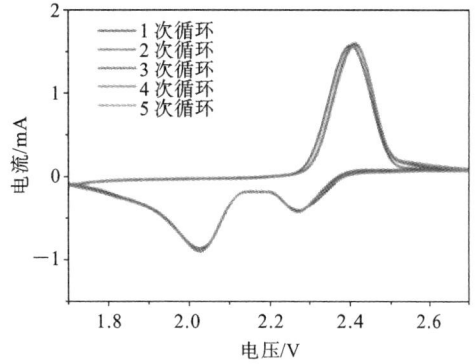

图 6 锂硫电池的 CV 曲线图

于计算锂离子扩散系数。该公式的准确性依赖于若干假设,包括系统处于稳态、反应遵循简单的电子转移动力学等。

采用 LAND 电化学测试仪(见图 7)对电池以恒定倍率进行充放电测试,可以评估电池的容量、库仑效率、电压平台、极化、倍率性能等指标。电压窗口为 $1.7\sim2.7$ V,倍率计算标准为 1 C$=1675$ mAh·g^{-1}(基于活性物质硫的理论容量)。

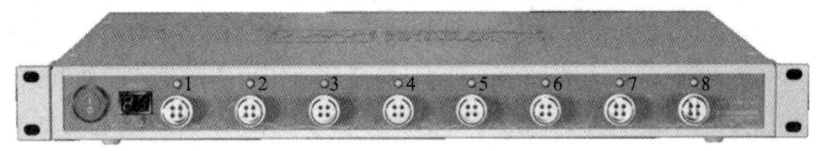

图 7　LAND 电化学测试仪

3. 实验试剂及仪器

1) 实验试剂

活性物质硫、改性添加剂、导电炭黑(Super P,质量分数为 $20\%\sim30\%$)、聚偏氟乙烯(PVDF,质量分数为 10%)、Celgard 2500 电池隔膜、锂片、电解液溶质(LiTFSI,1 mol·L^{-1})、电解液溶剂($1,3$-二氧戊环(DOL)和乙二醇二甲醚(DME)的混合溶液,体积比为 $1:1$)、添加剂(LiNO$_3$,质量分数为 $0\sim2\%$)、集流体(铜箔或铝箔)。

2) 实验仪器

手套箱、电子天平、研钵、烧杯和搅拌器、真空干燥箱、切片机、电池封装机、LAND 电池测试系统(CT2001A)、CHI760E 电化学工作站。

4. 实验方法与步骤

1) 极片制备

按质量比 $8:1:1$ 称取硫、添加剂和导电炭黑,置于玛瑙研钵中,加入 PVDF 黏结剂及适量 N-甲基吡咯烷酮(NMP),充分碾磨混合制成均匀浆料。将浆料均匀涂布于铜箔(或铝箔)上,再真空干燥 8 h。使用切片机将涂布后的箔材切割成直径为 8 mm 的小圆片,控制硫的有效质量为 $2.0\sim2.5$ mg;高负载时使用碳毡且硫的有效质量要大于 6.0 mg。

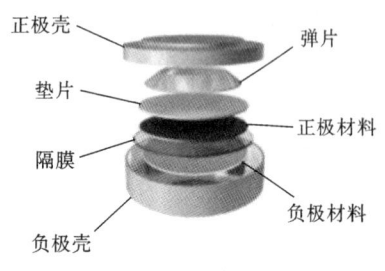

图 8　锂硫电池组装示意图

正极壳　弹片　垫片　正极材料　隔膜　负极材料　负极壳

2) 电池组装

锂硫电池组装示意图如图 8 所示。

3) 性能测试

通过 LAND 电池测试系统(CT2001A)对组装好的纽扣电池进行长期循环稳定性、倍率性能以及恒流充放电(GCD)曲线测试,并通过 CHI760E 电化学工作站对电池的 CV 曲线以及电化学阻抗谱(EIS)性能进行测试。此外,还使用组装后的纽扣电池为小灯泡和电子表供电,以研究其实际应用情况。电池的所有测试均在室温及大气环境中进行。

5. 实验数据记录与处理

(1) 记录电池极片质量以及活性物质质量。

(2) 测量电池特性:容量保持率、循环寿命、库仑效率(CE)和能量效率。

(3) 绘制循环性能曲线图。

6. 注意事项

(1) 在涂布过程中,需将浆料均匀涂覆在集流体上,避免因涂覆不均而导致电池性能下降。

(2) 在手套箱中进行电池组装,以避免氧气、水分等杂质污染。

(3) 在进行循环性能测试前,应先确认装配完成的电池的电压是否为正常值,以避免短路。

(4) 使用电池测试系统测量循环性能时,应确认系统设备上电池的正负极安装是否正确,即红正黑负。

7. 思考题

(1) 锂硫电池与锂离子电池的主要区别是什么?

(2) 多硫化物穿梭效应是什么? 它对锂硫电池的性能有何影响?

(3) 为什么碳材料常被用作硫正极材料的载体?

(4) 未来锂硫电池的研究方向有哪些? 试谈谈你的看法。

参考文献

[1] CHU S, MAJUMDAR A. Opportunities and challenges for a sustainable energy future [J]. Nature, 2012, 488(7411): 294-303.

[2] PENG X D. Research on sustainable energy development strategy and low carbon relationship[J]. Advanced Materials Research, 2013, 712: 3023-3026.

[3] KREVOR S, DE CONINCK H, GASDA S E, et al. Subsurface carbon dioxide and hydrogen storage for a sustainable energy future[J]. Nature Reviews Earth & Environment, 2023, 4(2): 102-118.

[4] KOOHI-FAYEGH S, ROSEN M A. A review of energy storage types, applications and recent developments[J]. Journal of Energy Storage, 2020, 27: 101047.

[5] YANG Z G, ZHANG J L, KINTNER-MEYER M C W, et al. Electrochemical energy storage for green grid[J]. Chemical Reviews, 2011, 111(5): 3577-3613.

[6] PALACIN M R. Recent advances in rechargeable battery materials: a chemist's perspective[J]. Chemical Society Reviews, 2009, 38(9): 2565-2575.

[7] GUO Y B, FENG D C. The application of super capacitor in scenery generator energy

storage system[J]. Advanced Materials Research，2013，608：1062-1065.

[8] ABDELHAMID A A，MENDOZA-GARCIA A，YING J Y. Advances in and prospects of nanomaterials' morphological control for lithium rechargeable batteries[J]. Nano Energy，2022，93：106860.

[9] LIU H K，WANG G X，GUO Z P，et al. Nanomaterials for lithium-ion rechargeable batteries[J]. Journal of Nanoscience and Nanotechnology，2006，6(1)：1-15.

钙钛矿发光二极管的制备与发光性能测试

1. 实验目的

(1) 掌握钙钛矿发光二极管的结构组成及制备工艺。

(2) 理解钙钛矿发光二极管的基本特性和关键参数,掌握光电性能的测试方法及仪器操作。

(3) 测试钙钛矿发光二极管的发光性能。

2. 实验原理

随着信息社会的快速发展,显示技术已经成为人们日常生活中获取信息和交流的重要手段。当前,手机、平板和电视等电子器件的显示器多采用液晶显示器(liquid crystal display,LCD)和有机发光二极管(organic light emitting diode,OLED)。

LCD 技术是目前技术成熟度最高的显示技术,具有功耗低和使用寿命长的优点。但 LCD 显示需要背光源,屏幕开启时液晶层可能会漏光,使光线穿过,从而无法显示纯粹的黑色,其色彩对比度、饱和度较低,刷新速度也慢,难以满足显示器性能快速提升的需求。OLED 基于自发光原理进行显示,色彩饱和度和对比度高、较为轻薄、可实现柔性制备、亮度高、响应速度快;但其制备烦琐、成本高,大面积制备时良品率低,无法跟上市场需求快速增长的步伐。因此,为推动显示技术持续发展,急需探索新型光电材料。

近年来,金属卤化物钙钛矿(metal halide perovskite,MHP)引起了研究人员的广泛关注。MHP 具有高载流子迁移率、长载流子扩散长度、低缺陷密度、带隙可调、成本低、易于制造等优点,是一种极具发展潜力的半导体材料。在高纯度显示和照明应用中显示出极大的发展潜力,有望实现显示、光伏、探测器等多领域的实际应用。

钙钛矿发光二极管(perovskite light emitting diode,PeLED)在 2014 年首次被报道,由 Richard H. Friend 教授团队发表。他们展示了能够在室温下工作的近红外光和绿光金属卤化物钙钛矿发光二极管,可实现的外量子效率(external quantum efficiency,EQE)不到 1%。在此之后,科研人员在该领域付出了巨大的努力,在 4 年时间内将其提升到了 20% 以上。目前,经过对钙钛矿材料、结晶工艺及器件结构等方面的技术开发与完善,EQE 提升非常迅速。截至目前,基于钙钛矿的红光和蓝光 PeLED 的 EQE 实现了高于 20% 的突破,分别为 26.10% 和 21.40%。绿光 PeLED 的 EQE 甚至高达 32.10%。可以看出,PeLED 技术是未来显示与照明领域极具竞争力的技术。

1）钙钛矿的晶体结构

早期的钙钛矿指的是一种由无机物钛酸钙（$CaTiO_3$）组成的矿物，由德国矿物学家古斯塔夫·罗斯（Gustav Rose）于 1839 年在乌拉尔山脉中发现，他以俄罗斯矿物学家列夫·佩罗夫斯基（Lev Perovski）的名字为这种物质命名。钙钛矿的晶体结构由三维共角连接的

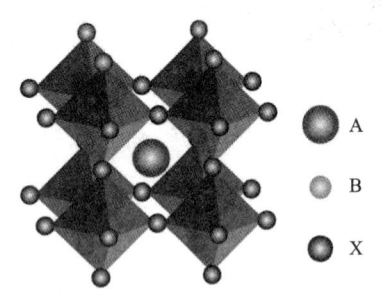

TiO_6 八面体组成，其中 Ca 离子占据每个晶胞中的立方八面体空腔。后来，科学家们陆续发现 $BaTiO_3$、$SrTiO_3$ 等许多无机金属氧化物具有与 $CaTiO_3$ 相同的晶体结构，便将具有 ABX_3 这一结构通式的化合物家族统称为钙钛矿材料。其中 X 是典型的卤素阴离子（如 Cl^-、Br^- 和 I^-），B 一般是二价金属阳离子（如 Sn^{2+}、Pb^{2+}），A 是一价阳离子。六个 X 位阴离子和一个 B 位阳离子形成 BX_6^{4-} 八面体，十二个 A 位阳离子则位于四个 BX_6^{4-} 八面体的中心，如图 1 所示。

图 1　理想的钙钛矿晶体结构

根据晶格中 BX_3 多面体的倾斜和旋转情况，钙态矿材料可呈现立方、四方、正交和斜方等多种晶系。在钙钛矿晶体结构中，A、B 和 X 位点可以包含一个或多个元素，且其晶格参数可以通过不同的阴、阳离子掺杂来调节。钙钛矿的组分主要通过离子键、氢键和范德瓦耳斯力等结合在一起，每种离子都处于各自的平衡位置。理论上只要晶格空隙足够大，任何分子和离子都能在 A 位被利用，但由于金属卤化物八面体间隙有限，A 位阳离子的空间几何大小会受到一定的限制。过大或过小的 A 位阳离子可能会造成 B-X 键的扭曲，从而对晶体结构的对称性产生不利影响。通过计算容差因子 t 和八面体因子 μ，可以判断钙钛矿晶体的结构稳定性。

$$t = \frac{R_A + R_X}{\sqrt{2}(R_B + R_X)} \tag{1}$$

$$\mu = \frac{R_X}{R_B} \tag{2}$$

其中，R_A、R_B、R_X 分别为 A、B、X 位离子半径。

根据容差因子 t 的取值范围，可以粗略判断钙钛矿晶体内的相变情况。当 t 值在 0.80～1.10 范围内时，钙钛矿晶体结构相对稳定。若 t 值偏离此范围，钙钛矿晶体结构会发生扭曲，对称性下降。具体而言，当 t 值位于 0.90～1.00 范围内时，钙钛矿具有最稳定的立方晶格结构；而当 t 值位于 0.80～0.89 范围内时，钙钛矿晶格则会转变为四方相或斜方相。八面体因子 μ 用于描述八面体结构的稳定性，一般在 0.442～0.895 范围内时，结构较为稳定。此外，即使钙钛矿具有最稳定的立方晶格结构，也会受环境因素的影响而发生畸变，从稳定性较高的立方相结构转变为稳定性较低的四方相结构甚至是正交相结构（见图 2）。

2）钙钛矿材料的性质及应用

（1）钙钛矿材料的光电特性。

钙钛矿以其优越的光电性能，在光电器件领域备受关注。

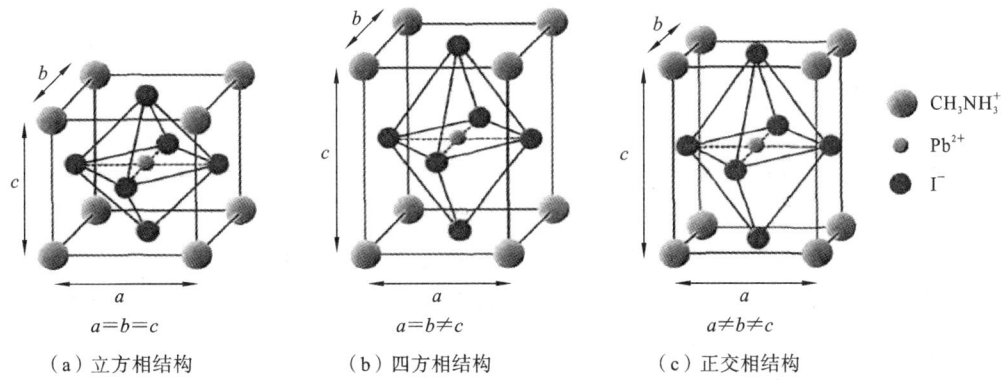

（a）立方相结构   （b）四方相结构   （c）正交相结构

图 2　钙钛矿的立方相、四方相和正交相结构（以 MAPbI$_3$ 为例）

① 光谱可调谐。

钙钛矿材料具有独特的光发射特性，其发光光谱可以通过改变卤素的种类和比例来调节，能够覆盖整个可见光范围。这一独特的性质，使钙钛矿材料便于制作多色发光二极管，并在不同应用场景中表现出高度的适应性。例如，钙钛矿材料 CsPbX$_3$（X＝Cl$^-$，Br$^-$，I$^-$），通过调整卤素离子成分，即使用氯离子、溴离子、碘离子以及它们的任意组合，可将发光光谱从蓝色调节到红色，覆盖整个可见光区域。钙钛矿材料带隙随组分变化示意图如图 3 所示。

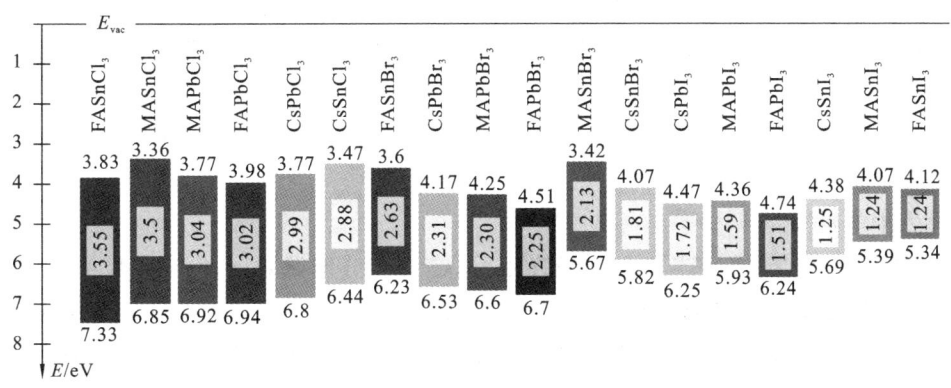

图 3　钙钛矿材料带隙随组分变化示意图

② 窄的半峰宽。

钙钛矿材料光致发光光谱的半峰宽（FWHM）较窄。具体而言，钙钛矿材料中紫光的 FWHM 约为 14 nm，绿光的 FWHM 为 18～25 nm，红光的 FWHM 在 35～40 nm 范围内。其色纯度较高，这对制作发光二极管有十分重要的意义。

③ 高荧光量子产率。

荧光量子产率，即发光体将吸收光子转换成输出光子的比率。荧光量子产率越高，意味着在吸收光线之后，能更多地通过辐射复合过程进行能量转换，直观地反映了发光材料的光学性能。钙钛矿材料具有较高的光吸收系数，可有效提升器件的光电转换效率，推动器件朝着轻薄化和低成本化方向发展。钙钛矿材料具有较大的吸收系数与较高的荧光量子产率，在光电领域中展现出巨大应用潜力,因此它被认为是显示和照明领域的关键材料。

（2）钙钛矿材料的应用。

钙钛矿材料在光电领域主要有如下三种应用。

① 光电探测器。

光电探测器是一类在军事和民用等多个领域应用广泛的光电器件。根据材料性质的不同,它可以探测紫外光、可见光、红光乃至近红外光以及 X 射线等。其基本工作原理主要是光电导效应,即半导体材料在光照射下产生电导变化,光信号转化为电信号。传统的光电探测器主要采用 Si、GaAs 和 AlGsAs 等材料,通常制备工艺复杂、成本较高,而且机械延展性和柔性较差。得益于高载流子迁移率、可调带隙和优异的光吸收能力,钙钛矿材料适用于光电探测器领域。在自供光电探测器飞速发展的当下,钙钛矿材料由于自身的优异性能和简单工艺,必将在该领域展现出极大的发展前景。

② 发光二极管。

发光二极管的可调带隙特性使其发光光谱可以覆盖整个可见光区域,这有利于发光二极管的制作。其可分为光致发光二极管和电致发光二极管两大类。光致发光二极管主要利用钙钛矿纳米材料作为发光转换层,类似于传统荧光粉;电致发光二极管利用钙钛矿纳米材料作为自发光层,结构类似于 OLED。目前较为成熟的研究方法是将钙钛矿纳米颗粒与聚合物混合后滴涂在紫光或蓝光 LED 芯片上,作为背光源以获得相应的发光颜色。此外,也可以将几种不同的钙钛矿纳米材料,如红光的纳米颗粒和绿光的纳米颗粒滴涂在蓝光 LED 芯片上,以实现白光发射。PeLED 技术自提出以来,在基本红、绿、蓝三色光的效率方面都取得了较大突破,分别可达 26.10％、32.10％和 21.40％。这些成果表明,PeLED 有望取代传统的有机、无机半导体和胶体量子点材料,成为下一代照明和显示技术的核心材料。

③ 太阳能电池。

太阳能电池的工作原理与发光二极管相反。在太阳光的照射下,钙钛矿层吸收光子,产生电子和空穴的激子,并传输至电极,从而产生光生伏特效应。利用太阳能有助于缓解能源危机。2009 年,Miyasaka 等人将 $MAPbI_3$ 用作光敏剂,将其应用于太阳能电池领域。尽管其光电转换效率(PCE)仅为 3.81％,但这标志着钙钛矿材料在光伏领域的巨大潜力。时至今日,经过科研人员的不断努力,钙钛矿太阳能电池的认证效率已经突破 25.8％。钙钛矿叠层太阳能电池的认证效率更是超越了硅基太阳能电池,PCE 高达 33.2％。

3）钙钛矿发光二极管的结构和工作原理

在结构上,传统 LED 由一对 p 型半导体和 n 型半导体组合而成,两者界面形成的过渡层为 pn 结,如图 4 所示。空穴存在于在 p 型半导体的价带,而自由电子存在于 n 型半导体的导带,空穴能级低于电子能级,导带与价带的差值为带隙。当对 LED 施加正向偏压时,电子从 n 区穿过 pn 结并流向 p 区,导带上的电子跃迁到价带,与 p 区中的空穴复合,形成电子空穴对,此时电子和空穴分别作为少数载流子和多数载流子进行复合,多余的能量以光子的形式释放,从而将外界施加的电能转换为光能。所发出光的颜色由带隙的大小决定。

传统 pn 结型 LED 的发光发生在 p 区或 n 区,释放的光子容易被再次吸收,故发光效率不高。新型 LED,如 OLED 和 PeLED,大多采取 p-i-n 三明治结构,其中 i 层为带隙较窄的半导体发光层,其两侧的 p 层与 n 层为带隙较宽的空穴传输层(HTL)和电子传输层(ETL)。

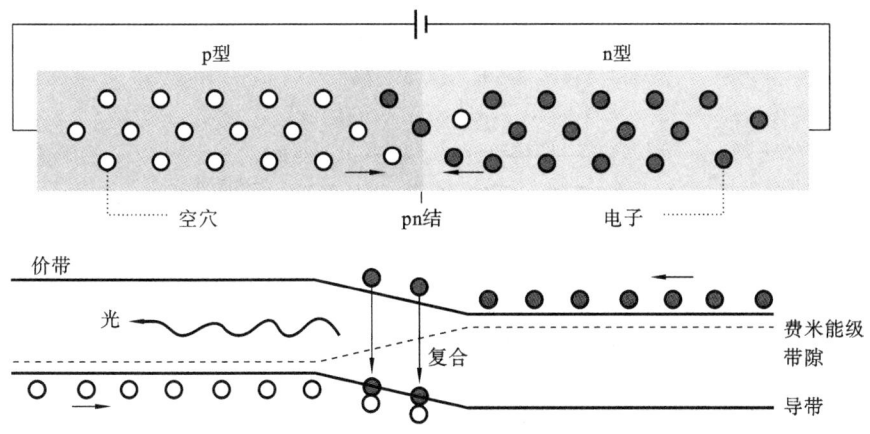

图 4　LED 的工作原理

钙钛矿发光二极管的结构是在溶液加工型有机发光二极管(OLED)和钙钛矿太阳能电池的基础上设计的,是典型的薄膜器件。它通常由阳极、空穴传输层、钙钛矿层、电子传输层和阴极这五部分组成。其中钙钛矿层夹在 n 型 ETL 和 p 型 HTL 之间,形成多层异质结结构。这种结构能够更有效地注入电荷,并将注入的电荷限制在钙钛矿层中,进而提高了光发射效率。根据电子传输层和空穴传输层的相对位置不同,钙钛矿发光二极管可以分为正置结构(p-i-n)和倒置结构(n-i-p)两种基本类型,如图 5 所示。正置结构 HTL 位于钙钛矿层下端,阳极位于 HTL 的下方,阴极位于 ETL 的上方,倒置结构与之相反。

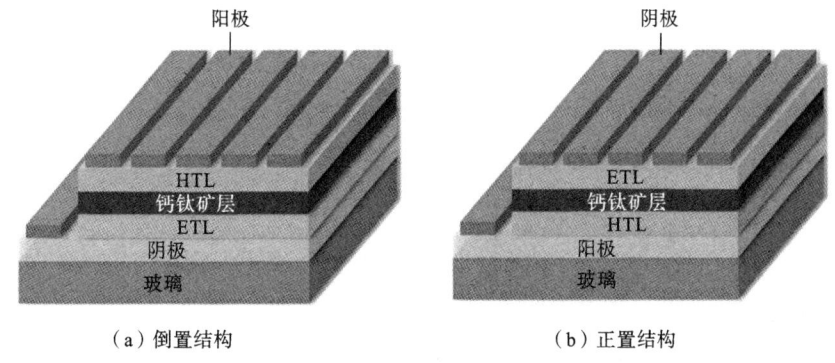

(a)倒置结构　　　　　　　　(b)正置结构

图 5　钙钛矿发光二极管的器件结构示意图

钙钛矿发光二极管的工作原理(见图 6)如下:当外加电压施加于器件时,阳极一侧的空穴经过 HTL 向阴极移动,阴极一侧的电子经过 ETL 向阳极移动。在移动过程中,载离子要克服各功能层之间的势垒,最终电子和空穴在钙钛矿层相遇并形成激子。激子复合时,部分能量以光子形式释放,从而出现发光现象。

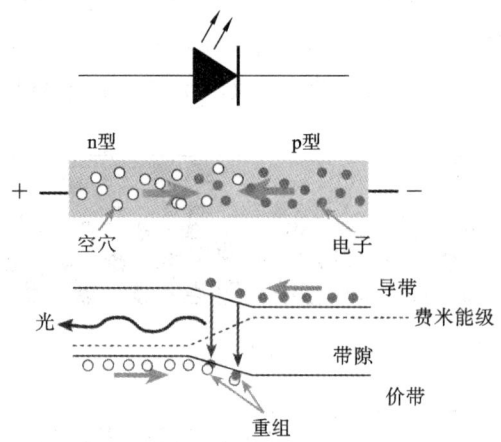

图 6 钙钛矿发光二极管的工作原理

4）钙钛矿发光二极管的主要性能参数

（1）起亮电压。

起亮电压是指当钙钛矿发光二极管的亮度达到 1 cd·m^{-2} 时所施加的电压。钙钛矿发光二极管的起亮电压受材料带隙、器件能级结构和钙钛矿层的缺陷态数量的影响。一般情况下，起亮电压越低，功耗越少。

（2）最大亮度。

器件的亮度是指其发光强度与发光面积之比，即发光面积为 1 m^2 时器件在某一特定方向上的发光强度。其国际单位为坎德拉每平方米（cd·m^{-2}）。最大亮度是指在对器件进行电压扫描过程中，当电压达到某一特定值时，器件亮度达到的最大值。

（3）量子效率。

量子效率可分为内量子效率（IQE）和外量子效率（EQE）。EQE 是指器件发出的光子数与注入的电子数之比，反映器件的整体效率。IQE 是指辐射复合产生的光子数与电子数之比。

$$EQE = IQE \times \eta_0 \qquad (3)$$
$$IQE = \eta_I \times \eta_R \qquad (4)$$

其中，η_0 为光耦合系数，η_I 为注入效率，η_R 为辐射效率。由于器件本身存在损耗，IQE 一般远远大于 EQE，因此，可以通过比较 IQE 和 EQE 来衡量器件的好坏。

（4）电流效率。

电流效率是指器件的亮度与器件电流密度的比值，其国际单位为坎德拉每安培（cd·A^{-1}）。这是目前钙钛矿发光二极管商业化过程中的重要性能指标之一。一般，电流效率越高，EQE 也越高。

（5）功率效率。

功率效率（PE）是指器件的输出功率与输入功率的比值。

（6）CIE 色度坐标。

CIE 色度坐标是指发光颜色的坐标，用（x, y）表示，其中 x 代表红原色比例，y 代表绿原色比例。根据 LED 的 EL 光谱并结合视见函数,可以计算出 CIE 色度坐标(x,y),从而反映器件发光的色纯度。

3. 实验试剂及仪器

1)实验试剂

图案化的 ITO 玻璃、溴化铅($PbBr_2$)、甲基溴化铵(MABr)、二甲基甲酰胺(DMF)、二甲基亚砜(DMSO)、PEDOT:PSS 溶液、1,3,5-三(3-(3-吡啶基)苯基)苯、氟化铯(CsF)、金属铝(Al)、去离子水、异丙醇、氯仿等。

2)实验仪器

电子数字分析天平、手套箱、台式旋涂匀胶机、磁力搅拌器、真空干燥箱、真空镀膜仪、超声波清洗器、紫外臭氧处理机、加热台、LED 器件测试系统。

4. 实验方法与步骤

(1) ITO 玻璃基片清洗。

本实验采用尺寸为 20 mm×20 mm 的 ITO 玻璃基片,其透过率大于 85%,方阻小于 20 $\Omega \cdot cm^{-2}$。依次用丙酮、有机清洗液、去离子水和异丙醇进行超声清洗,每个清洗步骤持续 20 min,然后将基片放入真空干燥箱内烘干。在实验前,将基片放入紫外臭氧处理机进行紫外臭氧处理,以进一步去除基片上的有机杂质,提高 ITO 的表面功函数。

(2) 钙钛矿前驱体溶液的制备。

将 MABr 与 $PbBr_2$ 按照 1.05:1 的摩尔比进行称量,这种非化学计量比的配制目的是提高有机阳离子组分比例,防止在钙钛矿溶液成膜时,因反应不完全而导致 Pb^{2+} 暴露,使钙钛矿晶体出现较多的空缺态。将药品溶解于 DMF 与 DMSO 的混合溶剂(体积比为 4:1)中,在 60 ℃下搅拌数小时,获得钙钛矿前驱体溶液。DMSO 中含有强有力的硫氧双键,能够提高钙钛矿薄膜的结晶质量,同时引入这种高沸点、高黏度的溶剂,能减小旋涂过程中钙钛矿的成膜速率,便于进行反溶剂操作。

(3) 钙钛矿发光二极管的制备。

首先在经过紫外臭氧处理的 ITO 玻璃上旋涂一层厚度约为 35 nm 的 PEDOT:PSS 作为空穴传输层,然后将该基片转移至加热台上,在 120 ℃下退火 20 min,以去除膜层中的水分。之后将基片快速转移到手套箱过道仓进行冷却,防止薄膜表面重新吸附水汽。待基片冷却至室温后,将其转移至手套箱旋涂钙钛矿层。首先旋涂制备钙钛矿薄膜,待薄膜将要变色结晶前,将 0.4 mL 氯苯快速滴加在薄膜表面进行反溶剂操作,这种反溶剂手段能够快速诱导钙钛矿结晶并产生更多晶核,从而有效减小钙钛矿晶体尺寸,增大钙钛矿晶体激子束缚能,提高薄膜 PLQY。待旋涂完成后,将 MABr 溶液滴加在薄膜表面,停顿 3 s 再进行旋涂,以完成重结晶过程。然后旋涂 1,3,5-三(3-(3-吡啶基)苯基)苯溶液来制备厚 40 nm 的电子传输层。之后将基片转移至真空镀膜仪,当真空度小于 3×10^{-4} Pa 时,依次蒸镀 1 nm 的 CsF 和 100 nm 的 Al 电极。钙钛矿发光二极管的制备过程如图 7 所示。

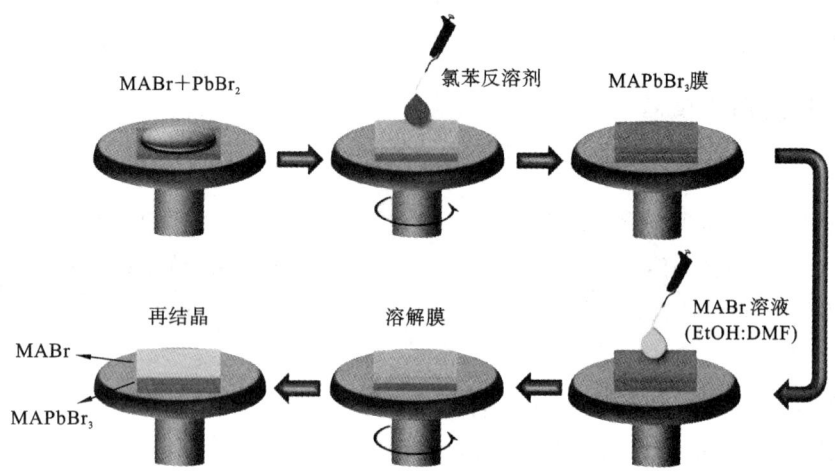

图7 钙钛矿发光二极管的制备过程

（4）LED器件测试。

器件性能测试均在氮气手套箱内进行,测试电流密度-电压曲线、亮度-电压曲线、外量子效率、CIE色度坐标、电致发光光谱、发光光谱稳定性以及器件运行稳定性。其中,电致发光二极管的性能参数是通过联用Photo Research PR-650分光光度计、Keithley 2450源表、标准硅光二极管和爱丁堡SC-30积分球来测量的。

5. 实验数据记录与处理

（1）记录电致发光(EL)光谱,分析EL的峰值变化趋势。

（2）记录电流密度-电压-亮度(J-V-L)曲线,分析器件性能。

6. 注意事项

（1）实验中部分试剂具有毒性或腐蚀性,操作人员必须全程佩戴防护手套以及其他必要的防护工具。

（2）严格遵守手套箱操作规范,在使用前应仔细检查手套箱有无破损,检查箱内的水氧含量是否达标。

（3）使用加热台、真空镀膜仪等高温高压设备时,要确保设备运行稳定,操作人员不得离开现场,防止因设备故障而引发火灾、爆炸,保障实验人员安全与实验顺利进行。

（4）应注意实验环境对钙钛矿性能的影响。退火温度偏差不超过1 ℃,环境相对湿度范围为30%～50%,防止钙钛矿薄膜出现水解、团聚等问题。

7. 思考题

（1）钙钛矿发光二极管的钙钛矿层是如何产生发光现象的?

（2）基于钙钛矿材料优越的光电特性,思考该材料还有哪些可能的应用。

（3）与传统有机发光二极管相比,从材料光电特性、器件制造成本方面来看,钙钛矿发光二极管有何优势？

（4）EQE 和亮度是衡量钙钛矿器件性能的重要参数，从调节钙钛矿组分、维度，器件结构入手，讨论可能的钙钛矿发光二极管的优化策略。

参考文献

[1] TAN Z K，MOGHADDAM R S，LAI M L，et al. Bright light-emitting diodes based on organometal halide perovskite[J]. Nature Nanotechnology，2014，9(9)：687-692.

[2] SUN S Q，TAI J W，HE W，et al. Enhancing light outcoupling efficiency via anisotropic low refractive index electron transporting materials for efficient perovskite light-emitting diodes[J]. Advanced Materials，2024，36(24)：2400421.

[3] FENG Y F，LI H J，ZHU M Y，et al. Nucleophilic reaction-enabled chloride modification on $CsPbI_3$ quantum dots for pure red light-emitting diodes with efficiency exceeding 26％[J]. Angewandte Chemie International Edition，2024，63(11)：e202318777.

[4] YUAN S，DAI L J，SUN Y Q，et al. Efficient blue electroluminescence from reduced-dimensional perovskites[J]. Nature Photonics，2024，18：425-431.

[5] PROTESESCU L，YAKUNIN S，BODNARCHUK M I，et al. Nanocrystals of cesium lead halide perovskites ($CsPbX_3$，X＝Cl，Br，and I)：novel optoelectronic materials showing bright emission with wide color gamut[J]. Nano Letters，2015，15(6)：3692-3696.

[6] MAO L L，STOUMPOS C C，KANATZIDIS M G. Two-dimensional hybrid halide perovskites：principles and promises[J]. Journal of the American Chemical Society，2019，141(3)：1171-1190.

[7] XING J，ZHAO Y B，ASKERKA M，et al. Color-stable highly luminescent sky-blue perovskite light-emitting diodes[J]. Nature Communications，2018，9(1)：3541.

[8] LING Y C，TIAN Y，WANG X，et al. Enhanced optical and electrical properties of polymer-assisted all-inorganic perovskites for light-emitting diodes[J]. Advanced Materials，2016，28(40)：8983-8989.

[9] LIANG H Y，YUAN F L，JOHNSTON A，et al. High color purity lead-free perovskite light-emitting diodes via Sn stabilization[J]. Advanced Science，2020，7(8)：1903213.

光纤传感器和电池的制备与性能测试

1. 实验目的

（1）了解光纤传感器的内部结构及其优缺点。

（2）掌握光纤传感器能监测的电池的主要参数，掌握光纤传感器测量温度、应力、应变的原理。

（3）测试电池的温度、应力和应变，绘制布拉格波长随温度、应力、应变变化的曲线。

2. 实验原理

绿色、低碳、循环和可再生能源是能源革命的重要推动力，是实现碳达峰和碳中和目标的关键举措，在缓解能源危机和减少温室气体的排放方面起着重要作用。可充电电池是加速能源结构转型的重要组成部分，在过去几十年中发展迅速。它被广泛应用于消费电子产品、电动汽车和大型储能系统。目前，中国建成了全球最大、最完整的新能源产业链，为全球提供了 70% 的光伏组件和 60% 的风电装备。新能源汽车年销量从 2012 年的约 1.3 万辆快速增长至 2023 年的 949.5 万辆。随着可充电电池应用范围的扩大，监测这些电池系统的健康状况和确保其安全性也面临着挑战，尤其是在关键电池结构的监测和控制方面，例如充电状态（SOC）、健康状态（SOH）、电池容量和内部温度。对电池系统的不良监测和控制将会导致性能恶化，出现不可逆转的情况，甚至可能对供电系统和其用户造成灾难性的损害。

然而，可充电电池是一个极其复杂的物理化学系统，其在运行过程中存在错综复杂的降解机制，会显著影响电池的安全性、耐用性和可靠性；并且多领域和长期应用对电池的性能提出了更高的要求。因此，在可充电电池的整个生命周期内进行高效的监测控制变得尤为重要。然而，目前电池系统缺乏在不利条件下进行自主调节的能力，并且电池往往处于封闭状态，这使对电池状态的精确估计更加困难。

为了确保可充电电池在各种应用中长期安全高效地运行，可以从以下两个方面着手：一是优化电池内部结构、改造电极材料和电解质，以开发更安全的电池，例如刀片电池、钠离子电池和固态电池；二是采用更智能更先进的电池管理系统，获取更全面、更精确的电池内部状态，智能监管电池，进而提升电池寿命和安全性。

电池管理系统（BMS）是电池系统的核心。传统的电池管理系统采用基于电学的传感器，通过监测电池的功能状态（端电压、电流和电池组温度）来估计电池的充电状态和健康状态。这远远无法满足日益增长的电池健康和安全要求。并且，外部参数十分有限，无法准确反映电池内部的情况，所以对电池运行状况的了解十分有限，难以准确预测电池状态并控制运行，严重影响电池的质量、可靠性和寿命。此外，一些参数，如电极膜和电池上的应变和应力、电解液的折射率以及关键材料的光谱,都能在一定程度上反映电池的状态。为此,研究人员开发了许多传感技术,如差热分析、超声扫描等技术。然而其中大多需要特殊设备或者相对较大的传感器,无法满足电池小型化的要求。

提高电池的安全性和性能需要基于对关键电池参数的实时监测,并开发具有准确估计器的电池管理系统。测量内部各单元的参数有助于更好地了解降解机制、预防故障并预估寿命。为了实现这些目标,需要开发新的传感技术。新型电池传感技术凭借其高灵敏度、多功能性以及体积小的优势,为解决诸多现存问题带来了希望。依靠对各参数更全面、精确的测量,得到更精确的电池状态信息,从而监测电池退化的早期迹象。

在目前各类传感技术中,光纤传感器所占的比例最高,图1展示了专利中提出的各类可用传感器及其所占比例。结果表明,光纤传感器备受关注。表1列出了为监测不同参数而开发的一些主要的传感方法。

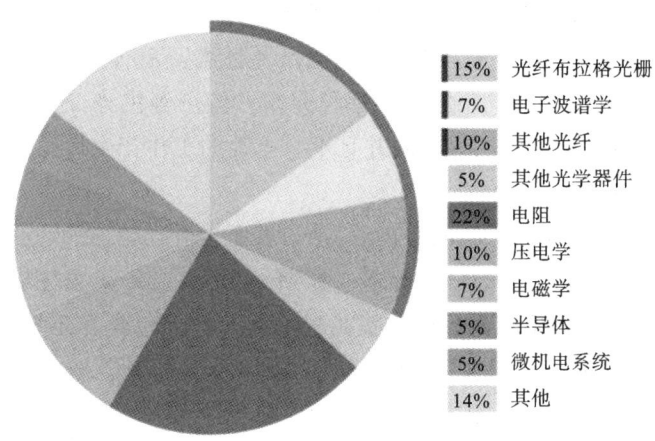

图1 可用的电池传感方法

表1 一些主要的电池传感方法

参　数	传　感　方　法	放　置　位　置
温度	热电偶(TC)	内部和外部
	热敏电阻	内部和外部
	电阻温度检测器(RTD)	内部和外部
	热成像	外部
	红外热成像	外部
应变	应变片	外部
	称重传感器	外部
	X射线光电子能谱(XPS)	外部
	X射线衍射(XRD)	外部

续表

参　　数	传　感　方　法	放　置　位　置
SOC/SOH	电化学阻抗谱（EIS）	外部
	等效电路模型（ECM）	外部
	机器学习算法	外部
	电子显微镜（EM）	外部
	扫描透射电子显微镜	外部
温度、应变和 SOC/SOH	光纤传感器	内部和外部

光纤传感作为光学传感的代表，最早可以追溯到 20 世纪 60 年代，在之后的 20 多年中，光纤传感在技术和应用方面都有重大的突破，延伸出了温度、应力、形变、液体浓度、气体等不同类型的光纤传感器。相比于电学传感器，光纤传感器具有体积小、抗电磁干扰能力强、传感灵敏度高、可同时监测多种信号、方便远程分布式监测等优势，还可以在电池内部同时集成多根光纤，对多种参数进行实时监测并且不对电池的工作产生负面影响。

（1）光纤及光纤传感器介绍。

光纤是一种由玻璃或高分子制成的直径均一、表面光滑且能任意弯曲的纤维，是光信号传输的载体，可以实现高速保真的信号传递。如图 2 所示，光纤呈圆柱形对称结构，其中心是折射率均匀的"纤芯"，该纤芯被折射率相对较低的"包层"包裹。光纤通过纤芯和包层之间界面的反射将光捕获在纤芯中。在光纤的表层，通常覆盖有涂层（内涂层和外涂层），为光纤提供保护并增强其柔韧性。根据传输方式的不同，光纤可分为单模光纤和多模光纤。单模光纤的纤芯直径较小，仅能容纳一种模式的光在其内部传输，其往往采用激光作为光源来产生具有更高带宽的单波长光，单模光纤的优势在于抗干扰能力强、同等距离光耗小，适合有远距离、高精确度需求的传感应用；多模光纤的纤芯相对较大，其内部可容纳多种模式的光沿着不同的路径同时传输，其通常使用 LED 光源来产生更多的散射光，多模光纤的优势

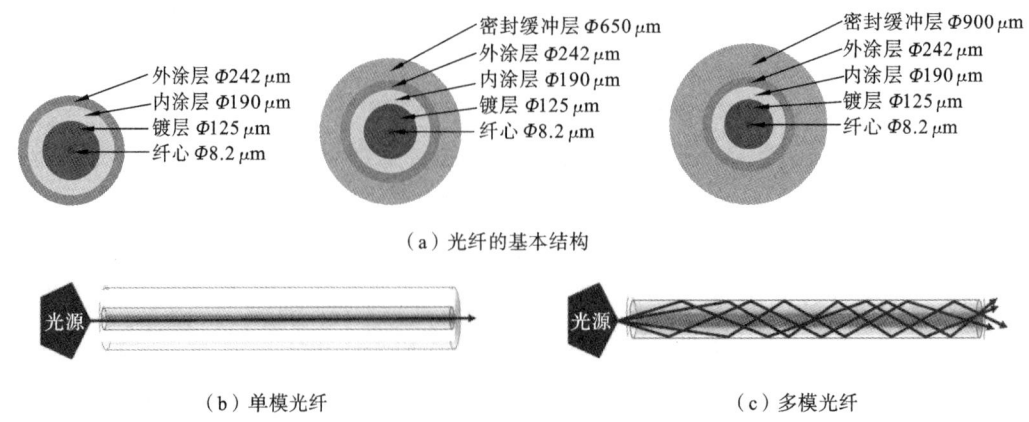

（a）光纤的基本结构

（b）单模光纤　　　　　　　　　　　　（c）多模光纤

图 2　光纤

在于操作简便、成本低廉,在近距离和精度要求不高的传感工作中往往采用多模光纤。

光纤常用的材料是二氧化硅聚合物。二氧化硅光纤具有低光损耗和低色散的特性,可确保光信号能进行远距离传输。此外,传统的硅纤维在玻璃化转变温度下具有较高的弹性模量,是市面上主流的光纤材料。聚合物纤维包括聚碳酸酯(PC)、聚甲基丙烯酸甲酯(PMMA)、环状透明光学聚合物(CYTOP)和环状烯烃共聚物(COC),与二氧化硅光纤相比,聚合物光纤的应变极限高10%、更加灵活、制造成本更低,可通过多种方式制造,常用于短距离的光信号传感。

电池的光纤传感器主要有五种类型,分别是光纤光栅、光纤干涉仪、光纤消逝波、光纤光致发光和光纤散射。其中光纤布拉格光栅传感器凭借能在一根光纤中安装多个传感器、高灵敏度和良好的精度的优势,被广泛用于监测电池内部和外部的温度。

光纤布拉格光栅(FBG)一般是指使用紫外激光技术或飞秒激光技术在光纤内部的一段距离上制备光栅结构,其工作原理如图3所示。光栅结构垂直于光纤轴线,并沿纤芯呈周期排列。这种结构限制了不同波长的光在光纤中的传输能力,入射光在光纤中向前传播时,一部分会透过光栅,另一部分会被光栅反射。当满足布拉格条件时,每个光栅平面反射的波叠加形成反射波长峰值,被光栅反射的光的波长可以用式(1)计算得出:

$$\lambda_B = 2n_{eff}\Lambda \tag{1}$$

其中,λ_B 是布拉格波长,n_{eff} 是纤芯的有效折射率,Λ 是光栅周期。

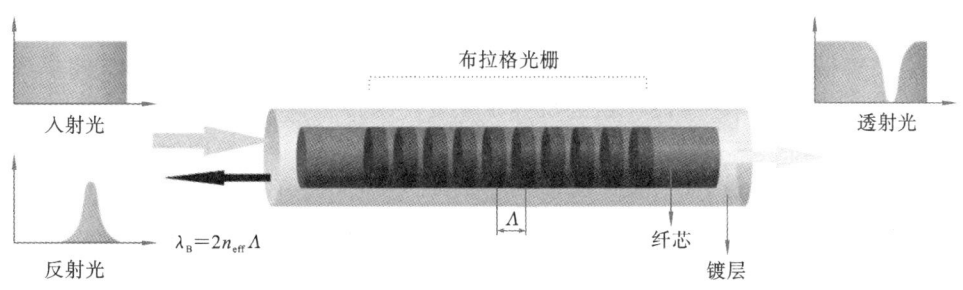

图3 光纤布拉格光栅工作原理

(2)光纤传感器在电池内部的应用。

近年来,由于光纤传感器技术的成熟,光纤传感器被广泛用于电池状态的监测。如图4所示,在电池领域,光纤传感器主要被用于监测电池的温度、应力、应变、电解液的折射率和电池中关键材料的光谱。

温度是电池热管理中的关键参数,它决定了电池内的质量传递速率和电化学反应的动力学。电池表面温度通常很容易用常见的温度传感器和热成像设备来测量。然而,在日常充放电的过程中,电池内部的温度会不断升高,有时甚至会超过电池表面的温度。将光纤布拉格光栅植入电池内部,当有效折射率或光栅周期因温度变化而改变时,反射波波长偏移。因此,由温度引起的布拉格波长偏移量 $\Delta\lambda_B$ 可用如下公式计算:

$$\Delta\lambda_B = K_\varepsilon\Delta\varepsilon + K_T\Delta T \tag{2}$$

其中,K_T 是温度敏感系数,K_ε 是应变敏感系数。

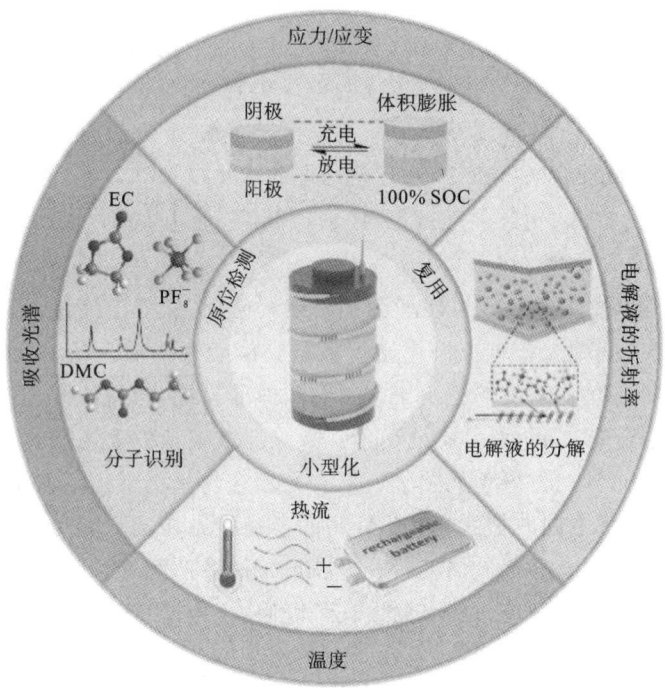

图 4　可通过光纤传感器测量的电池参数示意图

　　从式(2)可以看出,在没有应力的情况下,布拉格波长的偏移量与温度的变化成线性关系。因此,通过波长的偏移量能够很容易确定温度。与传统温度传感器相比,FBG 具有更快的热响应,并且可实现分布式测量,可以测量电池的热分布或者同时测量多个电池的温度。

　　众所周知,电池在充电和放电的过程中会出现周期性的体积膨胀或收缩。以锂电池为例,在充电过程中,锂离子电池的厚度变化可达电池总厚度的 4%。目前,用于评估电池的体积变化的参数主要有应变、应力和厚度。对于监测电池状态而言,应力与温度同样重要,传统测量电池应力/应变的方法主要是在电池外部安装外部压力传感器,其具有测量简单的优点,但由于受到电池外壳的约束,往往无法保证测量结果的真实性。因此,在电池内部安装光纤传感器,实时监测电池内部的机械参数,能够防止潜在的故障。当 FBG 传感器被拉伸或压缩时,光栅周期会改变,导致中心波长漂移。波长漂移量可以通过下式计算:

$$\Delta\lambda_B = \lambda_{B,0}(1-p_E)\varepsilon \tag{3}$$

其中,$\lambda_{B,0}$ 表示初始时的布拉格波长,p_E 是 Elasto-Optic 常数,ε 表示光纤光栅的应变。代入 Elasto-Optic 常数后,式(3)可改写为

$$\frac{\Delta\lambda_B}{\lambda_{B,0}} = \left\{1 - \frac{n_{eff}^2[p_{12}-\nu(p_{11}+p_{12})]}{2}\right\}\varepsilon \tag{4}$$

$$\sigma = \varepsilon E \tag{5}$$

其中,p_{11} 和 p_{12} 表示应变-光学系数,ν 是泊松比,E 是二氧化硅光学传感器的杨氏模量($E=69.9$ GPa)。对于二氧化硅光学传感器,$n_{eff}=1.45$,$p_{11}=0.113$,$p_{12}=0.252$,$\nu=0.17$。

由于 FBG 传感器能放置在电池内部，因此它对应力、应变的响应更准确迅速，这是传统的压力传感器所不具备的。同时，FBG 传感器可以实现分布式测量，极大降低了监测大量电池的复杂程度。

电解液作为电池的基本组成元素，在离子传输过程中起着重要作用。离子和分子浓度的变化是由循环过程中电解液内发生的电化学和化学反应引发的。检测这些因素有助于研究人员揭示电池内部的分解机制并指示电池的健康状态。然而，现有的测量这些参数的方法都依赖于离子色谱法（IC）和电感耦合等离子体质谱法（ICP-MS），这需要独特的配置和昂贵的设备，因此不适合在电池工作状态下进行监测。值得注意的是，离子和分子浓度的变化会改变电解液的折射率，而光纤传感器能够轻易检测到这种变化。

在普通的 FBG 传感器中，光与环境之间不存在相互作用，因此对折射率不敏感。因此，在电池中引入了一种光栅平面倾斜的倾斜光纤布拉格光栅（TFBG），如图 5 所示。与上面讨论的传统 FBG 传感器相比，TFBG 传感器具有特殊的配置，可以提高对周围折射率的灵敏度。

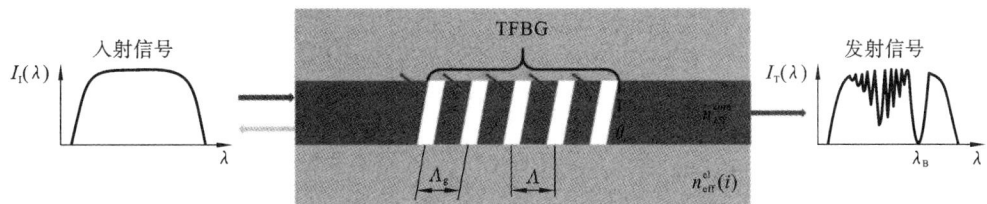

图 5　典型的 TFBG 传感器

3. 实验试剂及仪器

1）实验试剂

升华硫、聚丙烯腈（C_3H_3N）$_n$、硝酸锂（$LiNO_3$）、去离子水、科琴黑、碳纳米管、瓜尔胶、铝箔、LA133 型水性黏结剂、锡箔纸。

2）实验仪器

超纯净水设备、高精度电子天平、冷冻干燥机、电池封装机、热封机、烘箱、石英管式炉、手套箱、原子力显微镜、高性能线性位移台、加热制冷恒温器。

4. 实验方法与步骤

1）电极片的制备

将活性材料单独研磨 10 min，使颗粒变得均匀细小，随后加入质量分数为 10% 的黏结剂和 10% 的碳纳米管共同混匀。将混匀后的浆料用四面刮刀刮涂在铝箔集流体上，然后采用冷冻干燥的方法进行干燥。

2）FBG 埋入式硫极片的制作

首先，将 2.7 g 硫粉和 0.3 g 科琴黑在研钵中均匀混合，然后装入玻璃瓶中，用锡箔纸密封,置于155 ℃烘箱中加热12 h,使硫熔化并与多孔碳复合。重复此热处理工艺三次,确保硫和科琴黑可以充分均匀地复合。

将正极材料研磨至颗粒细小且均匀,然后加入导电剂和黏结剂,混合均匀制成正极浆料。科琴黑-硫复合材料与黏结剂的质量比为9∶1。取一片形状规则的铝箔作为集流体,用剥纤钳剥去光纤上栅区部分的涂覆层,然后将光纤传感器固定在集流体上,使栅区位于集流体中央区域,如图6所示。然后,用刮刀将制备好的正极浆料均匀涂覆在覆碳铝箔集流体上并覆盖光纤光栅的部分,再将极片烘干或者采用冷冻干燥法干燥,即可得到埋入光纤光栅传感器的硫正极。

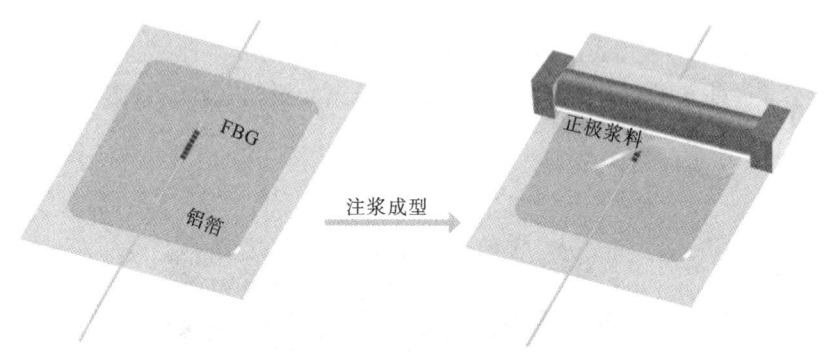

图6 光纤传感器埋入式硫正极制备示意图

3) FBG 埋入式锂硫软包电池的制作

FBG 埋入式锂硫软包电池的制作过程与普通软包电池的制作过程大致相同,需要注意将埋入式光纤伸出硫极片的部分用终止胶带固定在铝塑膜上,防止在封装软包电池过程中因操作使其从极片中脱出。为防止漏液等问题,在热封有光纤伸出的铝塑膜两边时,可延长热封时间或者增加热封次数,使其密封更牢固。

4) 性能测试

(1) 温度测试。

先在恒温槽中对 FBG 传感器进行校准,校准精度为±0.1 ℃。FBG 传感器根据浴槽中包含的热电偶进行校准,校准过程如下:① 测试环境中的温度以15 ℃的步长从0 ℃变化到60 ℃,且在每个温度点停留0.5 h;② 在60 min 内,测试温度从0 ℃持续变化到60 ℃。

(2) 应力/应变测试。

将 FBG 传感器的两端通过光纤支架固定在高性能线性位移台上,固定点之间的距离为200 mm。一端保持静止,另一端每次移动0.1 mm,每移动一次保持应变60 s。

5. 实验数据记录与处理

(1) 记录 FBG 与热电偶在温度每15 ℃逐步变化与连续变化时布拉格波长的偏移情况,绘制布拉格波长与温度的相关性曲线。

(2) 记录 FBG 的布拉格波长偏移量随应变的变化情况,绘制布拉格波长与应变的相关性曲线。

6. 注意事项

（1）在电池制作和组装过程中，要注意防止漏液。

（2）在应变测试过程中，单个软包电池在反应过程中引起的温度变化往往忽略不计。

7. 思考题

（1）在温度、应力、应变监测方面，光纤传感技术相对于传统的传感技术有何优势？

（2）光纤传感器除了可以监测温度、应力、应变以及电解质外，还可以监测电池的哪些参数？

（3）光纤传感器目前存在的问题及解决方案是什么？

参考文献

[1] ZHANG G X，ZHU J G，DAI H F，et al. Multi-level intelligence empowering lithium-ion batteries[J]. Journal of Energy Chemistry，2024，97：535-552.

[2] PENG J，ZHAO X，MA J，et al. Enhancing lithium-ion battery monitoring：a critical review of diverse sensing approaches[J]. eTransportation，2024，22：100360.

[3] WEI Z B，ZHAO J Y，HE H W，et al. Future smart battery and management：advanced sensing from external to embedded multi-dimensional measurement[J]. Journal of Power Sources，2021，489：229462.

[4] HAN G C，YAN J Z，GUO Z，et al. A review on various optical fibre sensing methods for batteries[J]. Renewable and Sustainable Energy Reviews，2021，150：111514.

[5] 负铭. 基于VO_2相变材料复合的微纳光纤高灵敏度温度传感器研究[D]. 武汉：华中科技大学，2023.

[6] WANG J W，HAN Y F，CAO Z L，et al. Applications of optical fiber sensor in pavement engineering：a review[J]. Construction and Building Materials，2023，400：132713.

[7] ZHANG Y，LI Y P，GUO Z Z，et al. Health monitoring by optical fiber sensing technology for rechargeable batteries[J]. eScience，2024，4(1)：100174.

[8] AN C H，ZHENG K，WANG S K，et al. Advances in sensing technologies for monitoring states of lithium-ion batteries[J]. Journal of Power Sources，2025，625：235633.

锂固态电池的制备与性能测试

1. 实验目的

(1) 掌握锂固态电池的原理、结构组成及制备工艺。

(2) 理解锂固态电池的工作原理及关键参数，掌握电池性能的测试方法及仪器操作。

(3) 测试锂固态电池的比容量、倍率性能、循环寿命等关键参数，并分析其电化学性能。

2. 实验背景

先进的锂离子电池被认为是最有前景的电化学储能装置。由于锂在大多数固体中的低还原电位、较高且易于调节的离子迁移率，与替代金属离子电池相比，锂离子电池能提供较高的比容量、体积能量密度和功率密度。经过 30 多年的科技进步，锂离子电池已广泛渗透到我们的日常生活中，如消费电子产品和纯电动汽车等。

与传统的铅酸、镍铁和镍-金属氢化物可充电电池相比，锂离子电池在比容量方面接近其理论极限。例如，通常用作商业阴极的插层型或相变材料，包括 $LiFePO_4$、钴基和镍基氧化物等受到其理论最高比容量（250 mAh·g^{-1}）的限制。

每个过渡金属作为氧化还原中心储存一个（或更少）锂离子（即转移一个或更少的电子）。同样，商业石墨阳极也存在局限性，其质量容量和体积容量分别仅为 300 mAh·g^{-1} 和 735 mAh·cm^{-3}，进一步限制了商业化锂离子电池的能量密度。

预计在未来 10 年到 20 年内，如果大部分以汽油为动力的地面交通工具完全被纯电动汽车取代，那么噪声污染、温室气体排放和环境污染将显著减少。然而，目前采用嵌入式阴极和石墨阳极的商用锂离子电池在比容量方面接近其理论极限。

要实现下一代可充电锂电池和锂离子电池更高的能量密度，需要满足几个标准，其中电极和电解质的开发与改性是技术核心。为了实现这一目标，大量的研究工作致力于探索和开发高压阴极、高比容量电池材料和改性电解质，以期在下一代可充电锂电池和锂离子电池中实现更高的能量密度。

总体而言，目前商用锂电池和锂离子电池存在能量密度低、价格高、环境问题和安全隐患等缺点。构建具有更高能量密度、更高安全性、更长循环寿命以及更低成本的下一代可充电电池，正在引起全世界的广泛关注。几乎所有从事储能材料和电池研究的科学家，都在致力于改进下一代高能可充电电池的电极材料、电解质、集流体和新型电池配置等关键因素。

如图 1 所示，当能量密度被视为未来电池的重中之重时，高压阴极材料、基于多电子反应的高比容量活性材料（包含金属卤化物、硫属元素和高比容量阳极）以及电解质改性，已成为该领域的主要研究趋势。

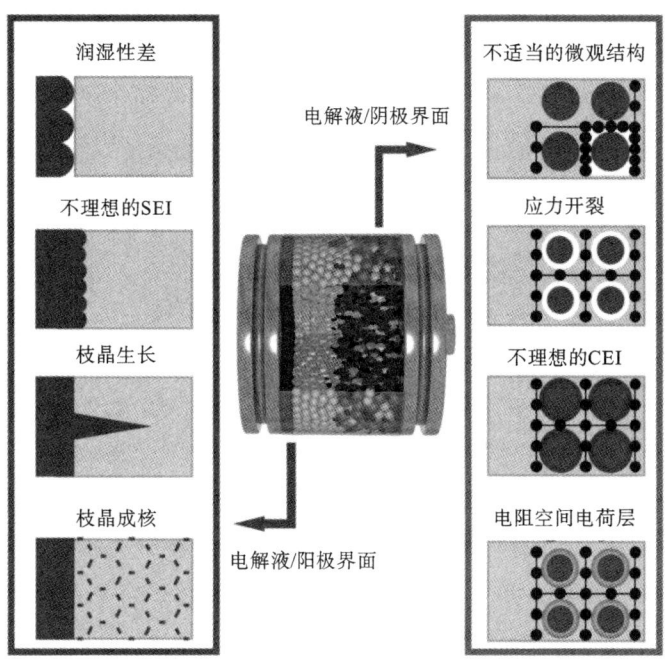

图1　未来可充电锂电池和锂离子电池高能量密度研究趋势

　　探索高比容量和宽电压窗口的先进电极材料是实现高能量密度电池的主要策略。在众多电极材料中,金属锂具有高理论比容量($3860\ mAh\cdot g^{-1}$,是锂离子电池中石墨阳极的10倍)和低电极化学电位(相对于标准氢电极为$-3.04\ V$)。当锂阳极与阴极匹配时,所获得的电池有潜力实现更高的比容量和更宽的工作电压范围,进而提升能量密度。不仅如此,锂电池可使电子产品在保持轻量化的基础上延长使用寿命。但是,锂电池常用的非水有机电解质的易燃性和易泄漏特性会引发严重的安全问题。使用安全的固态电解质代替非水有机电解质,为提高电池的安全性带来希望。此外,固态电解质便于实现超薄化,有助于提高能量密度,并且能应用于柔性和可穿戴设备。因此,由固态电解质和锂阳极组成的全固态锂电池有望兼具高能量密度和良好安全性。

　　1)锂固态电池的组成

　　由于受限的能量密度和易燃液态电解质会引发安全问题,传统锂离子电池到达了发展瓶颈期。因此,固态电池重回人们视野,成为取代传统锂离子电池的有力候选,并在过去几年中取得了快速的发展。根据电池配置和所使用的固态电解质的类型,全固态电池可分为四种类型(见图2)。以 LiPON 作固态电解质的薄膜型固态电池具有较长的循环寿命,并且与锂阳极和高压阴极具有良好的相容性,已商业化多年。然而,这种类型的电池难以实现大容量电池的设计,限制了其在大规模储能领域的应用。块状全固态电池的几何形状与基于液态电解质的锂离子电池相似,有望取代电动汽车和电网储能中的传统锂离子电池。根据使用的固态电解质的类型,块状全固态电池可分为聚合物基(主要包括 PEO 基和其他高分子基固态电解质)全固态电池和无机固态电解质基全固态电池;其中无机固态电解质基全固态电池又可分为氧化物电解质基(主要包括钙钛矿型、NASICON 型、石榴石型固态电解质等)全固态电池和硫化物电解质基全固态电池。需要注意的是,无机全固态电池的制备一般需要预处理。通常,基于氧化物和硫化物电解质的全固态电池分别需要进行热处理和冷压。不同类型固态电解质基全固态电池的循环性能已在大量的研究工作中得到证实。

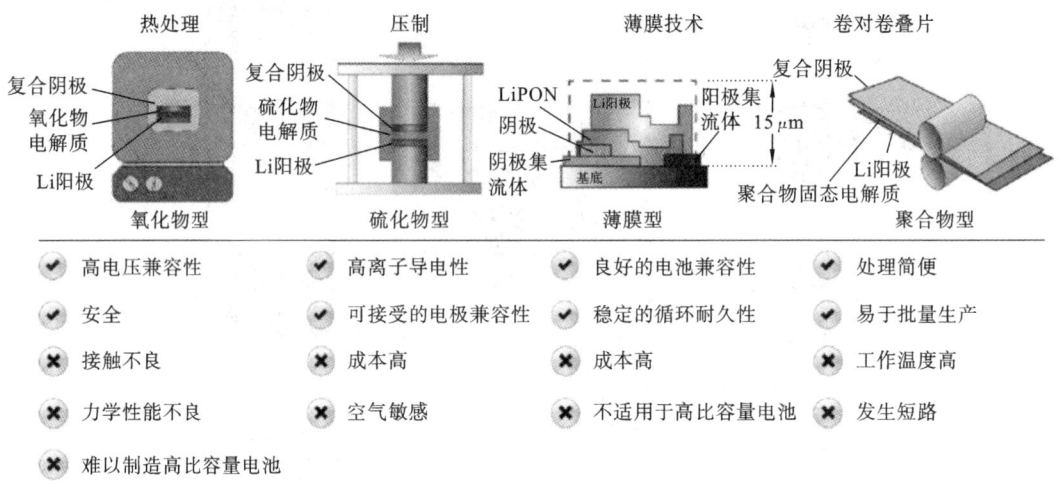

图 2　不同类型的全固态电池及其基本配置特征

在报道的工作中,一般使用"准固态""混合固态"或"固态"来描述含有少量液态电解质的固态电池。由于液态电解质会对电池性能产生很大影响,因此需要更加准确地区分锂离子电池中的固态电池和非固态电池。锂离子电池可分为:液态电解质电池,包含电极、隔膜和液态电解质(如非水电解质和水系电解质);固态/液态混合电解质电池,同时包含液态和固态电解质的电池;全固态电池,这类电池中不存在液相,其阴极通常与固态电解质复合以提供离子传输通道,例如无机全固态电池、聚合物全固态电池和聚合物/陶瓷复合全固态电池等。全固态电池被认为是与锂阳极兼容的最有希望的候选电池之一。在本实验中,我们研究的是全固态电池。

　　2) 锂固态电解质的研究进展及固态电解质传导原理

　　与传统液态电解质相比,固态电解质具有更好的安全性、更高的机械强度以及更优异的电化学稳定性。固态电解质可分为三类:无机固态电解质、聚合物固态电解质及复合固态电解质。其中,无机固态电解质是一种快速离子导体,具有良好的离子传输性能、高机械强度和优异的热稳定性,但界面相容性、脆性是限制其实际应用的主要因素。而对于聚合物固态电解质,由于聚合物的结构特点,它们与电极之间具有良好的界面相容性,但这也导致了较低的机械强度和耐热性,使其在电池运行过程中不能保持稳定。虽然这些性能可以通过聚合物加工技术(如交联和共聚)得到改善,但低离子电导率和机械强度及较差的高温稳定性仍是高性能聚合物固态电解质研发面临的巨大挑战。复合固态电解质虽然可以综合两者的优势,提供良好的机械强度和安全性等综合性能,但实现超薄复合固态电解质仍然具有挑战性,这限制了全固态电池的能量密度,进而限制了其商业化应用。图 3 所示为二次锂电池中使用的电解质类型总结。

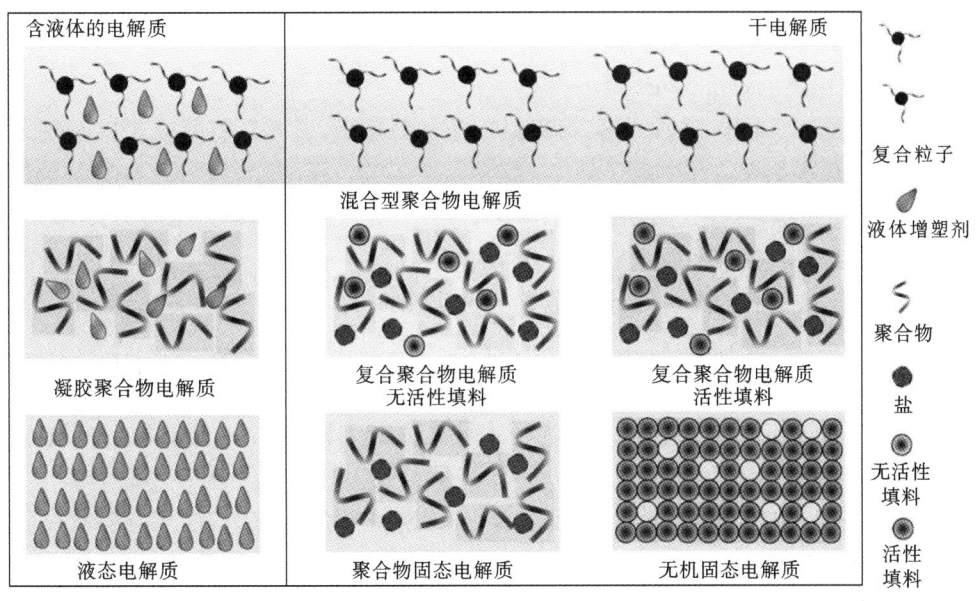

图 3　二次锂电池中使用的电解质类型总结

锂电复合固态电解质主要有三种典型结合方式。在本节中,首先讨论聚合物固态电解质和无机固态电解质的特性,比较它们的结构和离子传输机制;在此基础上,讨论两类固态电解质的失效模式并重点介绍相应的先进改善策略。图 4 所示为常见的固态电解质的结构。

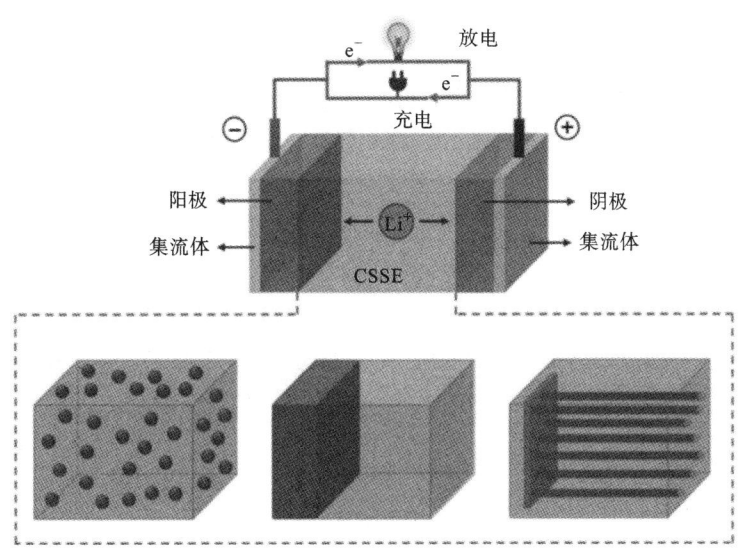

图 4　常见的固态电解质的结构

3）锂固态电池的研究进展

锂固态电池凭借其潜在的高能量密度、良好的热稳定性和高安全性,被视为未来电池技术提升的重要突破口。近年来,研究人员针对固态电解质的局限性,从材料设计和制备角度进行了大量研究,并取得了显著进展。以下是主要研究方向。

(1) 聚合物固态电解质 (SPEs)。

① 提高室温离子电导率:通过降低结晶度、添加增塑剂、纳米填料等方式提高离子电导率,并探索新型聚合物结构和单离子导体。

② 提高电压稳定性:通过添加盐和添加剂、设计人工钝化层和多层电解质结构等方式,拓宽电化学稳定窗口,使其能够适应高压电极材料。

③ 抑制锂枝晶生长:设计高模量聚合物电解质、纳米结构电解质和交联聚合物等,以提高机械强度;优化界面设计,以抑制锂枝晶形成。

(2) 无机固态电解质 (ISEs)。

① 提高离子电导率:通过掺杂、取代、引入应变等方式调节晶体结构和成分,优化锂离子扩散路径,从而提高离子电导率。

② 提高电压稳定性:通过设计人工界面层、引入钝化涂层等方式,增强电解质与电极的相容性,防止界面反应发生。

③ 降低界面电阻:采用多种方式,如原位形成锂化硅、使用原子层沉积技术、引入氮化硼涂层、使用 3D 凝胶聚合物电解质等,降低界面电阻,进而提高离子传输效率。

(3) 复合固态电解质。

① 融合 SPEs 和 ISEs 的优势:通过添加无机填料或构建 3D 结构,既提高了离子电导率和机械强度,又保留了 SPEs 的柔韧性和相容性。

② 解决界面问题:设计多层电解质结构、引入纳米填料等,改善界面相容性,降低界面电阻,并抑制锂枝晶生长。

4) 锂固态电池性能的评价方法

锂固态电池作为一种具有高理论能量密度、高安全性和环境友好等优势的新型电池,近年来备受关注。为了评估锂固态电池的性能,需要测试以下关键参数:放电电压平台和容量、循环寿命、倍率性能、电池内阻。上文已详细介绍过,此处不再赘述。

3. 实验试剂及仪器

1) 实验试剂

聚丙烯腈(PAN)、二甲基甲酰胺(DMF)、聚环氧乙烷(PEO)、双三氟甲烷磺酰亚胺锂(LiTFSI)、乙腈(ACN)、磷酸铁锂、炭黑。

2) 实验仪器

真空烘箱、静电纺丝机、压延机、手套箱、扣式电池封装机、离心搅拌机、恒温环境箱、电化学工作站、LAND 电化学测试仪。

4. 实验方法与步骤

1) 电纺 PAN 膜制备

首先,将 PAN 粉末在 60 ℃ 真空烘箱中进行干燥。随后,将干燥后的 PAN 粉末溶解在

DMF 溶剂中,在室温下进行 1.5 h 机械搅拌和 1 h 超声波处理,制得质量分数为 12% 的 PAN 静电纺丝溶液。使用 NE-1000 可编程单注射泵的单针制备 PAN 膜。静电纺丝条件如下:电压 15 kV;注射器针头到收集器的工作距离 15 cm;进料速率 1 mL·h^{-1};温度(20±5)℃;湿度 23%±5%;铝箔用作 PAN 纳米纤维的收集器。经过一定时间的静电纺丝,铝箔表面会形成一层厚度均匀的白色 PAN 纳米纤维膜,其厚度随着静电纺丝时间的延长而增加。然后,将电纺 PAN 膜置于 60 ℃ 的真空烘箱中以去除残留溶剂。最后,对电纺 PAN 膜进行压延处理以备用。

2)聚合物固态电解质 PAN-PEO/LiTFSI 的制备

首先,利用 Thinky 离心搅拌机将 PEO、LiTFSI 和 ACN 混合均匀。PEO 的重复链节"—(CH$_2$CH$_2$O)—"(简称为 EO)与 Li$^+$ 的摩尔比为 10∶1。常规 PEO/LiTFSI 电解质通过溶液浇铸法制备,在 60 ℃ 真空烘箱中干燥 24 h,随后在氩气手套箱中的 70 ℃ 热台上烘烤至少 48 h。

PAN-PEO/LiTFSI 固态电解质是通过简单的一步法制得的。在 PAN 膜两侧分别滴加混合均匀的 PEO/LiTFSI/ACN 溶液,然后将膜放入 60 ℃ 真空烘箱中,并连续抽真空 20 min,以确保 PEO/LiTFSI/ACN 完全渗透到纤维间的纳米孔中。最后,进行与常规 PEO/LiTFSI 电解质相同的干燥过程以制备 PAN-PEO/LiTFSI。

此外,聚乙烯(PE)-PEO/LiTFSI 膜的制备方法与 PAN-PEO/LiTFSI 相同,只需把 PAN 膜换成 PE 膜即可。

3)其他电池组分的制备

将 LFP 粉末、PEO/LiTFSI 和炭黑(质量比为 60∶25∶15)加入 ACN 中,并使用 Thinky 离心搅拌机混合成均匀的浆料。然后将浆料刮涂在涂碳铝箔上,并在 60 ℃ 真空烘箱中干燥至少 48 h。LFP 活性材料的负载量约为 3.0 mg·cm^{-2},活性物质的面容量为 0.5 mAh·cm^{-2}。

4)电池性能测试

通过 LAND 电化学测试仪对组装好的纽扣电池进行长期循环稳定性、倍率性能以及恒流充放电曲线测试,并通过电化学工作站(CHI760E)对电池的循环伏安曲线以及电化学阻抗谱性能进行测试。同时,利用组装后的纽扣电池为小灯泡和电子表供电,以研究其实际应用情况。电池的所有测试均在室温及大气环境中进行。

5. 实验数据记录与处理

(1)测量电池特性:容量保持率、循环寿命、库仑效率(CE)和能量效率。
(2)绘制循环性能曲线图。

6. 注意事项

(1)在进行循环性能测试前,应先确认装配完成的电池的电压是否为正常值,以避免短路。
(2)使用电化学测试仪测量循环性能时,应确认系统设备上电池的正负极安装是否正确,即红正黑负。

7. 思考题

(1) 锂固态电池与传统锂离子电池的主要区别是什么?

(2) 锂固态电池的离子迁移原理是什么?锂固态电池有哪些类型?各自有什么优势和不足?

(3) 未来锂固态电池的研究方向有哪些?试谈谈你的看法。

参考文献

[1] NITTA N,WU F X,LEE J T,et al. Li-ion battery materials:present and future[J]. Materials Today,2015,18(5):252-264.

[2] ALBERTUS P,BABINIEC S,LITZELMAN S,et al. Status and challenges in enabling the lithium metal electrode for high-energy and low-cost rechargeable batteries[J]. Nature Energy,2018,3(1):16-21.

[3] CHENG X B,ZHAO C Z,YAO Y X,et al. Recent advances in energy chemistry between solid-state electrolytes and safe lithium-metal anodes[J]. Chemistry,2019,5(1):74-96.

[4] WHITTINGHAM M S. Electrical energy storage and intercalation chemistry[J]. Science,1976,192(4244):1126-1127.

[5] WU Y P,HUANG X K,HUANG L,et al. Strategies for rational design of high-power lithium-ion batteries[J]. Energy & Environmental Materials,2021,4(1):19-45.

[6] TARASCON J M,ARMAND M. Issues and challenges facing rechargeable lithium batteries[J]. Nature,2001,414(6861):359-367.

[7] WU F X,YUSHIN G. Conversion cathodes for rechargeable lithium and lithium-ion batteries[J]. Energy & Environmental Science,2017,10(2):435-459.

[8] BIELEMOL J,JUNGBACKER P,VAN TEIJINGEN T,et al. Beyond lithium-based batteries[J]. Materials,2020,13(2):425.

[9] WU F X,BORODIN O,YUSHIN G. In situ surface protection for enhancing stability and performance of conversion-type cathodes[J]. MRS Energy & Sustainability,2017,4(1):1-9.

柔性电子器件的制备与性能测试

1. 实验目的

（1）了解柔性电子器件的基本结构和工作原理。

（2）掌握柔性应变传感器和超级电容器的制备工艺和方法。

（3）掌握导电水凝胶的制备方法和性能测试方法。

2. 实验原理

柔性电子主要是指器件、电路、基底和功能系统具备可弯曲、可折叠和可延展等特性的新兴电子技术，其柔软程度如同动物皮肤。与建立在坚硬基底上的传统硅基电子技术相比，虽然在器件结构、组成材料和系统功能等方面区别较大，但是柔性电子系统可以与传统硅基电子系统进行无缝网络连接。随着世界信息化、生产数字化、生活智能化以及监护日常化的发展，电子产品的人性化、个性化至关重要，而由柔性显示、柔性传感、柔性存储、柔性发光和柔性探测等需求带来的更加符合工程应用对象复杂结构界面需要的新特征，必将给电子信息产业带来革命性变化。

柔性电子概念可以追溯到 1923 年，Seymour 利用石墨糊印刷制作了一台柔性无线电调谐器。之后，Alan J. Heeger、Alan G. MacDiamid 和日本科学家 Hideki Shirakawa 发现导电聚合物可穿戴电子材料，这是柔性电子得到广泛重视的关键，该成果于 2000 年获得诺贝尔化学奖。2013 年，Google、美国国防部高级研究计划局、美国陆军通信电子司令部和美国国家航空航天局等明确提出了可穿戴电子器件概念。资本实验室在"2013 年硬件创新与趋势报告"中发表了可穿戴技术篇，使柔性可穿戴电子进入了大众视线。高通、ARM 和英特尔等电子巨头迅速开展了可穿戴计算芯片和相应嵌入式系统研发，Android Wear 和 Android M 分别于 2014 年和 2015 年被推出。许巍等人提出了"人工皮肤"概念，进一步推动了柔性电子向集成化、功能化和系统化方向发展。为推动柔性电子技术的发展，我国在 1997 年举办了第一届国际可穿戴计算学术会议；2013 年 12 月，我国科学技术部组织了"可穿戴计算技术与产业西苑论坛"；2014 年，中国可穿戴计算产业技术创新战略联盟和中国可穿戴计算产业推进联盟成立。2017 年 10 月，京东方宣布第 6 代柔性有源矩阵有机发光二极体面板生产线实现量产，展示了多种可折叠概念的柔性屏。2019 年，华为等厂商相继发布了可折叠手机。

在具备高灵敏度、穿戴舒适、使用安全的基础上，探索长久耐用、绿色环保、低成本且易于制造的可穿戴材料以及具有高电子迁移率、高稳定性的半导体材料是柔性电子技术发展的主要方向。其次，柔性电子器件的集成化、器件完全柔性化和柔性结构理论完善也是柔性电子领域的重要研究内容，其中，器件完全柔性化的关键在于微处理器的工艺可制造性。

1）柔性电子器件的基本结构

柔性电子器件包含元器件、柔性基底、交联导电体和黏合层四个基本功能单元。

元器件是具有等效电阻、等效电容、等效电感、晶体管、传感器、电池、能量存储、信息存储以及计算单元等功能的柔性电子元器件，是执行电路功能和微系统功能的核心单元。柔性元器件与传统元器件的构成差异较大，可由有机材料制成；或者先将无机材料放置在刚性的微胞元岛上，再把微胞元岛固定到柔性基底上，以免弯曲损坏。

柔性基底是柔性电子器件的重要组成部分，要求其在具有柔性的同时，还必须具有传统刚性基底稳定的电磁特性，并且能随结构的扭挠变化保持性能稳定，以确保电子设备在不同形变状态下都能正常工作。

交联导电体主要采用导电性良好的金属薄膜或烯类材料，用于连接分布在柔性基底不同位置的元器件。交联导电体的结构设计需确保在基底大范围伸缩时，维持元器件的电磁特性稳定，此方向是柔性电子技术的难点之一。

黏合层是柔性电子器件中保障结构稳固性的关键单元，负责将元器件、柔性基底、交联导电体等各部分紧密结合。它需具备良好的黏附力，适配不同材料间的结合需求，在器件经历弯曲、拉伸等形变时，维持各功能层间的连接稳定性，同时要具备一定的柔韧性与化学稳定性，不与其他功能层发生不良反应，确保在复杂工况下，柔性电子器件结构与功能的完整性不受损。

2）柔性应变传感器

柔性应变传感器是一种新型智能产品，能够检测外界环境信号并给出相应反馈。通常，传统电子传感器主要由金属或半导体材料制成，这严重限制了灵敏度和可拉伸性，使其不适用于监测人体运动或生理信号。与传统电子传感器相比，柔性应变传感器具有出色的类皮肤柔性，能对复杂刺激产生特异反应信号并及时反馈，实现了对各种变形的实时感知，在人机界面、机器人以及健康监测等领域均有广泛的应用。柔性应变传感器主要由活性材料和由可拉伸材料或可变形材料制成的柔性基底组成，柔性基底材料通常由柔性金属或半导体、弹性体、纤维织物和高分子水凝胶等组成。而对于柔性应变传感器而言，水凝胶由于优异的生物相容性、高拉伸性和与天然软组织结构的相似性，成为柔性基底的极佳候选材料，尤其是在制备可拉伸、透明和可穿戴压力/应变传感器方面。此外，将导电材料混入水凝胶基底中，大大提高了水凝胶的导电性，使其可直接用作应变传感器的传感材料，这使得水凝胶在柔性应变传感器领域有着独特优势。

柔性应变传感器可以对复杂刺激产生特定的响应信号并及时反馈，实现了对各种变形的实时识别。根据柔性应变传感器将物理刺激转变为电子信号的机制不同，可将其大致分成三大类：电阻式柔性应变传感器、电容式柔性应变传感器和压电式柔性应变传感器。其中，由于电阻式应变传感器的制备工艺和检测设备相对简单，因此目前大多数研究采用的是基于电阻式转换机制的柔性应变传感器。

（1）电阻式柔性应变传感器。

电阻式柔性应变传感器的工作原理主要是导体电阻随外界刺激的变化而改变。这种电阻变化在电路中以电流或电压信号的形式输出，从而实现对物体受外界刺激情况的监测。

当物体受到应变刺激时,导体的长度和有效导电面积会发生相应变化,进而改变其电阻值,最终产生不同的电信号,以反映物体所受的应变刺激。

电阻式柔性应变传感器的结构如图 1 所示。

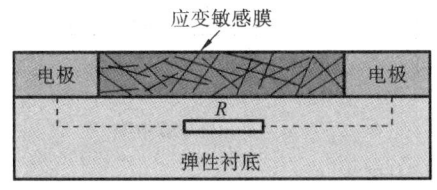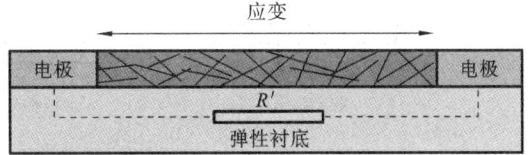

图 1　电阻式柔性应变传感器的结构

(2) 电容式柔性应变传感器。

电容式柔性应变传感器在受到外加应变时会发生不均匀变化,通常呈现出非线性特性。与电阻式柔性应变传感器相比,电容式柔性应变传感器不仅具有优异的线性度,而且响应速度及滞后性均有所提升,因此电容式柔性应变传感器成为应变传感器领域的另一类研究热点。通常,电容式柔性应变传感器采用平行板电容器结构,由两个相同的柔性电极和弹性介质组成。

电容式柔性应变传感器的结构如图 2 所示。

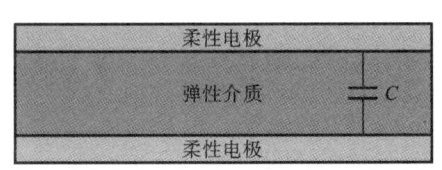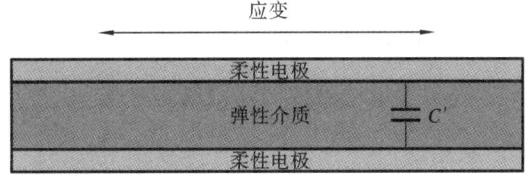

图 2　电容式柔性应变传感器的结构

(3) 压电式柔性应变传感器。

压电式柔性应变传感器是利用锆钛酸盐、氧化锌、石墨烯、聚偏氟乙烯等压电材料的压电效应,将机械应力转化为电荷的一种器件。如图 3 所示,在外力作用下,压电材料发生拉伸或弯曲变形,使材料中正负电荷失衡,产生对应比例的电荷量,进而实现传感的功能。压电式柔性应变传感器具有高灵敏度、良好动态性、宽带频以及低声阻抗等优势,在发展自供电、低能耗柔性应变/应力传感器上具有重要价值。

3) 超级电容器

超级电容器是一种介于电解电容器和可充电电池之间的大容量电容器。它的电容值远高于其他储能设备,并且比可充电电池有着更多的充电和放电循环。超级电容器通常用于需要多次快速充放电循环,而非长期紧凑型储能应用。其因具备绿色、节能和环保的优势,也可用于再生制动、短期储能的电力输送。与其他传统电容器不同,超级电容器具有更高的比电容并且不使用传统的固体电介质,而是使用双电层电容和电化学赝电容,以满足大多数领域的需求。

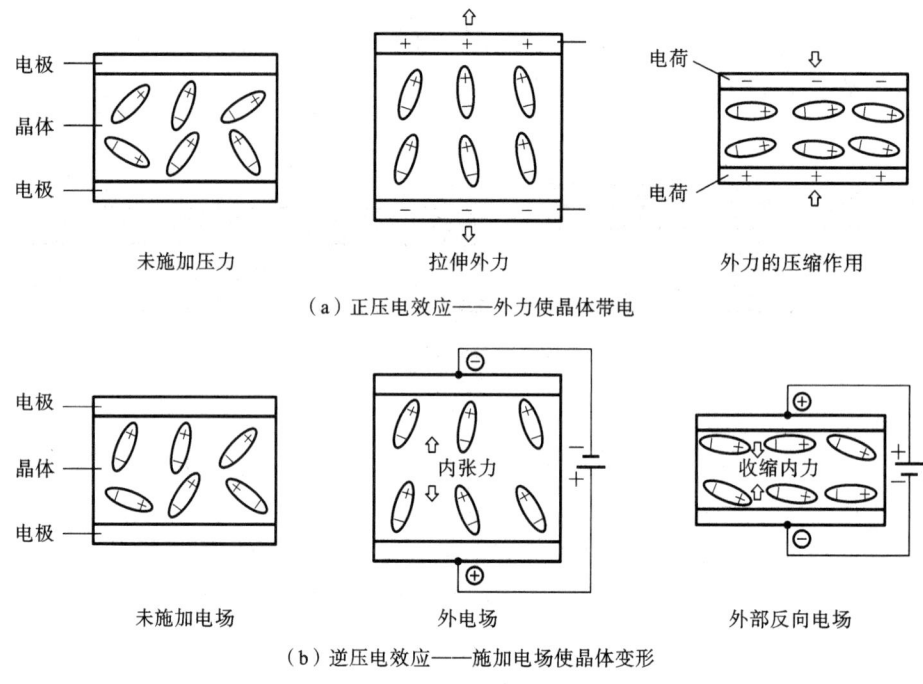

（a）正压电效应——外力使晶体带电

（b）逆压电效应——施加电场使晶体变形

图 3　正、逆压电效应示意图

4）实现方法与工艺

实现柔性电子器件与系统的方法较多，主要概括为材料引入柔性和结构引入柔性两种方式。

（1）材料引入柔性：直接使用柔性的、敏感的半导体材料等实现电子器件的柔性化。早期的柔性材料的介电常数、压电系数和耦合因数等较小，如玻璃箔、PET 薄膜以及不锈钢基底，并且形变结构变化越明显，性能越差。近年来，新兴的石墨烯、黑磷、液态金属等新型柔性材料，在电学、光学和力学等方面，表现出良好性能，具有较好的应用前景。

（2）结构引入柔性：实现电子器件与系统的柔性化需要材料和结构两者的匹配。从力学角度来看，通过复杂皱折连线结构实现整体的可拉伸性，通过改变薄膜和连接线屈曲结构的波长和波幅来调节形变，可以避免材料本身较大的应变，这些连线的实现工艺可以是光刻、转印和电子束沉积等。其中，结构引入柔性又可分为如下 3 类。

① 硬薄膜屈曲结构：2009 年，Song 等人实现了能直接集成到多种材料曲面上的屈曲结构。PDMS 基底屈曲硅条结构制备工艺如图 4 所示。2017 年，中国科学院力学研究所与美国伊利诺伊大学香槟分校等共同提出了一种连接线厚度与宽度相当的非屈曲结构，延展性可达 350%，是硬薄膜结构延展性的 6 倍。由于导线厚度增加，使其电阻大幅减小，实现了更好的电学性能和热学性能。

② 岛桥互联结构：为避免屈曲结构的拉伸断裂限制，在延展性要求小于 50% 的应用场景中，Kim 等人设计了通过弯曲导线将各个微电子结构连接起来的直连岛桥结构。PDMS 基底岛桥互联结构制备过程如图 5 所示，蛇形连接线岛桥结构 SEM 图像如图 6 所示。当外

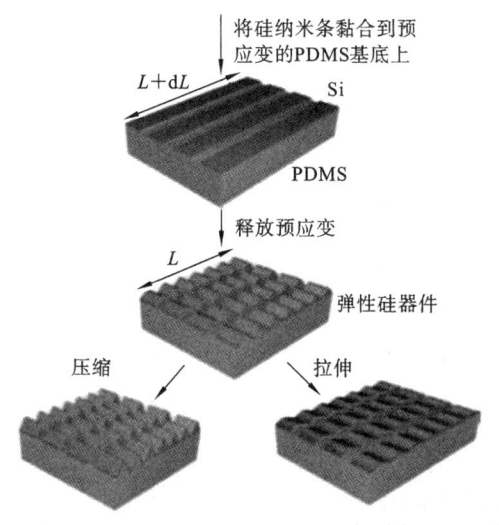

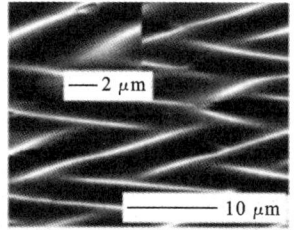

（b）可拉伸纳米带的SEM显微图像

（a）PDMS基底屈曲硅条结构制备工艺流程

（c）可拉伸纳米膜的SEM显微图像

图 4　PDMS 基底屈曲硅条结构制备工艺

部应变沿 x 方向或 y 方向变化时,非共面蛇形互联结构可以有效补偿由外部应变引起的影响,从而在保证拉伸可靠性的前提下,提高结构的延展性。

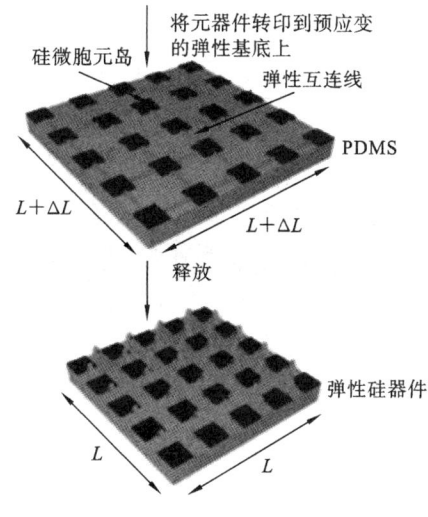

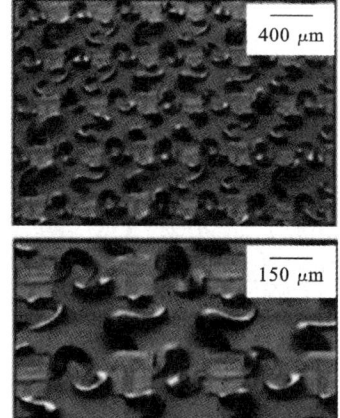

图 5　PDMS 基底岛桥互联结构制备过程　　**图 6　蛇形连接线岛桥结构 SEM 图像**

　　③ 预应变超柔互联结构:该结构将功能器件黏在经过预拉伸的基底上,释放预应变后,导线发生面外屈曲而拱起,从而实现器件的延展性。将预拉伸直接互联和弯曲互联相结合,可以实现大范围超柔要求的电子系统。预应变与蛇形互联结合方案如图 5 所示。Zhang 等人设计了一种预拉伸蛇形连接线,将基底预拉伸至形变极限,通过转印技术将蛇形连接线转印到基底,以释放基底应变,数值模拟和实验测量数据表明,该方案中弹性和延展性是无预应变结构的两倍左右。

对比上述 3 种柔性化方案,直接使用柔性功能材料在加工实现方面的工艺难度较小,通过力学结构设计将刚性电子器件与柔性基底相结合,实现整体器件柔性化的方案加工难度相对较大。

5)PSGL 水凝胶

通过扫描电子显微镜(SEM)观察了 PS 和 PSGL 水凝胶的微观形态。可以明显看出,PS 水凝胶表现出典型的分级多孔结构(图 7(a))。孔径(1~1.5 μm)较大且孔壁较厚。PS-GL 水凝胶也呈现出三维且相互连接的多孔结构(图 7(b)),其孔径(0.8~1 μm)相对较小,孔壁变薄。多孔结构意味着水凝胶可以保留大量的水,这可能在离子传输中发挥重要作用,从而提高水凝胶的离子传导性。此外,密集而均匀的网络有利于分散凝胶材料所承受的应力,从而达到改善凝胶力学性能的目的。

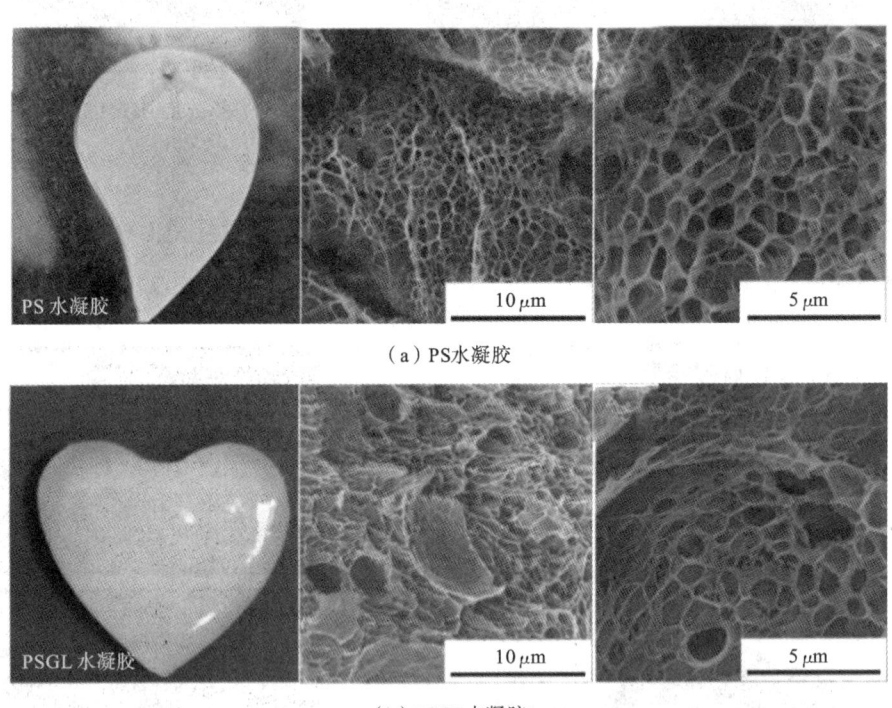

(a)PS水凝胶

(b)PSGL水凝胶

图 7 PS 水凝胶和 PSGL 水凝胶的 SEM 图像

3. 实验试剂及仪器

1)实验试剂

聚乙烯醇、可溶性淀粉、丙三醇、氯化锂、苯胺、过硫酸铵、碳纳米管、无水乙醇、去离子水等。

2)实验仪器

游标卡尺、集热式恒温水浴锅、电热鼓风干燥箱、电子天平、压片机、低温试验箱、冷冻干燥机、傅里叶红外光谱仪、扫描电子显微镜、万能拉伸试验机、差示扫描量热仪、电化学工作站、滑动模组、蓝电测试仪等。

4．实验方法与步骤

1）材料制备

（1）将 2.4 g 聚乙烯醇颗粒加入 24 mL 丙三醇与水质量比不同（0∶1、1∶3、1∶2 和 2∶3）的混合溶液中，在 95 ℃的水浴温度下充分搅拌直至聚乙烯醇颗粒完全溶解。

（2）将 1.2 g 淀粉粉末加入 6 mL 丙三醇与水的混合溶液中，搅拌均匀后加入上述混合溶液中在 95 ℃继续搅拌 1 h，使其充分溶解。

（3）在混合溶液里加入一定量 1 mol/L 的 LiCl，并继续加热搅拌至混合溶液澄清。

（4）将混合溶液在 60 ℃下静置，待气泡消除后倒入培养皿。

（5）待溶液冷却后放入−30 ℃的低温试验箱冷冻 18 h。

（6）将冷冻后的培养皿放在室温下 6 h 进行解冻。

（7）步骤（5）和步骤（6）重复进行 3 次，得到多功能复合水凝胶。

PSGL 水凝胶的制备示意图如图 8 所示。

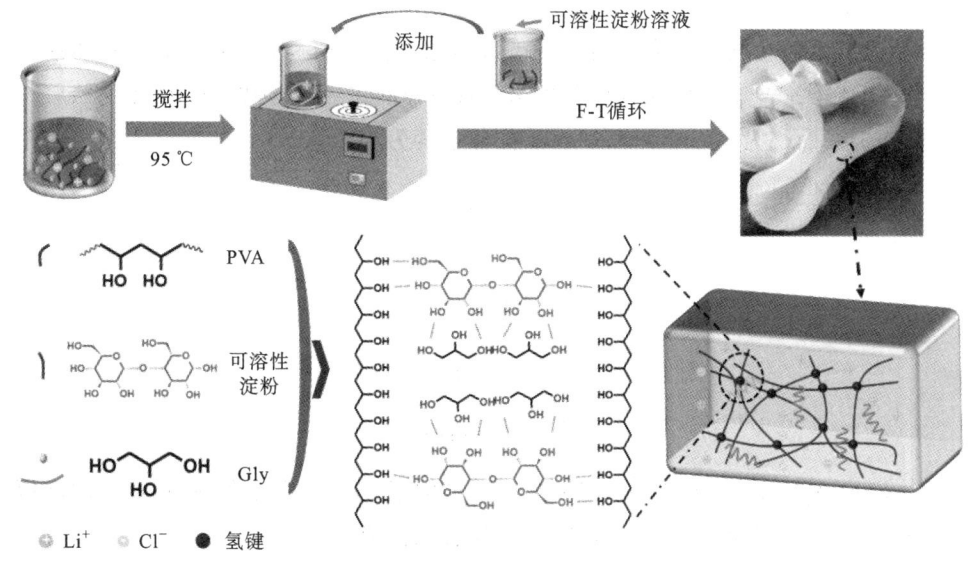

图 8　PSGL 水凝胶的制备示意图

2）柔性应变传感器和一体化超级电容器的制备

（1）将制备得到的导电水凝胶按 1 cm×5 cm 裁剪，在其两端包裹导电铜箔，并通过导线连接。再在水凝胶表面包裹一层 PMMA 膜进行封装，获得水凝胶基应变传感器（见图 9）。

（2）称取 0.93 g 苯胺溶液，放入 25 mL 提前配制的 1 mol/L H_2SO_4 溶液中溶解，记为溶液 A。将一定大小的水凝胶放入溶液 A 中，使其浸没，并持续搅拌 30 min。将适量过硫酸铵粉末溶解于 25 mL 1 mol/L H_2SO_4 溶液中，记为溶液 B。将溶液 B 缓慢滴入溶液 A 中以引发苯胺聚合，苯胺和过硫酸铵的摩尔比控制为 1∶1。聚合反应在 0～5 ℃下进行 6 h

后,用无水乙醇和去离子水清洗,便可得到具有三层结构的"电极-电解质-电极"水凝胶膜。最后将其裁剪成 1 cm×3 cm 的长条,在其两侧用碳布包裹进行封装连接,获得水凝胶基超级电容器(见图 10)。

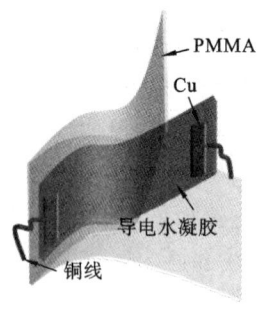

图 9　应变传感器示意图

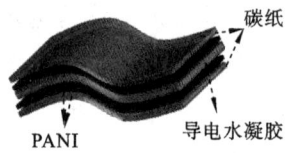

图 10　超级电容器示意图

3) 性能测试

(1) 力学性能测试。

力学性能是水凝胶类样品常见的一种表征方法,可以很好地评估水凝胶的柔韧性。本实验使用万能电子拉伸试验机对哑铃形状的水凝胶样品进行拉伸测试。试样初始尺长度为 60 mm,拉伸横截面积为 10 mm×1.5 mm,拉伸速度为 100 mm · min^{-1}。

$$\sigma = \frac{p}{A} \tag{1}$$

$$\varepsilon = \frac{L-L_0}{L_0} \tag{2}$$

$$E = \frac{\Delta\sigma}{\Delta\varepsilon} \tag{3}$$

$$T = \int_{\varepsilon_0}^{\varepsilon_f} \sigma(\varepsilon)\mathrm{d}\varepsilon \tag{4}$$

其中,σ、E、T、p、A、L_0、L、ε、ε_0 和 ε_f 分别是应力、弹性模量、断裂韧性、施加力、横截面积、初始长度、断裂长度、拉伸应变、初始拉伸应变和断裂拉伸应变。

(2) 抗干燥性能测试。

将得到的水凝胶样品放于室温 25 ℃(或者高温 70 ℃)环境下 30 天。分别记录水凝胶起始质量 W_0 和干燥一段时间后的质量 W_t,并对干燥后水凝胶样品进行柔性和电导率测试。

$$质量比 = \frac{W_t}{W_0} \times 100\% \tag{5}$$

(3) 耐低温性能测试。

将合成的水凝胶样品放在低温试验箱中(不同的温度)一定时间后取出,对其柔性、电导率加以测试。

(4) 传感性能测试。

使用滑动模组和电化学工作站进行传感性能研究。应变灵敏度(GF)计算如下:

$$\frac{\Delta R}{R_0} = \frac{R - R_0}{R_0} \tag{6}$$

$$GF = \frac{\dfrac{\Delta R}{R_0}}{\varepsilon} = \frac{\dfrac{R - R_0}{R_0}}{\varepsilon} \tag{7}$$

其中,R_0 和 R 分别是水凝胶原始和拉伸后相对电阻,ε 是施加在复合水凝胶上的应变。

（5）电化学性能测试。

导电水凝胶的电导率以及超级电容器的电化学性能主要使用电化学工作站进行探究。

电化学阻抗测试:设置振幅为 5 mV·s^{-1}、频率为 0.01~100000 Hz。将水凝胶样品切成长条状（3 cm×1 cm×0.5 cm），然后用两条碳纸作为集流体包裹水凝胶并用绝缘胶带封装,将电极夹夹在碳纸两端进行测试。

电导率测试:

$$\sigma' = \frac{d}{RS} \tag{8}$$

其中,R、S 和 d 分别是水凝胶样品的电阻、横截面积和厚度,σ' 为电导率。

循环伏安测试:在电压窗口为 0~1 V、扫描速率为 5~100 mV·s^{-1} 的条件下对测试水凝胶进行循环扫描。

恒电流充放电测试:

$$C_{cell} = \frac{I \times \Delta t}{2\Delta V \times s} \tag{9}$$

其中,ΔV 为电位窗口,I 是充放电电流,Δt 是放电时间,C_{cell} 是器件面积比电容,s 是单电极的表面积。

器件的能量密度和功率密度计算公式如下:

$$E' = \frac{0.5 \times C_{cell} \times (\Delta V)^2}{3.6} \tag{10}$$

$$P = \frac{E \times 3600}{\Delta t} \tag{11}$$

其中,E' 为能量密度,P 为功率密度。

循环稳定性测试:电容器循环稳定性测试在多次充放电（0~1 V）下使用蓝电测试仪对水凝胶样品进行检测。

5. 实验数据记录与处理

（1）原始数据记录。

（2）性能测试数据记录。

丙三醇与水质量比：_____

初始长度 L_0：_____ 　　断裂长度 L：_____ 　　拉伸应变 ε：_____

拉伸前电阻值：_____ 　　拉伸后电阻值：_____ 　应变灵敏度（GF）：_____

水凝胶的电阻值：_____ 　　离子电导率：_____ 　　器件面积比电容：_____

器件的能量密度 E：_____ 　　功率密度 P：_____

6. 注意事项

（1）电化学工作站在测试使用之前应开机预热 30 min。

（2）使用电化学工作站测量时，应反复多次测量，待测试稳定后再取值。

（3）在制作样品溶液过程中，应确保气泡完全除去后再放入培养皿。

（4）操作时应注意实验室安全，在实验室老师的要求下规范使用仪器设施。

7. 思考题

（1）实验过程中影响样品性能的因素有哪些？

（2）实现柔性电子器件与系统的方法与工艺有哪些？不同工艺的优缺点分别有哪些？

（3）谈谈如何测试柔性电子器件的性能。

（4）根据自身所学和发展现状，谈谈柔性电子器件的应用领域以及柔性电子器件面临的机遇与挑战。

参考文献

［1］XU W，LU T J. Flexible electronic system and its mechanical properties[J]. Advances in Mechanics，2008，38(2)：137-150.

［2］WONG W S，SALLEO A. Flexible electronics：materials and applications[M]. New York：Springer，2009.

［3］尹周平，黄永安. 柔性电子制造：材料、器件与工艺[M].北京：科学出版社，2016.

［4］朱克虎. 多功能导电水凝胶制备及其在柔性电子器件中应用研究[D].徐州：中国矿业大学，2023.

［5］KIM D H，XIAO J L，SONG J Z，et al. Stretchable, curvilinear electronics based on inorganic materials[J]. Advanced Materials，2010，22(19)：2108-2124.

［6］SU Y W，PING X C，YU K J，et al. In-plane deformation mechanics for highly stretchable electronics[J]. Advanced Materials，2017，29(8)：1604989.

［7］ZHANG Y H，FU H R，XU S，et al. A hierarchical computational model for stretchable interconnects with fractal-inspired designs[J]. Journal of the Mechanics and Physics of Solids，2014，72：115-130.